复杂工业过程运行状态优性评价

王福利　常玉清　刘　炎　邹筱瑜　著

科学出版社
北　京

内 容 简 介

本书为复杂工业过程运行状态优性评价研究提供了较为完整的理论支撑框架，从过程运行状态优性评价这项研究的自身特点出发，基于常用的特征提取与数据特性描述方法，针对过程变量之间相关关系的不同、所用信息属性的差异、实际生产过程结构的不同，以及规模复杂多样等特点，介绍作者近些年提出的一系列面向工业生产过程的运行状态优性评价策略。

本书可作为自动控制或信息科学等相关专业本科生和研究生扩充知识的教学用书及参考书，同时对从事自动化相关领域的科研人员及工程技术人员也具有一定的参考价值。

图书在版编目(CIP)数据

复杂工业过程运行状态优性评价 / 王福利等著. —北京：科学出版社，2019.6

ISBN 978-7-03-061257-1

Ⅰ. ①复… Ⅱ. ①王… Ⅲ. ①工业－生产过程－过程控制 Ⅳ. ①TB114.2

中国版本图书馆CIP数据核字(2019)第094698号

责任编辑：张海娜　赵微微 / 责任校对：彭珍珍
责任印制：师艳茹 / 封面设计：蓝正设计

科学出版社 出版
北京东黄城根北街16号
邮政编码: 100717
http://www.sciencep.com
天津文林印务有限公司 印刷
科学出版社发行　各地新华书店经销
*
2019年6月第 一 版　开本：720 × 1000　1/16
2019年6月第一次印刷　印张：11
字数：206 000

定价：90.00 元

(如有印装质量问题，我社负责调换)

序

随着信息化与工业化的不断深化融合，作为国民经济的支柱产业，复杂流程工业正朝着高效化与绿色化的方向发展，工业过程的调控越来越需要精确分析、精准判断和决策。工业物联网与工业大数据应用技术的发展加速了工业生产企业向智能企业方向发展。

我国复杂流程工业过程面临的突出问题是能耗高、资源消耗大。现有自动化技术难以应对复杂多变条件下产品质量和工艺参数的精细化控制，当生产流程处于异常工况时，管理者与操作者难以及时准确判断、决策与处理，难以使其恢复到正常且优化的生产状态，甚至造成经济损失，产品质量差、生产成本高等成为亟须解决的问题。

工业自动化技术是支撑流程工业实现高效化、绿色化的核心技术。如何在我国现有的生产条件下快速提升工业企业的自动化水平、应用先进的自动化技术成为解决我国工业企业面临的这一重大问题的突破口。从国内外业界近年研究与实践探索的成果来看，在自动化领域，有效利用领域生产知识和工业大数据是实现生产过程优化运行的有效途径。

为了保证生产过程的安全可靠优化运行，近年来，生产过程运行状态优性评价的研究方向逐渐受到学术界和工业界的广泛关注。生产过程运行状态优性评价不同于以区分过程运行正常或故障为目的的过程监测，它是指在过程运行正常的基础上，进一步判断过程运行状态的优劣等级。具体来说，是通过对过程的运行状态优性进行评价，企业生产管理者和操作人员能够实时掌握生产过程运行状态优劣信息，及时发现非优的生产运行状态，并根据非优原因分析结果对后续的生产进行及时的调整和改进，确保生产过程的安全可靠优化运行。

《复杂工业过程运行状态优性评价》一书针对复杂工业过程的数据高维数、测量变量之间密切相关、变量之间非线性相关、数据的非高斯分布、生产过程的多模态、定量变量与定性变量共存以及生产过程结构及规模复杂多样等特点，介绍了一系列复杂工业过程运行状态优性评价及非优原因追溯方法，对从事此方向研究的工作者和工业界科技人员进一步开展研究与实践探索具有重要的参考价值，对于促进工业生产向智能化、高效化、绿色化方向发展具有重要实际意义。

中国工程院院士

2019 年 3 月

前　言

传统的工业生产方式通常以常规能源为动力、以机器技术为重要特征，多为劳动密集型或资金密集型，随之而来的企业组织结构和产品结构不合理，专业化水平低，生产技术、工艺和装备落后，自主创新能力弱等问题严重制约了企业综合经济效益的提升及经济发展方式的转变。随着《中国制造 2025》的发布，现代工业生产不断吸收电子信息、计算机、机械、材料以及现代管理技术等方面的高新技术成果，并将这些先进技术综合应用于工业产品的研发设计、生产制造、在线检测、营销服务和管理的全过程，实现优质、高效、低耗、清洁、灵活生产，即实现信息化、自动化、智能化、柔性化、生态化生产，有力地推动了工业企业经济效益的快速增长。

为了获得更高的企业综合经济效益，工业生产过程运行状态优性评价作为一个新兴的研究课题，近年逐渐受到学术界和工业界的关注。不同于以区分过程运行“正常”或“故障”为目的的过程监测问题，过程运行状态优性评价是指在过程运行正常的基础上，进一步判断过程运行状态的优劣等级，有助于企业管理者和生产操作人员实时掌握生产过程运行水平，及时发现非优的生产运行状态，并根据非优原因分析结果对后续的生产进行及时的调整和改进。

“状态评价”这一概念虽然很早之前就已经提出，并应用于工业生产的局部环节或单元中，但不同于传统的状态评价问题，针对工业生产过程的运行状态优性评价往往更加复杂和困难。一方面，工业生产过程工艺结构和生产机理错综复杂，运行状态优性评价过程中，除了要考虑每个设备或操作单元内部的运行水平之外，还必须兼顾不同设备或单元之间的相关关系和相互作用；另一方面，虽然现代工业生产可以通过多样化的采集与存储方式以获取海量生产数据和专家知识等信息，但生产过程的非线性、大滞后、强耦合、非高斯、多模态等特点，导致面向工业过程的运行状态优性评价研究及应用更具挑战性。如何针对工业过程的上述特点，从中准确提取能够反映过程运行状态优劣的关键信息，服务于工业生产过程的运行状态优性评价，成为解决工业生产过程运行状态优性评价问题的重要基础和突破口；另外，如何针对非优的运行状态，开发出有效的非优原因追溯策略，对于提高企业生产效率和综合经济效益、便于生产管理以及过程改进具有重要的理论价值和实际意义。

本书作者长期从事复杂工业过程监测、故障诊断、过程运行状态优性评价等理论方法及应用的研究，完整明确地给出了工业过程运行状态优性评价的概念和意义，陆续提出了一系列面向工业生产过程的运行状态优性评价策略，并在湿法冶金、矿石浮选等过程中取得了较为成功的应用。

本书共 6 章。第 1 章介绍复杂工业生产过程运行状态优性评价的意义、工业生产过程特点及运行状态评价的研究现状。第 2 章介绍用于复杂过程运行状态优性评价的基础理论与方法。第 3 章和第 4 章是在以定量数据信息作为过程运行状态分析基础的框架下，分别介绍变量间具有线性和非线性相关关系的工业过程运行状态优性评价策略。第 5 章和第 6 章针对运行状态优性评价中定量和定性信息共存、多模态、生产过程结构和规模复杂多样的实际情况，分别阐述面向流程工业过程的运行状态优性评价方法。

本书涉及的研究成果得到了国家自然科学基金项目(61533007、61873053、61703078)、国家自然科学基金创新研究群体科学基金项目(61621004)、中央高校基本科研业务费(N180404009)和流程工业综合自动化国家重点实验室自主创新项目(2013ZCX02-04)的支持，在此表示衷心的感谢。

由于作者理论水平有限，以及所做研究工作的局限性，书中难免存在不妥之处，恳请广大读者批评指正。

作　者

2019 年 2 月于东北大学

目　录

第1章 绪　　论

1.1 复杂工业生产过程运行状态优性评价的意义

状态评价是指人们确定评价目的后，根据影响评价对象的因素或者指标的个性数据，选择恰当的评价方法，提取影响评价指标的信息，从而综合反映评价对象的总体特征。这是一个复杂系统收集有关信息和客观评价其运行状态的过程，涉及经济、社会、教育、技术等多个领域。通过状态评价，能够明确系统的目标，辨识系统内在结构和运行机制，为决策人员正确地选择系统方案，改善系统及其管理，控制系统运行并促进其发展，并为最终实现系统目标提供科学依据[1]。对一个复杂工业生产过程而言，如果从生产安全和运行优化两个层面对其进行评价，则前者属于过程运行状态安全性评价范畴，后者属于过程运行状态优性评价范畴。为了保证工业生产过程的安全和稳定，人们开始考虑过程生产的可靠性和安全性。随着工业自动化水平和生产安全意识的不断提高，确保生产过程安全稳定运行的相关技术也随之变得越来越成熟，这使得确保生产安全不再是一个难题。然而，如果说传统生产方式追求的是产出的规模、水平和发展速度，那么现代生产方式更多是由外延式扩张转化为追求经济效益的内涵式发展。在市场竞争日趋激烈、生产技术不断革新、原材料资源日趋紧缺的现代经济社会中，大部分生产企业都是以追求经济效益的最大化为其生存和发展的目标，仅维持生产过程运行于一个安全水平之上已经无法满足企业对利润的追求。工业生产过程运行状态优性评价是指在生产过程运行状态安全的基础上，通过一定的方法与手段，对一段时间内的实际生产运行状态的优劣情况做进一步的区分与识别，并且在运行状态非优的情况下，追溯出其主导原因，最终将评价结果和非优原因及时反馈给现场操作及管理人员，以便对生产操作及时调整，使得生产过程尽可能在较好的生产条件下运行，从而获得更高的经济收益。

工业生产中，在企业正式投入生产之前，每一条生产线都由专业生产设计人员，根据实际生产规模、产品质量要求、自然环境条件限制等情况，从工艺设计的角度尽可能地确保生产过程通过科学合理的工艺流程而获得令人满意的产品，并获得较高的综合经济效益；另外，在投入生产初期，为了弥补工艺设计过程中存在的缺陷和不足，可以通过进一步调整和优化生产操作方式，确保生产过程在一个较为理想的状态下运行，以提高企业的综合经济效益。然而，随着时间的推移，由于受到外部环境干扰、人工操作失误或过程参数漂移等因素的影响，即便是在工艺条件和相关配套设备相对稳定的条件下，生产过程的实际运行状态仍然可能逐渐偏离最初优化设计的最优运行轨迹，无法达到最优的运行状态，这必然影响企业的综合经济效益。因此，及时、准确、全面地掌握工业生产过程的运行情况，对提高企业生产效率和经济效益、便于生产管理与过程改进具有至关重要的实际意义。

目前，针对工业生产过程运行状态安全性评价问题，相关学者已经做了大量的研究工作[2-8]。工业过程运行状态安全性评价一般是结合实际工业系统的特性，针对工业中常见的安全问题，由资深的安全专业团队对过程的许多关键部分进行分析评估，然后进行讨论总结，得出一系列详细的安全报告。安全性评价方法大致可分为定性和定量两类，定性方法包括过程危害分析(process hazards analysis，PHA)[9]、危害与可操作性分析(hazards and operability analysis，HAZOP)[10]、故障模式与影响分析(failure mode and effects analysis，FMEA)[11]；定量方法包括故障树分析(fault tree analysis，FTA)[12,13]、Markov模型、可靠性模块图[14]的方法等。近年也涌现了一些与其他学科结合的安全性评价方法，如贝叶斯分析[15,16]、复杂网络[17]、模糊逻辑[18]等方法。从定义和概念上看，过程监测应是安全性评价的一部分。其中，以数据驱动的多元统计过程监测方法最常见且已经广泛应用，如主成分分析(principal component analysis，PCA)[19-21]、偏最小二乘(partial least squares，PLS)[22-24]、多向主成分分析(multiway principal component analysis，MPCA)[25]、多向偏最小二乘(multiway partial least squares，MPLS)[26]以及多向独立成分分析(multiway independent component analysis，MICA)[27]等。众所周知，过程监测的目的是监测生产过程运行状态“正常”或“故障”。大多数情况下，过程的故障数据与正常数据之间存在着较大的差异度，从分类的角度理解，可以认为过程监测是将过程运行状态粗略地分为“正常”和“故障”两大类。然而，为了获得优质产品以及更高的综合经济效益，仅对过程运行状态做出“正常”和“故障”这种粗略的划分是远远不够的，还需要在过程运行状态正常的情况下，尽可能确保工业生产过程的运行状态处于一个较好的水平，这就涉及工业生产过程的运行状态优性评价问题。运行状态优性评价本质上是将正常的生产过程进一步划分为多个等级，如优、良、一般、差等，即在“正常”这个大类中根据过程运行状态优劣将其进一步分为多个更加精细的小类(即状态等级)，使得企业生产管理者和实际生产操作人员能够更加深入和全面地掌握过程的运行情况，并根据运行状态实时评价结果为生产过程的优化调整提供合理的参考依据。之所以认为过程运行状态优性评价是对过程运行状态的一种更加精细的划分，是因为实际生产中“正常”状态下不同状态等级之间的差异度要远远小于“正常”与“故障”之间的差异度，这就使得一些传统的、能够有效区分“正常”与“故障”数据的过程监测方法在面对过程运行状态优性评价问题时显得捉襟见肘，从而要求研究学者提出具有更高灵敏性和区分度的分析方法，精确提取不同状态等级中与运行状态优性密切相关的过程变异信息，以适应工业生产过程运行状态优性评价问题的需求。

1.2　工业生产过程特点

随着电子技术和计算机应用技术的飞速发展，大部分工业生产过程都具有完备的传感测量装置，可以在线获得包括浓度、压力、流量等变量的大量过程数据，而这些过程数据中蕴含着关于生产过程运行状态优劣的重要信息。另外，在一些特殊的工业生产过程中，如矿石浮选过程，由于生产环境恶劣、检测成本高等，仍然存在一些关键变量无法实时测量的问题。此时，就需要借助离线化验分析、专家估计、软测量等手段获得数据信息。无论以何种手段获得数据信息，在分析工业生产运行状态优劣的同时，都需要充分考虑如下几个主要特点。

(1) 数据高维数。工业过程一般拥有几十至几百个测量变量，而且数据采集系统的采样速度以及工业计算机的运行速度也日新月异地增长。这就意味着在短时间内，生产过程将产生成千上万个过程数据。这使得在提取有用信息的同时尽可能降低数据维数成为现代工业过程基于数据建模方法的一个迫切要求。

(2) 测量变量之间的相关性。过程变量的外部特征取决于过程的内部运行机制。由于过程往往是由几个主要的机理方程所驱动，过程变量之间并非独立无关，而是遵从一定的运行机理体现出复杂的耦合关系，即变量之间存在相关性。这使得传统的基于原始过程测量信息的状态评价方法难以奏效。

(3) 变量之间非线性相关。工业过程往往展现出非线性行为，变量之间的关系用线性函数去近似有时不能得到令人满意的结果。因此，在针对工业生产过程的运行状态优性评价中还需要考虑过程变量之间的非线性关系。

(4) 数据的非高斯性。工业过程中的测量变量往往会受到各种噪声源的影响，这使工业过程数据难以精确地服从高斯分布。非高斯分布数据的高阶统计量中仍然可能蕴含着反映过程运行状态优劣的重要信息，使得针对高斯分布数据的分析方法无法完整地提取过程数据中与运行状态优性密切相关的过程变异信息，从而影响评价结果的准确性和可靠性。

(5) 生产过程的多模态特性。由于外界环境和条件的变化、生产方案的变动，或是过程本身固有特性等因素，一些连续工业生产过程具有多个稳定工况，称为多模态过程。相比于具有单一稳定工况的连续过程，多模态过程还具有一些特有的属性[18]。多模态过程具有多个稳定工作点，不同的工作点对应着不同的稳定模态，且不同的稳定模态之间由不同的过渡模态连接。稳定模态是指在一段生产过程中运行状态相对平稳且过程变量的相关关系并不随着操作时间时刻变化的模态，是生产过程中的主要生产状态，同时也是决定产品质量和企业综合经济效益的关键模态。过渡模态是生产过程中衔接一个稳定模态与另一个稳定模态的暂态过程，是过程相关关系具有较复杂动态特性的模态，过渡模态对生产效率影响较大，且在该期间生产的产品通常为不合格品甚至是废品，实际生产过程中希望尽可能缩短过渡模态。可见，无论是稳定模态还是过渡模态，其运行状态的优劣都将影响多模态过程的总体运行情况。因此，实现对多模态过程运行状态优性评价势在必行。

(6)定量与定性信息共存。定量信息指用数值大小描述的变量信息，定性信息指定性描述的变量信息，主要通过语义进行描述。复杂工业过程存在一部分可准确测量的变量以及一部分不可准确测量的变量，可准确测量的变量存在定量测量值，不可准确测量的变量以定性状态的形式表示。因此，定性变量与定量变量共存现象在工业生产中是普遍存在的。单纯基于定量信息分析过程运行状态，能够建立变量之间准确的相关关系模型，结果客观且精度高；单纯利用定性信息时，可以处理不精确的过程信息，模型容易建立，且结果的可解释性更强。然而，针对过程定量信息与定性信息共存的情况，传统分析方法或者难以直接应用，或者信息离散化导致信息损失，评价精度有所降低。因此，如何充分利用定量信息和定性信息，深入挖掘其中反映过程运行状态优劣的重要信息，成为运行状态优性评价亟待解决的问题。

(7)生产过程结构及规模复杂多样。随着对工业产品质量要求的不断提高，生产过程的工艺设计越来越趋于复杂化和多样化，这使得很多实际生产过程呈现出流程长、规模大、工艺单元复杂、测量数据量大、变量之间相关性复杂等一系列特点，这类生产过程也称为流程工业过程。流程工业过程通常包含若干生产单元，同一个生产单元内，变量之间的耦合强，不同生产单元间，变量之间的耦合弱。生产过程从前至后依序进行，每一个生产单元的生产周期不尽相同。传统的评价方法往往适合于描述和评价每个单元内的运行状态，但难以刻画单元之间的相互协调和匹配作用。因此，将传统的状态评价方法直接应用于流程工业过程，常常难以得到令人满意的结果。

1.3 运行状态优性评价的研究现状

状态评价的覆盖面非常广泛，涉及环境、能源、交通、电力等诸多领域[28-31]，小到企业竞争力、人员素质的评价，大到综合国力及经济发展水平的评价等[32-34]。可见，状态评价与人们的日常生活息息相关，并且在实际生产中发挥着越来越重要的作用。

20 世纪 50 年代中期，Luoe 提出了对有限方案进行排序的字典方法，其间专家评分法开始应用于评价问题，它是在定量和定性分析的基础上，以打分的形式做出定量的规范化评价，其结果具有很强的数据统计特征。20 世纪 70～80 年代是现代科学评价蓬勃发展的年代，产生了多种应用广泛的评价方法。特别是美国著名运筹学家、匹兹堡大学教授 Satty 提出了具有划时代意义的层次分析法(analytic hierarchy process，AHP)[35]。AHP 以指标的拓扑结构为基础，将与决策总是有关的指标分解成目标、准则、方案等层次，在此基础之上进行定性和定量分析。此外，多维偏好分析的线性规划法、数据包络分析法、逼近理想解的排序方法等也获得了广泛的应用。20 世纪 80～90 年代，在我国现代科学评价向纵深发展时，人们对评价理论、方法和应用开展了广泛而深入的研究。从广义上讲，出现了许多借助其他领域知识的新评价方法，如专家系统法、人工神经网络方法、物元分析法等。从深度上看，实现了理论上的突破和技术上的改进。近年来，随着研究者对研究问题的认识不断加深以及所掌握解决问题的技术不断丰富和完善，评价方法从单一属性、单一指标评价逐步发展到多属性、多指标的综合性评价，从定性的判定与评价发展到定量的、模型化的评价。目前，传统的状态评价方法大体上可分为专家评价法[36]、技术经济分析方法[37]、运筹学与多目标决策方法[38]、数理统计方法[39]、模糊综合评价方法[40]、灰色综合评价方法[41]以及智能化评价方法[42]等几类。另外，随着科学的发展，不同知识领域出现相互交叉和融合的趋势，许多新兴的软科学计算方法在状态评价中得到应用，为状态评价方法的发展注入了新的活力。这些方法包括信息论方法[43]、动态综合评价方法[44]、交互式多目标的综合评价方法[45]以及交合分析法[46]等。

不论是传统评价方法还是新兴评价方法，它们都广泛应用于生产和生活中，如针对控制器性能[47,48]、产品质量[49]以及设备运行状态[50,51]等进行评价。控制器性能评价是对控制回路的运行数据进行分析，得到控制回路的某种性能度量，从而对控制器的控制效果进行评价。控制器性能评价方法一般包括确定性方法、随机性方法和鲁棒性方法。控制器性能评价工作可回溯到 Åström[52]、Jenkins 等[53]和 Harris[54]的工作。在随机性性能评价方面，Harris[54]提出了用最小方差作为单回路控制器性能评价基准的思想。Qin[55]探讨了随机最优性能(即最小方差性能)、确定性性能和系统鲁棒性相结合的可能性。在确定性方法方面，Åström 等[56]利用带宽和标称化峰值误差与正规化上升时间等标量数据来描述闭环性能。李大字等[57]研究了具有线性时变扰动的多变量控制系统性能评价问题。

产品质量评价是通过采集产品相关质量参数，对产品的功能、结构、工艺等方面进行综合检验和评估的过程。质量是效益的基础，质量水平的高低成为企业能否占领市场、提高资本增值盈利的重要因素，这也促使大量国内外学者投身到对产品质量评价方法及推进理论方法在实际过程中的应用研究。罗佑新[58]以 QVY50 型履带式起重机为例，将等斜率灰色聚类法的原理应用到工程机械产品质量评价中。Kimura 等[59]提出了快速产品生命周期概念，并建立了基于废旧产品行为仿真的产品质量评价方法。随后，Hudson[60]利用贝叶斯判决规则对反映产品质量的价格、商标名称、商店名称、产品原产地、广告和包装等随机信号进行评判，通过设定不同的权值完成对产品质量的评价。师春香等[61]提出了对国外部分卫星产品的质量评价方法，对不同来源的样本进行比较，选择有代表性的样本数据来确定产品的质量。

对于设备运行状态的评价，最初是直接由有经验的专家利用设备运行中表现出的一系列如噪声、振动等外部特征加以判断，或使用少量状态监测特征参数通过简单的趋势分析确定设备的状态。状态监测技术的迅猛发展促进了状态评价方法的研究，这使得研究者提出了多种针对设备运行状态的评价方法。褚福磊等[62]利用专家系统实现了水泵水轮机组的状态评价。虞和济等[63]以神经网络结构为基础，研制出通用型的集成神经网络智能诊断系统，并应用于风机和柴油机的状态评价。Saha 等[64]将专家系统应用于变压器绝缘的状态评价。Pan 等[65]首次提出了基于数据驱动模型的冷却塔性能评价策略。王闯等[66]在分析了设备系统功能层次结构特点的基础上，运用模糊综合评价和层次分析法，提出了一种系统量化评价设备状态的方法，并应用于回转窑设备的状态评价。肖运启等[67]提出一种基于状态参数趋势预测的大型风电机组运行状态模糊综合评价策略。由于设备的安全运行是维持企业正常生产的基础，所以对于设备运行状态评价的已有结果几乎都是从设备运行安全性的角度来考虑的。

对于以追求利润最大化的复杂工业生产过程而言，其运行状态的优劣直接影响着企业的综合经济效益。然而，不同于控制系统、产品质量或设备运行状态等评价对象，工业生产过程是一个错综复杂的大型系统，其中包含着多个生产环节和操作单元，每个单元内部又由多种设备以及相应的控制系统构成。单元与单元之间、设备与设备之间，以及单元与设备之间存在着相互制约、协调、匹配的协同作用与相互影响，并非独立工作；与此同时，多参数、多回路、非线性、大滞后、强耦合、非高斯、多模态等特点又时常伴随着工业生产过程，使得传统的状态评价方法无法直接利用，限制了这些研究成果在实际工业生产过程中的应用。

近十年，面向复杂工业生产过程的运行状态优性评价逐渐受到研究学者的关注。考虑到过程信息中蕴含着大量能够反映综合经济指标的有用信息，Liu 等[68]提出了基于全潜结构投影(total projection to latent structure，T-PLS)模型的过程运行状态优性评价方法。利用 T-PLS 模型提取每个状态等级过程数据中与综合经济指标密切相关的过程变异信息去评价过程运行状态。然而，建立准确可靠 T-PLS 模型的前提是对过程数据与综合经济指标进行时间序列上的对整，这是一项烦琐和耗时的预处理工作。因此，他们随后提出了基于优性相关变异信息(optimality-related variations information，ORVI)的评价方法[69]，在不借助综合经济指标的情况下，通过分析状态等级之间共有和特有信息的方式建立评价模型，并提高了算法对优性无关信息改变的鲁棒性和对优性相关信息改变的敏感性。此后，通过引入核技术，将上述两种方法拓展到非线性工业过程的运行状态优性评价中[70,71]。多模态特性在工业生产过程中是普遍存在的，针对这类工业过程，Ye 等[72]提出了一种基于高斯混合模型(Gaussian mixture model，GMM)的过程运行状态安全性和优性评价方法。该方法假设每个稳定模态数据近似服从单高斯分布。然而，这种假设在大部分实际工业生产中是难以成立的，因此限制了该方法在大部分多模态过程中的应用。另外，该方法中只考虑了稳定模态的运行状态评价问题，并没有特别针对具有动态特性的过渡模态提出解决方案；且当运行状态非优时，只对非优原因进行了定性的分析，并没有提出一种定量的非优原因追溯方法。Liu 等提出了基于综合经济指标预测的多模态过程运行状态优性在线评价方法[73]，不仅解决了稳定模态及过渡模态的在线评价问题，还给出了一种基于变量贡献率的定量的非优原因追溯方法。另外，针对具有多模态特性的一类特殊过程，即间歇过程，他们也给出了相应的在线评价策略[74]。

虽然上述评价方法已经涵盖了工业生产过程中的大部分生产类型，但共性是以定量数据信息作为过程运行状态分析的基础。如前所述，在很多实际工业生产过程中，定性信息与定量信息是共存的。传统定量技术难以直接应用，而定性方法会由于离散化可能造成损失信息，从而降低评价结果的准确性。邹筱瑜等针对工业生产过程中定性信息和定量信息共存的问题，提出了一些解决方法：针对含有少数定性变量和多数定量变量的过程，提出了基于 GMM 和贝叶斯理论的评价方法，求取定量变量和定性变量的联合概率分布[75]；对于定性变量和定量变量共存且蕴含丰富因果知识的过程，研究了基于改进动态因果图(DCD)的评价策略[76,77]；对于复杂生产过程的流程工业特性，分别针对单一稳定工况和多模态情况，给出了完整的运行状态优性评价方案[78]。

从上述文献总结来看，针对复杂工业生产过程的非线性、非高斯、多模态、强耦合、生产过程结构及规模复杂多样等特性，开发出一套完整的集模态识别、离线建模、在线评价、非优原因追溯的评价策略，对于准确掌握工业生产过程的运行情况，提高企业生产效率和综合经济效益，便于生产管理与过程改进，具有重要的理论价值和实际意义。本书对复杂工业过程的运行状态优性评价提供了完整的理论支撑，内容包括以下几个部分。

第 1 章是本书的绪论部分，主要介绍复杂工业生产过程运行状态优性评价的意义，阐述实际工业生产过程的特点以及状态评价方法的发展概况。

第 2 章对本书涉及的几种定性和定量信息描述方法进行介绍，包括主成分分析、偏最小二乘、全潜结构投影模型、组间共性分析、高斯混合模型、高斯过程回归、粗糙集及其改进方法。

第 3 章针对过程变量间具有线性相关关系的工业生产过程，分别介绍三种运行状态优性评价方法。基于全潜结构投影模型方法和基于优性相关变异信息方法的共性是以提取过程数据中与综合经济指标密切相关的变异信息为基础，并利用所提取的信息实现过程运行状态优性的在线评价。它们之间的差异在于，提取过程变异信息时，是否需要借助综合经济指标的实际测量值。第三种评价方法与前两种方法考虑问题的角度不同，它通过对综合经济指标的在线预测，实现过程运行状态优性的实时评价。三种评价方法从不同的角度、面向不同的建模数据情况，提供了相应的评价策略。

第 4 章是对过程变量间具有非线性相关关系的工业过程运行状态评价方法的介绍。利用核技术，将第 3 章中基于全潜结构投影模型方法和基于优性相关变异信息方法分别推广到非线性过程，为解决非线性过程运行状态优性评价问题提供有效的手段。

第 5 章针对定量与定性信息共存的流程工业过程，提出有针对性的运行状态优性评价方法。首先根据其物理单元的特性，将流程工业过程划分为不同子块，形成子块层和全流程层两个评价层次。在子块层，针对以定量和定性信息为主的子块，分别介绍两种评价方法。子块的评价方法也可以应用于其他满足相应特性的工业过程运行状态评价中。在子块评价结果的基础上，可以得到全流程的运行状态。

第 6 章在第 5 章的基础上进一步考虑流程工业过程的多模态特性。以两层分块结构为基础，介绍子块层和全流程层的运行模态识别方法，并且分别针对稳定模态和过渡模态给出相应的运行状态优性评价方法。该方法同时解决运行状态优性评价中面临的三个挑战：定量与定性信息共存、大规模全流程工业特性、多模态特性，具有解释性强、评价精度高的优点。

参考文献

[1] 张鹏. 基于主成分分析的综合评价研究[硕士学位论文]. 南京：南京理工大学, 2004.

[2] Chen J H, Liu J L. Mixture principal component analysis models for process monitoring. Industrial & Engineering Chemistry Research, 1999, 38(4): 1478-1488.

[3] Chiang L H, Russell E L, Braatz R D. Fault diagnosis in chemical processes using Fisher discriminant analysis, discriminant partial least squares, and principal component analysis. Chemometrics and Intelligent Laboratory Systems, 2000, 50(2): 243-252.

[4] Lee J M, Qin S J, Lee I B. Fault detection and diagnosis based on modified independent component analysis. AIChE Journal, 2006, 52(10): 3501-3514.

[5] Chen T, Morris J, Martin E. Probability density estimation via an infinite Gaussian mixture model: Application to statistical process monitoring. Journal of the Royal Statistical Society: Series C (Applied Statistics), 2006, 55(5): 699-715.

[6] Ge Z Q, Song Z H. Process monitoring based on independent component analysis-principal component analysis (ICA-PCA) and similarity factors. Industrial & Engineering Chemistry Research, 2007, 46(7): 2054-2063.

[7] Li G, Qin S J, Zhou D H. Geometric properties of partial least squares for process monitoring. Automatica, 2010, 46(1): 204-210.

[8] Shams M A B, Budman H M, Duever T A. Fault detection, identification and diagnosis using CUSUM based PCA. Chemical Engineering Science, 2011, 66(20): 4488-4498.

[9] Louvar J F. Chemical Process Safety: Fundamentals with Applications. 2nd Ed. Englewood: Prentice Hall, 2007.

[10] Venkatasubramanian V, Zhao J S, Viswanathan S. Intelligent systems for HAZOP analysis of complex process plants. Computers & Chemical Engineering, 2000, 24(9-10): 2291-2302.

[11] Rouvroye J L, Bliek E G V D. Comparing safety analysis techniques. Reliability Engineering & System Safety, 2002, 75(3): 289-294.

[12] Khan F I, Husain T, Abbasi S A. Design and evaluation of safety measures using a newly proposed methodology "SCAP". Journal of Loss Prevention in the Process Industries, 2002, 15(2): 129-146.

[13] Arena U, Romeo E, Mastellone M L. Recursive operability analysis of a pilot plant gasifier. Journal of Loss Prevention in the Process Industries, 2008, 21(1): 50-65.

[14] Lisnianski A, Levitin G. Multi-State System Reliability, Assessment, Optimization and Applications. Singapore: World Scientific, 2003.

[15] Meel A, Seider W D. Plant-specific dynamic failure assessment using Bayesian theory. Chemical Engineering Science, 2006, 61(21): 7036-7056.

[16] Meel A, Seider W D. Real-time risk analysis of safety systems. Computers & Chemical Engineering, 2008, 32(4-5): 827-840.

[17] Jiang H Q, Gao J M, Gao Z Y, et al. Safety analysis of process industry system based on complex networks theory. Proceedings of the IEEE International Conference on Mechatronics and Automation, Harbin, 2007: 480-484.

[18] Zhou J F, Chen G H, Chen Q G. Real-time data-based risk assessment for hazard installations storing flammable gas. Process Safety Progress, 2008, 27(3): 205-211.

[19] Dunteman G H. Principal Component Analysis. London: SAGE Publication, 1989.

[20] Jackson J E. A User's Guide to Principal Components. New York: Wiley, 1991.

[21] Wang X Z. Data Mining and Knowledge Discovery for Process Monitoring and Control. London: Springer, 1999.

[22] Wold S. Nonlinear partial least squares modelling II. Spline inner relation. Chemometrics and Intelligent Laboratory Systems, 1992, 14(1): 71-84.

[23] Zhang Y W, Zhou H, Qin S J, et al. Decentralized fault diagnosis of large-scale processes using multiblock kernel partial least squares. IEEE Transactions on Industrial Informatics, 2010, 6(1): 3-10.

[24] MacGregor J F, Yu H, Muñoz S G, et al. Data-based latent variable methods for process analysis, monitoring and control. Computers & Chemical Engineering, 2005, 29(6): 1217-1223.

[25] Nomikos P, MacGregor J F. Monitoring batch processes using multiway principal component analysis.AIChE Journal, 1994, 40(8): 1361-1375.

[26] Nomikos P, MacGregor J F. Multi-way partial least squares in monitoring batch processes. Chemometrics and Intelligent Laboratory Systems, 1995, 30(1): 97-108.

[27] Yoo C K, Lee J M, Vanrolleghem P A, et al. On-line monitoring of batch processes using multiway independent component analysis. Chemometrics and Intelligent Laboratory Systems, 2004, 71(2): 151-163.

[28] 李辉, 胡姚刚, 唐显虎, 等. 并网风电机组在线运行状态评估方法.中国电机工程学报, 2010, 30(33): 103-109.

[29] 董玉亮, 顾煜炯, 肖官和, 等. 大型汽轮机组变权综合状态评价模型研究.华北电力大学学报, 2005, 32(2): 46-49.

[30] Khatibisepehr S, Huang B, Khare S. A probabilistic framework for real-time performance assessment of inferential sensors. Control Engineering Practice, 2014, 26: 136-150.
[31] 柳益君, 吴访升, 蒋红芬, 等. 基于 GA-BP 神经网络的环境质量评估方法.计算机仿真, 2010, 27(7): 121-124.
[32] 邓蓉晖, 王要武. 基于神经网络的建筑企业竞争力评估方法研究.哈尔滨工业大学学报, 2006, 38(3): 489-494.
[33] 叶立新. 模糊综合评价在会计人员素质评价中的应用.辽宁工程技术大学学报, 2007, 8(5): 499-501.
[34] 张莉. 综合国力评价初探.统计与决策, 2002, (5): 9-10.
[35] Satty T L. Axiomatic foundation of the analytic hierarchy process. Management Science, 1986, 32(7): 841-855.
[36] 张晶晶, 姚建, 苏维, 等. 火电厂烟气脱硫技术综合评价专家系统权重的确定.资源开发与市场, 2006, 22(1): 15-16.
[37] 胡永宏, 贺思辉. 综合评价方法.北京: 科学出版社, 2000.
[38] Hwang C L, Lin M J. Group decision making under multiple criteria: Methods and applications. Berlin: Springer Science & Business Media, 2012.
[39] Salah B, Zoheir M, Slimane Z, et al. Inferential sensor-based adaptive principal components analysis of mould bath level for breakout defect detection and evaluation in continuous casting. Applied Soft Computing, 2015, 34: 120-128.
[40] Rao R V. Decision Making in the Manufacturing Environment: Using Graph Theory and Fuzzy Multiple Attribute Decision Making Methods. Berlin: Springer Science & Business Media, 2007.
[41] 薛敏, 韩富春. 基于灰色理论的电力变压器运行状态评估.电气技术, 2010, (6): 21-23.
[42] 韩富春, 董邦洲, 贾雷亮, 等. 基于贝叶斯网络的架空输电线路运行状态评估.电力系统及其自动化学报, 2008, 20(1): 101-104.
[43] Meruane V, Ortiz-Bernardin A. Structural damage assessment using linear approximation with maximum entropy and transmissibility data. Mechanical Systems and Signal Processing, 2015, 54: 210-223.
[44] Thunis P, Clappier A. Indicators to support the dynamic evaluation of air quality models. Atmospheric Environment, 2014, 98: 402-409.
[45] van Oosterhout J, Heemskerk C J M, Koning J F, et al. Interactive virtual mock-ups for remote handling compatibility assessment of heavy components. Fusion Engineering and Design, 2014, 89(9): 2294-2298.
[46] 李春好, 刘成明. 基于模糊神经网络的交合分析改进方法.中国管理科学, 2008, 16(1): 117-124.
[47] Yu J, Qin S J. Statistical MIMO controller performance monitoring. Part I: Data-driven covariance benchmark. Journal of Process Control, 2008, 18(3): 277-296.
[48] Yu J, Qin S J. Statistical MIMO controller performance monitoring. Part II: Performance diagnosis. Journal of Process Control, 2008, 18(3): 297-319.
[49] O'Farrell M, Lewis E, Flanagan C. Combining principal component analysis with an artificial neural network to perform online quality assessment of food as it cooks in a large-scale industrial oven. Sensors and Actuators B: Chemical, 2005, 107(1): 104-112.
[50] Wei B, Wang S L, Li L. Fuzzy comprehensive evaluation of district heating systems. Energy Policy, 2010, 38(10): 5947-5955.
[51] Guo L J, Gao J J, Yang J F, et al. Criticality evaluation of petrochemical equipment based on fuzzy comprehensive evaluation and a BP neural network. Journal of Loss Prevention in the Process Industries, 2009, 22(4): 469-476.
[52] Åström K J. Introduction to Stochastic Control Theory.New York: Academic Press, 1970.
[53] Box G E P, Jenkins G M. Time Series Analysis: Forecasting and Control. 2nd Ed. San Francisco: Holden-Day, 1976.

[54] Harris T J. Assessment of control loop performance. The Canadian Journal of Chemical Engineering, 1989, 67(5): 856-861.

[55] Qin S J. Control performance monitoring: A review and assessment. Computers & Chemical Engineering, 1998, 23(2): 173-186.

[56] Åström K J, Hang C C, Persson P, et al. Towards intelligent PID control. Automatica, 1992, 28(1): 1-9.

[57] 李大宇, 焦军胜, 靳其兵, 等. 基于输出方差限制的广义多变量控制系统性能评价. 自动化学报, 2013, 39(5): 654-658.

[58] 罗佑新. 等斜率灰色聚类法与工程机械产品的质量评价. 工程机械, 1994, 25(7): 25-28.

[59] Kimura F, Hata T, Suzuki H. Product quality evaluation based on behavior simulation of used products. CIRP Annals-Manufacturing Technology, 1998, 47(1): 119-122.

[60] Hudson J. A Bayesian approach to the evaluation of stochastic signals of product quality. Omega, 2000, 28(5): 599-607.

[61] 师春香, 刘玉洁. 国外部分卫星产品质量评价和质量控制方法.应用气象学报, 2005, 15(12): 142-151.

[62] 褚福磊, 卢文秀, 张伟, 等. 水泵水轮机组状态监测与故障诊断系统.水力发电, 1999, (2): 31-33.

[63] 虞和济, 陈长征. 基于神经网络的智能诊断.振动工程学报, 2000, 13(2): 202-209.

[64] Saha T K, Purkait P. Investigation of an expert system for the condition assessment of transformer insulation based on dielectric response measurements. IEEE Transactions on Power Delivery, 2004, 19(3): 1127-1134.

[65] Pan T H, Shieh S S, Jang S S, et al. Statistical multi-model approach for performance assessment of cooling tower. Energy Conversion and Management, 2011, 52(2): 1377-1385.

[66] 王闯, 李凌均, 陈宏, 等. 基于频谱频段的旋转机械运行状态评价方法. 机床与液压, 2011, 39(19): 137-140.

[67] 肖运启, 王昆朋, 贺贯举, 等. 基于趋势预测的大型风电机组运行状态模糊综合评价. 中国电机工程学报, 2014, 34(13): 2132-2139.

[68] Liu Y, Chang Y Q, Wang F L. Online process operating performance assessment and nonoptimal cause identification for industrial processes. Journal of Process Control, 2014, 24(10):1548-1555.

[69] Liu Y, Wang F L, Chang Y Q. Operating optimality assessment based on optimality related variations and nonoptimal cause identification for industrial processes. Journal of Process Control, 2016, 39: 11-20.

[70] Liu Y, Chang Y Q, Wang F L, et al. Complex process operating optimality assessment and nonoptimal cause identification using modified total kernel PLS. Proceedings of the 26th Chinese Control and Decision Conference, Changsha, 2014: 1221-1227.

[71] Liu Y, Wang F L, Chang Y Q. Operating optimality assessment and cause identification for nonlinear industrial processes. Chemical Engineering Research & Design, 2016, 117: 472-487.

[72] Ye L B, Liu Y M, Fei Z S, et al. Online probabilistic assessment of operating performance based on safety and optimality indices for multimode industrial processes. Industrial & Engineering Chemistry Research, 2009, 48(24): 10912-10923.

[73] Liu Y, Wang F L, Chang Y Q, et al. Operating optimality assessment and nonoptimal cause identification for non-Gaussian multimode processes with transitions. Chemical Engineering Science, 2015, 137(7): 106-118.

[74] Liu Y, Wang F L, Chang Y Q, et al. Multiple hypotheses testing-based operating optimality assessment and nonoptimal cause identification for multiphase uneven-length batch processes. Industrial & Engineering Chemistry Research, 2016, 55(21): 6133-6144.

[75] 邹筱瑜, 常玉清, 王福利, 等. 基于 GMM 和贝叶斯推理的多模态过程运行状态评价.控制理论与应用, 2016, 33(2): 164-171.

[76] Zou X Y, Wang F L, Chang Y Q, et al. Process operating performance optimality assessment and non-optimal cause identification under uncertainties. Chemical Engineering Research and Design, 2017, 120: 348-359.

[77] Zou X Y, Chang Y Q, Wang F L, et al. Process operating performance optimality assessment with coexistence of quantitative and qualitative information.The Canadian Journal of Chemical Engineering, 2018, 96: 179-188.

[78] Zou X Y, Wang F L, Chang Y Q, et al. Two-level multi-block operating performance optimality assessment for plant-wide processes. The Canadian Journal of Chemical Engineering, 2018, 96: 2395-2407.

第2章　复杂工业过程运行状态优性评价的基础理论与方法

2.1 引　　言

随着科学技术的不断发展，工业自动化水平的不断提高，工业生产过程逐步由粗放型向集约型转化。传统工业生产扩大投资规模、增加物质投入、只重数量不重质量的做法，不仅增加了对资源环境的压力，也难以有效地提升产品的科技含量和企业的经济效益。信息化与工业化的深度融合、工业大数据的涌现，为流程工业转型升级带来了契机，促使企业通过技术改造、加强管理、扩大科技投入等方式来实现产品的升级换代，并最终实现工业生产利润的大幅提升。随着电子技术和计算机应用技术的飞速发展，很多生产过程都具有丰富的传感测量装置，大量的实际生产数据伴随着生产的进行逐年累积起来，其中蕴藏着有关过程运行状态优劣的关键信息；另外，在工业生产过程中，无论其自动化水平高低，都或多或少地存在着一些无法定量描述的过程信息，这些信息大多是由专家经验给出的定性描述，这样的过程信息中同样包含着有利于指导生产调整和性能改进的重要依据。因此，无论是实时测量的定量信息，还是专家提供的定性信息，如果能利用有效的技术手段对这些信息进行深度挖掘，必将在改进过程运行水平、提高企业综合经济效益中发挥重要作用。

针对实际生产数据维数高、变量之间强耦合及非线性相关关系、样本总体呈非高斯分布等特点，一些基于多变量统计的特征提取方法和数据分布特性描述方法在工业过程数据分析中得到了广泛的应用，包括PCA[1-3]、PLS[4,5]、T-PLS模型[6]、组间共性分析(generalized PCA to multiset，MsPCA)[7]、高斯过程回归(Gaussian process regression，GPR)[8]等。另外，一些能够同时处理定性和定量信息的方法，如GMM[9]、粗糙集(rough set, RS)[10-13]等，也经常用于工业数据分析和挖掘。

本章将着重介绍几种典型的数据分析方法的基本原理。

2.2 数据预处理方法

2.2.1 数据表的基本知识

本书中最基本的分析对象均是形如 $\boldsymbol{X} \in \Re^{N \times J}$ 的数据矩阵，其中 N 是样本个数，

J 是变量个数。$\boldsymbol{X}$ 的具体表示如式(2.1)所示，$\boldsymbol{x}_n = [x_{n,1}, x_{n,2}, \cdots, x_{n,J}]^{\mathrm{T}} (n = 1,2,\cdots,N)$ 是数据表中的第 n 个样本，所有样本所在的空间称为样本空间。每个样本均用 J 个变量来描述，数据表 $\boldsymbol{X}$ 的每一列描述一个变量，每个变量 $\boldsymbol{v}_j = [x_{1,j}, x_{2,j}, \cdots, x_{N,j}]^{\mathrm{T}}$ $(j = 1,2,\cdots,J)$ 是 N 维空间中的点。所有变量所在的空间称为变量空间。

$$\boldsymbol{X} = \begin{bmatrix} x_{1,1} & x_{1,2} & \cdots & x_{1,J} \\ x_{2,1} & x_{2,2} & \cdots & x_{2,J} \\ \vdots & \vdots & & \vdots \\ x_{N,1} & x_{N,2} & \cdots & x_{N,J} \end{bmatrix} = \begin{bmatrix} \boldsymbol{x}_1^{\mathrm{T}} \\ \boldsymbol{x}_2^{\mathrm{T}} \\ \vdots \\ \boldsymbol{x}_N^{\mathrm{T}} \end{bmatrix} = \begin{bmatrix} \boldsymbol{x}_1 & \boldsymbol{x}_2 & \cdots & \boldsymbol{x}_N \end{bmatrix}^{\mathrm{T}} = \begin{bmatrix} \boldsymbol{v}_1 & \boldsymbol{v}_2 & \cdots & \boldsymbol{v}_J \end{bmatrix} \tag{2.1}$$

在变量空间中，变量的统计特征，如均值、方差、协方差、相关系数等可以用来估计变量的数值特征。

(1) 变量 $\boldsymbol{v}_j$ 的均值：

$$\overline{v}_j = \frac{1}{N}\sum_{n=1}^{N} x_{n,j} \tag{2.2}$$

变量的均值是变量的平均取值水平。

(2) 变量 $\boldsymbol{v}_j$ 的方差：

$$s_j^2 = \mathrm{Var}(\boldsymbol{v}_j) = \frac{1}{N}\sum_{n=1}^{N}(x_{n,j} - \overline{v}_j)^2 \tag{2.3}$$

式中，$\mathrm{Var}(\cdot)$ 记为方差算子。变量的方差表示相对于平均水平变量变异的平均范围。

(3) 变量 $\boldsymbol{v}_j$ 与变量 $\boldsymbol{v}_k$ 的协方差：

$$s_{jk} = \mathrm{Cov}(\boldsymbol{v}_j, \boldsymbol{v}_k) = \frac{1}{N}\sum_{n=1}^{N}(x_{n,j} - \overline{v}_j)(x_{n,k} - \overline{v}_k) \tag{2.4}$$

式中，$\mathrm{Cov}(\cdot,\cdot)$ 记为协方差算子。协方差用于测量两个变量的相关性。式(2.5)所示的矩阵 $\boldsymbol{V}$ 称为协方差矩阵。

$$\boldsymbol{V} = \begin{bmatrix} s_1^2 & s_{12} & \cdots & s_{1J} \\ s_{21} & s_2^2 & \cdots & s_{2J} \\ \vdots & \vdots & & \vdots \\ s_{J1} & s_{J2} & \cdots & s_J^2 \end{bmatrix} \tag{2.5}$$

在计算统计量 s_j^2 与 s_{jk} 时，和式前面的系数有两种取法：若样本点集合是随机抽样得到的，应该取$1/(N-1)$，这时s_j^2与s_{jk}是变量方差与协方差的无偏估计量；若样本点集合不是随机抽样获得的，和式前面的系数可取$1/N$，这是物理意义上的平均概念。在后面的章节中，若未做特殊说明，均不限定样本点集合是随机抽样获得的。

(4) 变量$\boldsymbol{v}_j$与变量$\boldsymbol{v}_k$的相关系数：

$$r_{jk}=r(\boldsymbol{v}_j,\boldsymbol{v}_k)=\frac{s_{jk}}{s_j s_k}=\frac{\mathrm{Cov}(\boldsymbol{v}_j,\boldsymbol{v}_k)}{\sqrt{\mathrm{Var}(\boldsymbol{v}_j)\mathrm{Var}(\boldsymbol{v}_k)}} \tag{2.6}$$

式中，$r(\cdot,\cdot)$是相关系数算子。r_{jk}无量纲作用，可以更准确地表示两个变量间的相关程度。

2.2.2　数据的标准化处理

在基于数据的过程特性分析中，数据的标准化处理都是必不可少的一个环节。标准化方法可以在很大程度上突出过程变量之间的相关关系、去除过程中存在的一些非线性特性、消除不同测量量纲对模型的影响、简化数据模型的结构。数据标准化通常包含中心化处理和无量纲化处理。

1. 数据的中心化处理

数据的中心化处理是将数据进行平移变换，使新坐标系下的数据和样本集合的重心重合。数据中心化的数学表达式如下：

$$\tilde{x}_{n,j}=x_{n,j}-\overline{v}_j,\quad n=1,2,\cdots,N;\ j=1,2,\cdots,J \tag{2.7}$$

数据的中心化处理既不会改变数据点之间的相对位置，也不会改变变量之间的相关关系。如果数据已经是中心化的，变量的方差、协方差以及相关系数分别如式(2.8)～式(2.10)所示：

$$s_j^2=\mathrm{Var}(\boldsymbol{v}_j)=\frac{1}{N}\left\|\boldsymbol{v}_j\right\|^2=\frac{1}{N}\boldsymbol{v}_j^{\mathrm{T}}\boldsymbol{v}_j \tag{2.8}$$

$$s_{jk}=\mathrm{Cov}(\boldsymbol{v}_j,\boldsymbol{v}_k)=\frac{1}{N}\left\langle\boldsymbol{v}_j,\boldsymbol{v}_k\right\rangle=\frac{1}{N}\boldsymbol{v}_j^{\mathrm{T}}\boldsymbol{v}_k \tag{2.9}$$

$$r_{jk}=r(\boldsymbol{v}_j,\boldsymbol{v}_k)=\frac{\left\langle\boldsymbol{v}_j,\boldsymbol{v}_k\right\rangle}{\left\|\boldsymbol{v}_j\right\|\left\|\boldsymbol{v}_k\right\|}=\cos\theta_{jk} \tag{2.10}$$

中心化后，两个变量的相关系数恰好等于它们夹角θ_{jk}的余弦值。

2. 数据的无量纲化处理

同一生产过程中，不同过程变量测量值的量程可能会有很大差异，使得原始过程数据并不能真正反映数据本身的方差结构。为了使每一个变量在数据模型中都具有同等的权重，数据预处理时常常通过对变量的方差归一化实现无量纲化，表达式为

$$\begin{aligned}&\tilde{x}_{n,j}=x_{n,j}/s_j,\quad n=1,2,\cdots,N;\ j=1,2,\cdots,J\\&s_j=\sqrt{\mathrm{Var}(\boldsymbol{v}_j)}=\sqrt{\frac{1}{N}\sum_{n=1}^{N}(x_{n,j}-\overline{v}_j)^2}\end{aligned}\tag{2.11}$$

式中，s_j 为 $\boldsymbol{X}$ 中第 j 个变量的标准差。

除了上述方法之外，还有如式(2.12)～式(2.15)所示的无量纲化方法：

$$\tilde{x}_{n,j}=\frac{x_{n,j}}{\max\limits_{n}\left\{x_{n,j}\right\}}\tag{2.12}$$

$$\tilde{x}_{n,j}=\frac{x_{n,j}}{\min\limits_{n}\left\{x_{n,j}\right\}}\tag{2.13}$$

$$\tilde{x}_{n,j}=\frac{x_{n,j}}{\overline{v}_j}\tag{2.14}$$

$$\tilde{x}_{n,j}=\frac{x_{n,j}}{\max\limits_{n}\left\{x_{n,j}\right\}-\min\limits_{n}\left\{x_{n,j}\right\}}\tag{2.15}$$

式中，$\max\limits_{n}\left\{x_{n,j}\right\}$ 是第 j 个变量在所有 N 个样本中的最大值；$\min\limits_{n}\left\{x_{n,j}\right\}$ 是第 j 个变量在所有 N 个样本中的最小值。

3. 常用的数据标准化处理

在数据分析中，最常用的数据标准化处理则是对数据同时进行中心化处理和无量纲化处理，即

$$\tilde{x}_{n,j}=\frac{x_{n,j}-\overline{v}_j}{s_j}\tag{2.16}$$

式中，$\overline{v}_j$ 和 s_j 的计算方法分别如式(2.2)及式(2.11)所示。

采用式(2.16)所示的标准化处理后的变量具有如下性质：

(1)所有变量的方差均等于 1；

(2)任意两变量的协方差恰好等于它们的相关系数。

本书中所有二维建模数据，在没有特殊说明时，均采用式(2.16)的标准化处理方法。另外，为了避免过多的符号标记，在不混淆的基础上，后文中标准化的数据和原始测量数据用同样的符号表示。

2.3　主成分分析

PCA [1-3]的主要思想是通过线性空间变换求取主成分变量，将高维数据空间投影到低维主成分空间。由于低维主成分空间可以保留原始数据空间的大部分方差信息，并且主成分之间具有正交性，可以去除原始过程数据中的冗余信息，使 PCA 逐渐成为一种有效的数据压缩和特征提取工具。

PCA 的工作对象是一个二维数据矩阵 $\boldsymbol{X} \in \Re^{N \times J}$，表示由过程变量测量值构成的数据集合。在统计学中，数据集合中的信息一般指这个集合中数据变异的情况。在一个数据矩阵中，数据集合的变异信息可以用全部变量方差的总和来测量。方差越大，数据中包含的信息就越多。PCA 实质是通过对原坐标系进行平移和旋转变换，使新坐标系的原点与样本点集合的重心重合，新坐标系的第一轴与数据变异最大的方向对应，新坐标系的第二轴与第一轴标准正交，并且对应于数据变异的第二大方向，以此类推。这些新的坐标轴称为第一主轴，第二主轴……，若舍弃携带少量信息的主轴后，剩余的 A 个主轴能够十分有效地表示原 J 维数据的变异情况，则原来的变量空间就从 J 维降至 A $(A<J)$ 维。这个新的 A 维子空间称为 A 维主超平面。原样本点集合在主超平面的第 a 主轴上的投影构成的综合变量 $\boldsymbol{t}_a \in \Re^{N \times 1}$ 称为第 a 主成分，$a=1,2,\cdots,A$。若以方差 $\mathrm{Var}(\boldsymbol{t}_a)$ 测量第 a 主成分所携带的变异信息，则主成分分析的结果是

$$\mathrm{Var}(\boldsymbol{t}_1) \geqslant \mathrm{Var}(\boldsymbol{t}_2) \geqslant \cdots \geqslant \mathrm{Var}(\boldsymbol{t}_A) > 0$$

PCA 中，第一个综合变量 $\boldsymbol{t}_1$ 是数据矩阵 $\boldsymbol{X}$ 中变量 $\boldsymbol{v}_1,\boldsymbol{v}_2,\cdots,\boldsymbol{v}_J$ 的线性组合。为了保证该综合变量的唯一性，需要归一化综合权值向量的长度，即

$$\boldsymbol{t}_1 = \boldsymbol{X}\boldsymbol{p}_1 = \begin{bmatrix} \boldsymbol{v}_1 & \boldsymbol{v}_2 & \cdots & \boldsymbol{v}_J \end{bmatrix} \boldsymbol{p}_1，且 \|\boldsymbol{p}_1\| = 1 \tag{2.17}$$

要求 $\boldsymbol{t}_1$ 能携带最多的原变异信息，即 $\boldsymbol{t}_1$ 的方差最大化，$\boldsymbol{t}_1$ 的方差为

$$\mathrm{Var}(\boldsymbol{t}_1) = \frac{1}{N}\|\boldsymbol{t}_1\|^2 = \frac{1}{N}\boldsymbol{p}_1^{\mathrm{T}}\boldsymbol{X}^{\mathrm{T}}\boldsymbol{X}\boldsymbol{p}_1 = \boldsymbol{p}_1^{\mathrm{T}}\boldsymbol{V}\boldsymbol{p}_1 \tag{2.18}$$

式中，$\boldsymbol{V}=\boldsymbol{X}^{\mathrm{T}}\boldsymbol{X}/N$ 是 $\boldsymbol{X}$ 的协方差矩阵。当 $\boldsymbol{X}$ 中的变量均是标准化变量时，$\boldsymbol{V}$ 就是 $\boldsymbol{X}$ 的相关系数阵。

将上述问题写成数学表达式，即求解如下优化问题：

$$\begin{aligned} &\max\ \boldsymbol{p}_1^{\mathrm{T}}\boldsymbol{V}\boldsymbol{p}_1 \\ &\text{s.t.}\ \ \|\boldsymbol{p}_1\|=1 \end{aligned} \tag{2.19}$$

采用拉格朗日算法求解，记 λ_1 是拉格朗日系数，令

$$L=\boldsymbol{p}_1^{\mathrm{T}}\boldsymbol{V}\boldsymbol{p}_1-\lambda_1(\boldsymbol{p}_1^{\mathrm{T}}\boldsymbol{p}_1-1) \tag{2.20}$$

分别求 L 对 $\boldsymbol{p}_1$ 和 λ_1 的偏导，并令其为零，有

$$\begin{aligned} &\frac{\partial L}{\partial \boldsymbol{p}_1}=2\boldsymbol{V}\boldsymbol{p}_1-2\lambda_1\boldsymbol{p}_1=0 \\ &\frac{\partial L}{\partial \lambda_1}=-(\boldsymbol{p}_1^{\mathrm{T}}\boldsymbol{p}_1-1)=0 \end{aligned} \tag{2.21}$$

得

$$\boldsymbol{V}\boldsymbol{p}_1=\lambda_1\boldsymbol{p}_1 \tag{2.22}$$

由此可知，$\boldsymbol{p}_1$ 是 $\boldsymbol{V}$ 的一个标准化向量，它所对应的特征根是 λ_1。而根据式(2.18)和式(2.22)，有

$$\mathrm{Var}(\boldsymbol{t}_1)=\lambda_1 \tag{2.23}$$

所以，欲使 $\boldsymbol{t}_1$ 的方差最大化，$\boldsymbol{p}_1$ 所对应的特征根 λ_1 必定要取最大值；换言之，即要求 $\boldsymbol{p}_1$ 是矩阵 $\boldsymbol{V}$ 的最大特征根 λ_1 所对应的标准化特征向量。这里，$\boldsymbol{p}_1$ 称为第一主轴，$\boldsymbol{t}_1=\boldsymbol{X}\boldsymbol{p}_1$ 称为第一主成分。

类似地，求第二主轴 $\boldsymbol{p}_2$，$\boldsymbol{p}_2$ 与 $\boldsymbol{p}_1$ 标准正交，第二主成分 $\boldsymbol{t}_2=\boldsymbol{X}\boldsymbol{p}_2$ 是携带变异信息第二大的成分，并且 $\mathrm{Var}(\boldsymbol{t}_2)$ 仅次于 $\mathrm{Var}(\boldsymbol{t}_1)$。$\boldsymbol{t}_2$ 的方差为

$$\mathrm{Var}(\boldsymbol{t}_2)=\boldsymbol{p}_2^{\mathrm{T}}\boldsymbol{V}\boldsymbol{p}_2$$

同样，求解优化问题：

$$\begin{aligned} &\max\ \boldsymbol{p}_2^{\mathrm{T}}\boldsymbol{V}\boldsymbol{p}_2 \\ &\text{s.t.}\ \ \boldsymbol{p}_2^{\mathrm{T}}\boldsymbol{p}_1=0 \\ &\qquad\ \boldsymbol{p}_2^{\mathrm{T}}\boldsymbol{p}_2=1 \end{aligned} \tag{2.24}$$

定义拉格朗日函数为

$$L = \boldsymbol{p}_2^{\mathrm{T}} \boldsymbol{V} \boldsymbol{p}_2 - \lambda_2 (\boldsymbol{p}_2^{\mathrm{T}} \boldsymbol{p}_2 - 1)$$

分别求 L 对 $\boldsymbol{p}_2$ 和 λ_2 的偏导，并令其为零，得

$$\boldsymbol{V} \boldsymbol{p}_2 = \lambda_2 \boldsymbol{p}_2 \tag{2.25}$$

$\boldsymbol{p}_2$ 是矩阵 $\boldsymbol{V}$ 的标准化特征向量，它所对应的特征根是 λ_2，且有

$$\mathrm{Var}(\boldsymbol{t}_2) = \lambda_2 \tag{2.26}$$

由于约束 $\boldsymbol{p}_2^{\mathrm{T}} \boldsymbol{p}_1 = 0$，因此 λ_2 只能是矩阵 $\boldsymbol{V}$ 的第二大特征根，$\boldsymbol{p}_2$ 是对应于 $\boldsymbol{V}$ 第二大特征根所对应的标准化特征向量。

以此类推，可求得 $\boldsymbol{X}$ 的第 a 主轴 $\boldsymbol{p}_a$，它是协方差矩阵 $\boldsymbol{V}$ 的第 a 个特征根 λ_a 所对应的标准化特征向量，而第 a 主成分 $\boldsymbol{t}_a$ 为

$$\boldsymbol{t}_a = \boldsymbol{X} \boldsymbol{p}_a \tag{2.27}$$

$$\mathrm{Var}(\boldsymbol{t}_a) = \frac{1}{N} \boldsymbol{p}_a^{\mathrm{T}} \boldsymbol{X}^{\mathrm{T}} \boldsymbol{X} \boldsymbol{p}_a = \lambda_a \tag{2.28}$$

由此可知，$\mathrm{Var}(\boldsymbol{t}_1) \geqslant \mathrm{Var}(\boldsymbol{t}_2) \geqslant \cdots \geqslant \mathrm{Var}(\boldsymbol{t}_J)$。因此，用数据变异大小来反映数据中的信息，则第一主成分 $\boldsymbol{t}_1$ 携带的信息量最大，$\boldsymbol{t}_2$ 次之，以此类推。如果抽取了 A 个主成分，这 A 个主成分所携带的信息量总和为

$$\sum_{a=1}^{A} \mathrm{Var}(\boldsymbol{t}_a) = \sum_{a=1}^{A} \lambda_a \tag{2.29}$$

如果前 A 个主成分的累计贡献率可达到 90%，那么，主成分 $\boldsymbol{t}_1, \boldsymbol{t}_2, \cdots, \boldsymbol{t}_A$ 可以以 90%的精度概括原有信息。有很多方法可以确定合适的主成分个数，其中主成分累计贡献率法和交叉检验法[2]最为常用。

为方便计算机进行编程运算，求取主成分时经常采用迭代方法。非线性迭代偏最小二乘(NIPALS)算法[4,5]就是其中最常用的一种，其步骤如下所示。

(1) 任意选择 $\boldsymbol{X}$ 阵中的一列作为主成分，记为 $\boldsymbol{t}_1$，即 $\boldsymbol{t}_1 = \boldsymbol{v}_j$。

(2) 利用主成分 $\boldsymbol{t}_1$ 求负载向量 $\boldsymbol{p}_1$，并做标准化处理：

$$\boldsymbol{p}_1^{\mathrm{T}} = \boldsymbol{t}_1^{\mathrm{T}} \boldsymbol{X} / (\boldsymbol{t}_1^{\mathrm{T}} \boldsymbol{t}_1)$$

(3) 将 $\boldsymbol{p}_1$ 的长度归一化：$\boldsymbol{p}_1^{\mathrm{T}} = \boldsymbol{p}_1^{\mathrm{T}} / \|\boldsymbol{p}_1\|$。

(4)利用已知的负载向量 $\boldsymbol{p}_1$ 求主成分 $\boldsymbol{t}_1$，并做标准化处理：

$$\boldsymbol{t}_1 = \boldsymbol{X}\boldsymbol{p}_1 / (\boldsymbol{p}_1^{\mathrm{T}}\boldsymbol{p}_1)$$

(5)判断是否收敛，即第(4)步 $\boldsymbol{t}_1$ 与第(2)步 $\boldsymbol{t}_1$ 是否相同或精度是否已达要求。若已收敛，则计算下一个主成分；否则，转至第(2)步。

上述算法只适合计算第一组主成分，计算其他主成分时，只要将上面算法中的 $\boldsymbol{X}$ 替换为相应的误差矩阵即可。例如，计算第 a 个主成分时，将 $\boldsymbol{X}$ 替换为 $\boldsymbol{E} = \boldsymbol{X} - \sum_{i=1}^{a-1}\boldsymbol{t}_i\boldsymbol{p}_i^{\mathrm{T}}$，再按照步骤(1)～(5)的类似方法计算 $\boldsymbol{t}_a$。

经过主成分分析，矩阵 $\boldsymbol{X}$ 被分解为 J 个子空间的外积和，即

$$\boldsymbol{X} = \boldsymbol{T}\boldsymbol{P}^{\mathrm{T}} = \sum_{j=1}^{J}\boldsymbol{t}_j\boldsymbol{p}_j^{\mathrm{T}} = \boldsymbol{t}_1\boldsymbol{p}_1^{\mathrm{T}} + \boldsymbol{t}_2\boldsymbol{p}_2^{\mathrm{T}} + \cdots + \boldsymbol{t}_J\boldsymbol{p}_J^{\mathrm{T}} \tag{2.30}$$

式中，$\boldsymbol{t}_j \in \Re^{N\times 1}$ 为主成分向量；$\boldsymbol{p}_j \in \Re^{J\times 1}$ 是负载向量；$\boldsymbol{T}$ 和 $\boldsymbol{P}$ 分别是主成分得分矩阵和负载矩阵。主成分得分向量之间是正交的，即对任何 i 和 j，当 $i \neq j$ 时满足 $\boldsymbol{t}_i^{\mathrm{T}}\boldsymbol{t}_j = 0$。负载向量之间也是正交的，并且为了保证计算出来的主成分向量具有唯一性，每个负载向量的长度都被归一化，即 $i \neq j$ 时 $\boldsymbol{p}_i^{\mathrm{T}}\boldsymbol{p}_j = 0$，$i = j$ 时 $\boldsymbol{p}_i^{\mathrm{T}}\boldsymbol{p}_j = 1$。

式(2.30)通常称为矩阵 $\boldsymbol{X}$ 的主成分分解，$\boldsymbol{t}_j\boldsymbol{p}_j^{\mathrm{T}}(j = 1,2,\cdots,J)$ 实际上是 J 个直交的主成分子空间，这些子空间的直和构成了原来的数据空间 $\boldsymbol{X}$。若将式(2.30)等号两侧同时右乘 $\boldsymbol{p}_j$，可以得到式(2.31)，称为主成分变换，也称为主成分投影。从式(2.31)可以看出，每一个主成分得分向量 $\boldsymbol{t}_j$ 实际上是矩阵 $\boldsymbol{X}$ 在负载向量 $\boldsymbol{p}_j$ 方向上的投影：

$$\begin{aligned}\boldsymbol{t}_j &= \boldsymbol{X}\boldsymbol{p}_j \\ \boldsymbol{T} &= \boldsymbol{X}\boldsymbol{P}\end{aligned} \tag{2.31}$$

当矩阵 $\boldsymbol{X}$ 中的变量存在一定程度的线性相关时，$\boldsymbol{X}$ 的方差信息实际上集中在前面几个主成分中，而最后的几个主成分的方差可以忽略不计。因此，主成分分析具有保留最大方差信息的同时显著降低数据维数的功能。若保留 $A(A < J)$ 个主成分，则式(2.30)可记为如下形式：

$$\boldsymbol{X} = \boldsymbol{T}\boldsymbol{P}^{\mathrm{T}} + \boldsymbol{E} = \sum_{a=1}^{A}\boldsymbol{t}_a\boldsymbol{p}_a^{\mathrm{T}} + \boldsymbol{E} = \hat{\boldsymbol{X}} + \boldsymbol{E} \tag{2.32}$$

式中，$\boldsymbol{T} \in \Re^{N\times A}$；$\boldsymbol{P} \in \Re^{J\times A}$；$\hat{\boldsymbol{X}}$ 是由主成分模型反推得到的原始数据 $\boldsymbol{X}$ 的系统

性信息；$\boldsymbol{E}$ 则为主成分分析模型的残差信息。

经过主成分分析，原始数据空间被分解为两个正交的子空间——由向量 $[\boldsymbol{p}_1,\boldsymbol{p}_2,\cdots,\boldsymbol{p}_A]$ 张成的主成分子空间和由 $[\boldsymbol{p}_{A+1},\boldsymbol{p}_{A+2},\cdots,\boldsymbol{p}_J]$ 张成的残差子空间。用所得到的如式(2.32)所示的 PCA 模型对新数据进行分析时，将新获得的测量数据 $\boldsymbol{x}_{\text{new}}$ 投影到主成分子空间，其主成分得分 $\boldsymbol{t}_{\text{new}} \in \Re^{A\times 1}$、回归估计值 $\hat{\boldsymbol{x}}_{\text{new}}$ 和残差量 $\boldsymbol{e}$ 计算如下：

$$\begin{aligned} \boldsymbol{t}_{\text{new}} &= \boldsymbol{P}^{\mathrm{T}}\boldsymbol{x}_{\text{new}} \\ \hat{\boldsymbol{x}}_{\text{new}} &= \boldsymbol{P}\boldsymbol{t}_{\text{new}} = \boldsymbol{P}\boldsymbol{P}^{\mathrm{T}}\boldsymbol{x}_{\text{new}} \\ \boldsymbol{e} &= \boldsymbol{x}_{\text{new}} - \hat{\boldsymbol{x}}_{\text{new}} = (\boldsymbol{I}-\boldsymbol{P}\boldsymbol{P}^{\mathrm{T}})\boldsymbol{x}_{\text{new}} \end{aligned} \tag{2.33}$$

2.4　偏最小二乘

PLS 方法[4,5]的提出是为了解决传统多变量回归方法在数据共线性和小样本数据在回归建模方面的不足。除此之外，PLS 方法还可以实现回归建模、数据结构简化和两组变量间的相关分析，给多变量数据分析带来极大的便利。

在一般的多变量线性回归模型中，如果有一组因变量 $\boldsymbol{Y}=\left[\boldsymbol{y}_1,\boldsymbol{y}_2,\cdots,\boldsymbol{y}_{J_y}\right]$ 和一组自变量 $\boldsymbol{X}=\left[\boldsymbol{x}_1,\boldsymbol{x}_2,\cdots,\boldsymbol{x}_{J_x}\right]$，$J_y$ 和 J_x 分别是因变量和自变量的个数，当数据总体能够满足高斯-马尔可夫假设条件时，根据最小二乘法，有

$$\hat{\boldsymbol{Y}} = \boldsymbol{X}(\boldsymbol{X}^{\mathrm{T}}\boldsymbol{X})^{-1}\boldsymbol{X}^{\mathrm{T}}\boldsymbol{Y} \tag{2.34}$$

式中，$\hat{\boldsymbol{Y}}$ 是 $\boldsymbol{Y}$ 的线性最小方差无偏估计量。从式(2.34)可以看出，当 $\boldsymbol{X}$ 中的变量存在严重的多重相关性时，或 $\boldsymbol{X}$ 中样本点个数与变量个数相比明显过少时，由于要对矩阵 $\boldsymbol{X}^{\mathrm{T}}\boldsymbol{X}$ 求逆，导致最小二乘估计量失效。因此，人们提出在 PLS 分析过程中采用成分提取的方法来解决上述问题。

为了找到能够最好概括原数据信息的综合变量，通过提取第一主成分 $\boldsymbol{t}_1$，使其包含的原始数据变异信息达到最大，即

$$\mathrm{Var}(\boldsymbol{t}_1) \to \max \tag{2.35}$$

在典型相关分析中，为了从整体上研究两个数据表之间的相关关系，分别从 $\boldsymbol{X}$ 和 $\boldsymbol{Y}$ 中提取了典型成分 $\boldsymbol{t}_1$ 和 $\boldsymbol{u}_1$，使其满足

$$\max r(\boldsymbol{t}_1, \boldsymbol{u}_1) \\ \text{s.t.} \begin{cases} \boldsymbol{t}_1^{\mathrm{T}} \boldsymbol{t}_1 = 1 \\ \boldsymbol{u}_1^{\mathrm{T}} \boldsymbol{u}_1 = 1 \end{cases} \tag{2.36}$$

根据研究的需要，无论是主成分分析还是典型相关分析都可以提取更高阶的成分。

PLS 是在 $\boldsymbol{X}$ 和 $\boldsymbol{Y}$ 中分别提取成分 $\boldsymbol{t}_1$ 和 $\boldsymbol{u}_1$，使其满足：

(1) $\boldsymbol{t}_1$ 和 $\boldsymbol{u}_1$ 应尽可能多地携带它们各自数据中的变异信息；

(2) $\boldsymbol{t}_1$ 和 $\boldsymbol{u}_1$ 相关程度能够达到最大。

这两个要求表明，$\boldsymbol{t}_1$ 和 $\boldsymbol{u}_1$ 应尽可能好地解释数据 $\boldsymbol{X}$ 和 $\boldsymbol{Y}$，同时，成分 $\boldsymbol{t}_1$ 对 $\boldsymbol{u}_1$ 又有很强的解释能力。若最终对 $\boldsymbol{X}$ 共提取了 A 个成分 $\boldsymbol{t}_1,\boldsymbol{t}_2,\cdots,\boldsymbol{t}_A$，PLS 回归将通过实施 $\boldsymbol{y}_{j_y}$ $(j_y = 1,2,\cdots,J_y)$ 对 $\boldsymbol{t}_1,\boldsymbol{t}_2,\cdots,\boldsymbol{t}_A$ 的回归，然后表达成 $\boldsymbol{y}_{j_y}$ 关于原变量 $\boldsymbol{x}_1,\boldsymbol{x}_2,\cdots,\boldsymbol{x}_{J_x}$ 的回归方程。

PLS 的工作对象是两个二维矩阵 $\boldsymbol{X} \in \Re^{N\times J_x}$ 和 $\boldsymbol{Y} \in \Re^{N\times J_x}$，其中 N 是样本个数。如果要 $\boldsymbol{t}_1$ 和 $\boldsymbol{u}_1$ 尽可能多地携带它们各自数据阵中的变异信息，根据 PCA 原理，应该有

$$\begin{cases} \mathrm{Var}(\boldsymbol{t}_1) \to \max \\ \mathrm{Var}(\boldsymbol{u}_1) \to \max \end{cases} \tag{2.37}$$

为了使 $\boldsymbol{t}_1$ 和 $\boldsymbol{u}_1$ 相关程度最大化，即

$$r(\boldsymbol{t}_1, \boldsymbol{u}_1) \to \max \tag{2.38}$$

综合两个要求，在 PLS 分析中需要 $\boldsymbol{t}_1$ 和 $\boldsymbol{u}_1$ 的协方差达到最大，即

$$\mathrm{Cov}(\boldsymbol{t}_1, \boldsymbol{u}_1) = \sqrt{\mathrm{Var}(\boldsymbol{t}_1)\mathrm{Var}(\boldsymbol{u}_1)}\, r(\boldsymbol{t}_1, \boldsymbol{u}_1) \to \max \tag{2.39}$$

PLS 求解问题可以表示为如下优化问题：

$$\max \mathrm{Cov}(\boldsymbol{t}_1, \boldsymbol{u}_1) = \langle \boldsymbol{X}\boldsymbol{w}_1, \boldsymbol{Y}\boldsymbol{c}_1 \rangle \\ \text{s.t.} \begin{cases} \boldsymbol{w}_1^{\mathrm{T}} \boldsymbol{w}_1 = 1 \\ \boldsymbol{c}_1^{\mathrm{T}} \boldsymbol{c}_1 = 1 \end{cases} \tag{2.40}$$

式 (2.40) 所示的优化问题就是在 $\|\boldsymbol{w}_1\|^2 = 1$ 和 $\|\boldsymbol{c}_1\|^2 = 1$ 的约束条件下，去求 $\boldsymbol{w}_1^{\mathrm{T}} \boldsymbol{X}^{\mathrm{T}} \boldsymbol{Y} \boldsymbol{c}_1$ 的最大值。

采用拉格朗日算法，则有

$$L = \boldsymbol{w}_1^{\mathrm{T}} \boldsymbol{X}^{\mathrm{T}} \boldsymbol{Y} \boldsymbol{c}_1 - \lambda_1 (\boldsymbol{w}_1^{\mathrm{T}} \boldsymbol{w}_1 - 1) - \lambda_2 (\boldsymbol{c}_1^{\mathrm{T}} \boldsymbol{c}_1 - 1) \tag{2.41}$$

分别求 L 对 $\boldsymbol{w}_1$、$\boldsymbol{c}_1$、λ_1 和 λ_2 的偏导，并令之为 0，则有

$$\begin{cases} \dfrac{\partial L}{\partial \boldsymbol{w}_1} = \boldsymbol{X}^{\mathrm{T}} \boldsymbol{Y} \boldsymbol{c}_1 - 2\lambda_1 \boldsymbol{w}_1 = 0 \\ \dfrac{\partial L}{\partial \boldsymbol{c}_1} = \boldsymbol{Y}^{\mathrm{T}} \boldsymbol{X} \boldsymbol{w}_1 - 2\lambda_2 \boldsymbol{c}_1 = 0 \\ \dfrac{\partial L}{\partial \lambda_1} = -(\boldsymbol{w}_1^{\mathrm{T}} \boldsymbol{w}_1 - 1) = 0 \\ \dfrac{\partial L}{\partial \lambda_2} = -(\boldsymbol{c}_1^{\mathrm{T}} \boldsymbol{c}_1 - 1) = 0 \end{cases} \tag{2.42}$$

由式(2.42)可得

$$2\lambda_1 = 2\lambda_2 = \boldsymbol{w}_1^{\mathrm{T}} \boldsymbol{X}^{\mathrm{T}} \boldsymbol{Y} \boldsymbol{c}_1 \tag{2.43}$$

可见，$2\lambda_1$ 和 $2\lambda_2$ 是优化问题的目标函数值。令 $\theta_1 = 2\lambda_1 = 2\lambda_2$，由式(2.42)，有

$$\begin{cases} \boldsymbol{X}^{\mathrm{T}} \boldsymbol{Y} \boldsymbol{c}_1 = \theta_1 \boldsymbol{w}_1 \\ \boldsymbol{Y}^{\mathrm{T}} \boldsymbol{X} \boldsymbol{w}_1 = \theta_1 \boldsymbol{c}_1 \end{cases} \tag{2.44}$$

进而可得

$$\begin{cases} \boldsymbol{X}^{\mathrm{T}} \boldsymbol{Y} \boldsymbol{Y}^{\mathrm{T}} \boldsymbol{X} \boldsymbol{w}_1 = \theta_1^2 \boldsymbol{w}_1 \\ \boldsymbol{Y}^{\mathrm{T}} \boldsymbol{X} \boldsymbol{X}^{\mathrm{T}} \boldsymbol{Y} \boldsymbol{c}_1 = \theta_1^2 \boldsymbol{c}_1 \end{cases} \tag{2.45}$$

可见，$\boldsymbol{w}_1$ 是矩阵 $\boldsymbol{X}^{\mathrm{T}} \boldsymbol{Y} \boldsymbol{Y}^{\mathrm{T}} \boldsymbol{X}$ 的特征值 θ_1^2 所对应的特征向量。当目标函数值 θ_1 最大时，$\boldsymbol{w}_1$ 是 $\boldsymbol{X}^{\mathrm{T}} \boldsymbol{Y} \boldsymbol{Y}^{\mathrm{T}} \boldsymbol{X}$ 的最大特征值 θ_1^2 所对应的单位特征向量。同理，$\boldsymbol{c}_1$ 是 $\boldsymbol{Y}^{\mathrm{T}} \boldsymbol{X} \boldsymbol{X}^{\mathrm{T}} \boldsymbol{Y}$ 的最大特征值 θ_1^2 所对应的单位特征向量。

求得 $\boldsymbol{w}_1$ 和 $\boldsymbol{c}_1$ 后，可得到成分 $\boldsymbol{t}_1$ 和 $\boldsymbol{u}_1$，如式(2.46)所示：

$$\begin{cases} \boldsymbol{t}_1 = \boldsymbol{X} \boldsymbol{w}_1 \\ \boldsymbol{u}_1 = \boldsymbol{Y} \boldsymbol{c}_1 \end{cases} \tag{2.46}$$

然后，分别求 $\boldsymbol{X}$ 和 $\boldsymbol{Y}$ 对 $\boldsymbol{t}_1$ 和 $\boldsymbol{u}_1$ 的三个回归方程：

$$\begin{cases} \boldsymbol{X} = \boldsymbol{t}_1 \boldsymbol{p}_1^{\mathrm{T}} + \boldsymbol{E}_1 \\ \boldsymbol{Y} = \boldsymbol{u}_1 \boldsymbol{q}_1^{*\mathrm{T}} + \boldsymbol{F}_1^* \\ \boldsymbol{Y} = \boldsymbol{t}_1 \boldsymbol{q}_1^{\mathrm{T}} + \boldsymbol{F}_1 \end{cases} \tag{2.47}$$

回归系数向量如式(2.48)所示，$\boldsymbol{E}_1$、$\boldsymbol{F}_1^*$ 和 $\boldsymbol{F}_1$ 分别为三个回归方程的残差矩阵。

$$\begin{cases} \boldsymbol{p}_1 = \dfrac{\boldsymbol{X}^{\mathrm{T}}\boldsymbol{t}_1}{\|\boldsymbol{t}_1\|^2} \\ \boldsymbol{q}_1^* = \dfrac{\boldsymbol{Y}^{\mathrm{T}}\boldsymbol{u}_1}{\|\boldsymbol{u}_1\|^2} \\ \boldsymbol{q}_1 = \dfrac{\boldsymbol{Y}^{\mathrm{T}}\boldsymbol{t}_1}{\|\boldsymbol{t}_1\|^2} \end{cases} \tag{2.48}$$

用残差矩阵 $\boldsymbol{E}_1$ 和 $\boldsymbol{F}_1$ 取代 $\boldsymbol{X}$ 和 $\boldsymbol{Y}$，按照上述方法求取 $\boldsymbol{t}_2$ 和 $\boldsymbol{u}_2$，进而获得回归系数 $\boldsymbol{p}_2$ 和 $\boldsymbol{q}_2$，以及如式(2.49)所示的回归方程：

$$\begin{cases} \boldsymbol{E}_1 = \boldsymbol{t}_2\boldsymbol{p}_2^{\mathrm{T}} + \boldsymbol{E}_2 \\ \boldsymbol{F}_1 = \boldsymbol{t}_2\boldsymbol{q}_2^{\mathrm{T}} + \boldsymbol{F}_2 \end{cases} \tag{2.49}$$

以此计算，若 $\boldsymbol{X}$ 的秩是 A，则有

$$\begin{cases} \boldsymbol{X} = \boldsymbol{t}_1\boldsymbol{p}_1^{\mathrm{T}} + \boldsymbol{t}_2\boldsymbol{p}_2^{\mathrm{T}} + \cdots + \boldsymbol{t}_A\boldsymbol{p}_A^{\mathrm{T}} \\ \boldsymbol{Y} = \boldsymbol{t}_1\boldsymbol{q}_1^{\mathrm{T}} + \boldsymbol{t}_2\boldsymbol{q}_2^{\mathrm{T}} + \cdots + \boldsymbol{t}_A\boldsymbol{q}_A^{\mathrm{T}} + \boldsymbol{F}_A \end{cases} \tag{2.50}$$

由于 $\boldsymbol{t}_1,\boldsymbol{t}_2,\cdots,\boldsymbol{t}_A$ 均可以表示成原数据阵 $\boldsymbol{X}$ 的变量 $\boldsymbol{v}_1,\boldsymbol{v}_2,\cdots,\boldsymbol{v}_{J_x}$ 的线性组合，故式(2.50)中的第二式可以还原成因变量 $\boldsymbol{Y}$ 关于自变量 $\boldsymbol{X}$ 的回归方程形式。

PLS 分析的迭代计算步骤如下所示。

(1) 从矩阵 $\boldsymbol{Y}$ 中任选一列作为成分 $\boldsymbol{u}_1$。

(2) 利用成分 $\boldsymbol{u}_1$ 求负载向量 $\boldsymbol{w}_1$，并做标准化处理：$\boldsymbol{w}_1^{\mathrm{T}} = \boldsymbol{X}^{\mathrm{T}}\boldsymbol{u}_1 / \|\boldsymbol{u}_1\|^2$。

(3) 将 $\boldsymbol{w}_1$ 的长度归一化：$\boldsymbol{w}_1^{\mathrm{T}} = \boldsymbol{w}_1^{\mathrm{T}} / \|\boldsymbol{w}_1\|$。

(4) 利用向量 $\boldsymbol{w}_1$ 求成分 $\boldsymbol{t}_1$：$\boldsymbol{t}_1 = \boldsymbol{X}^{\mathrm{T}}\boldsymbol{w}_1$。

(5) 利用成分 $\boldsymbol{t}_1$ 求向量 $\boldsymbol{q}_1$，并做标准化处理：$\boldsymbol{q}_1 = \boldsymbol{Y}^{\mathrm{T}}\boldsymbol{t}_1 / \|\boldsymbol{t}_1\|^2$。

(6) 将 $\boldsymbol{q}_1$ 的长度归一化：$\boldsymbol{q}_1^{\mathrm{T}} = \boldsymbol{q}_1^{\mathrm{T}} / \|\boldsymbol{q}_1\|$。

(7) 利用向量 $\boldsymbol{q}_1$ 重新计算成分 $\boldsymbol{u}_1$：$\boldsymbol{u}_1 = \boldsymbol{Y}^{\mathrm{T}}\boldsymbol{q}_1 / \|\boldsymbol{q}_1\|^2$。

(8) 判断是否已收敛，即第(7)步 $\boldsymbol{u}_1$ 与第(1)步 $\boldsymbol{u}_1$ 是否相同或精度是否已达要求。若已收敛，则转步骤(9)；否则，转至步骤(2)。

(9) 计算矩阵 $\boldsymbol{X}$ 的负载向量 $\boldsymbol{p}_1$：$\boldsymbol{p}_1 = \boldsymbol{X}^{\mathrm{T}}\boldsymbol{t}_1 / \|\boldsymbol{t}_1\|^2$。

(10) 计算矩阵 $\boldsymbol{Y}$ 的负载向量 $\boldsymbol{q}_1^*$：$\boldsymbol{q}_1^* = \boldsymbol{Y}^{\mathrm{T}}\boldsymbol{u}_1 / \|\boldsymbol{u}_1\|^2$。

(11) 建立成分 $\boldsymbol{u}_1$ 关于 $\boldsymbol{t}_1$ 的回归系数 b_1： $b_1 = \boldsymbol{u}_1^{\mathrm{T}} \boldsymbol{t}_1 / \|\boldsymbol{t}_1\|^2$。

(12) 求取残差矩阵： $\boldsymbol{E}_1 = \boldsymbol{X} - \boldsymbol{t}_1 \boldsymbol{p}_1^{\mathrm{T}}, \boldsymbol{F}_1 = \boldsymbol{Y} - \boldsymbol{t}_1 \boldsymbol{q}_1^{\mathrm{T}}$。

上述算法只适合计算第一个主成分，计算其他主成分时，下一次迭代的方法与上述步骤相同，只要上面算法中的矩阵 $\boldsymbol{X}$ 和 $\boldsymbol{Y}$ 替换为步骤(12)中的残差矩阵即可。直到满足算法终止原则或残差矩阵变为 0，上述迭代算法终止。

PLS 分析相当于多变量回归、PCA 和典型相关分析三者的有机结合。PLS 模型可以描述成如下形式：

$$\begin{cases} \boldsymbol{X} = \boldsymbol{T}\boldsymbol{P}^{\mathrm{T}} + \boldsymbol{E} = \sum_{a=1}^{A} \boldsymbol{t}_a \boldsymbol{p}_a^{\mathrm{T}} + \boldsymbol{E} \\ \boldsymbol{Y} = \boldsymbol{T}\boldsymbol{Q}^{\mathrm{T}} + \boldsymbol{F} = \sum_{a=1}^{A} \boldsymbol{t}_a \boldsymbol{q}_a^{\mathrm{T}} + \boldsymbol{F} \end{cases} \tag{2.51}$$

成分 $\boldsymbol{T}$ 关于 $\boldsymbol{X}$ 的线性关系可以表示为 $\boldsymbol{T} = \boldsymbol{X}\boldsymbol{R}$， $\boldsymbol{R} = \boldsymbol{W}(\boldsymbol{P}^{\mathrm{T}}\boldsymbol{W})^{-1}$。利用 PLS 方法，基于自变量 $\boldsymbol{X}$ 对因变量 $\boldsymbol{Y}$ 的回归预测方程可以表示为

$$\hat{\boldsymbol{Y}} = \boldsymbol{T}\boldsymbol{R}^{\mathrm{T}} = \boldsymbol{X}\boldsymbol{W}(\boldsymbol{P}^{\mathrm{T}}\boldsymbol{W})^{-1}\boldsymbol{R}^{\mathrm{T}} = \boldsymbol{X}\hat{\boldsymbol{B}} \tag{2.52}$$

需要注意的是，PLS 并不等于“对 $\boldsymbol{X}$ 和 $\boldsymbol{Y}$ 分别进行 PCA，然后建立 $\boldsymbol{t}$ 和 $\boldsymbol{u}$ 之间的最小方差回归关系”，而是要求在 $\boldsymbol{t}$ 和 $\boldsymbol{u}$ 抽取 $\boldsymbol{X}$ 和 $\boldsymbol{Y}$ 最大方差信息的同时，保证 $\boldsymbol{t}$ 和 $\boldsymbol{u}$ 最大程度相关。因此，PLS 分析算法中，向量 $\boldsymbol{t}$ 和 $\boldsymbol{u}$ 通常称为潜变量，而不是主成分。

用所得到的如式(2.52)所示的 PLS 模型对新数据进行分析时，将新获得的测量数据 $\boldsymbol{x}_{\mathrm{new}}$ 投影到各个子空间，可得其得分和残差量如下：

$$\begin{aligned} \boldsymbol{t}_{\mathrm{new}} &= \boldsymbol{R}^{\mathrm{T}} \boldsymbol{x}_{\mathrm{new}} \\ \boldsymbol{e} &= (\boldsymbol{I} - \boldsymbol{P}\boldsymbol{R}^{\mathrm{T}}) \boldsymbol{x}_{\mathrm{new}} \end{aligned} \tag{2.53}$$

2.5　全潜结构投影模型

T-PLS 方法[6]中认为，传统的 PLS 方法需要较多的潜变量来描述与质量变量相关的变异信息，其中包括一些与质量变量无关、对预测质量变量没有帮助的变异信息；同时，残差空间中仍然含有除噪声之外较大的变异信息，有必要将其与噪声区别开来。T-PLS 方法通过对 PLS 方法的主元空间和残差空间进一步分解，将主元空间中与质量变量正交的变异分离出来，将残差空间中较大方差的变异与噪声区分开，从而为只关注过程中某一部分特性的研究人员提供了更准确的过程

变异信息。虽然 T-PLS 方法并没有改变标准 PLS 方法的预测能力，但它却实现了按质量变量对过程数据空间的全面分解。

在 PLS 模型分解式(2.51)的基础上，T-PLS 方法将 PLS 模型主元空间进一步分解为与质量 $\boldsymbol{Y}$ 直接相关的子空间 S_y 和与 $\boldsymbol{Y}$ 正交的子空间 S_o，将 PLS 模型的残差空间分解成残差中包含较大变化方差的子空间 S_{rp} 和仅包含噪声的子空间 S_{rr}。T-PLS 方法的具体分解步骤如下所示。

1. 多输出情况

(1) 对 $\boldsymbol{X}$ 和 $\boldsymbol{Y}$ 进行 PLS 分解，保留 A 个主成分，分解后如式(2.51)所示。

(2) 对 $\hat{\boldsymbol{Y}}=\boldsymbol{T}\boldsymbol{Q}^{\mathrm{T}}$ 进行 PCA 分解，得到

$$\hat{\boldsymbol{Y}}=\boldsymbol{T}\boldsymbol{Q}^{\mathrm{T}}=\boldsymbol{T}_y\boldsymbol{Q}_y^{\mathrm{T}}+\tilde{\boldsymbol{F}} \tag{2.54}$$

式中，$\boldsymbol{T}_y\in\Re^{N\times A_y}$ 是 $\boldsymbol{T}$ 中与 $\boldsymbol{Y}$ 直接相关的部分；$\boldsymbol{Q}_y\in\Re^{J_y\times A_y}$ 是 $\hat{\boldsymbol{Y}}$ 的负载矩阵，$A_y=\mathrm{rank}(\boldsymbol{Q})$ 为保留的主成分个数；$\tilde{\boldsymbol{F}}\in\Re^{N\times J_y}$ 是 $\hat{\boldsymbol{Y}}$ 的残差矩阵。

(3) 计算 $\hat{\boldsymbol{X}}=\boldsymbol{T}\boldsymbol{P}^{\mathrm{T}}$ 的负载矩阵 $\boldsymbol{P}_y$：$\boldsymbol{P}_y=(\boldsymbol{T}_y^{\mathrm{T}}\boldsymbol{T}_y)^{-1}/(\boldsymbol{T}_y^{\mathrm{T}}\hat{\boldsymbol{X}})\in\Re^{J_x\times A_y}$。

(4) 对 $\boldsymbol{X}$ 的主要变异信息中与 $\boldsymbol{Y}$ 无关的信息，即 $\hat{\boldsymbol{X}}_o=\hat{\boldsymbol{X}}-\boldsymbol{T}_y\boldsymbol{P}_y^{\mathrm{T}}$，进行 PCA 分解，并保留 $A-A_y$ 个主成分，得到分解式：

$$\hat{\boldsymbol{X}}_o=\boldsymbol{T}_o\boldsymbol{P}_o^{\mathrm{T}} \tag{2.55}$$

式中，$\boldsymbol{T}_o\in\Re^{N\times(A-A_y)}$ 是 $\boldsymbol{T}$ 中与 $\boldsymbol{Y}$ 正交的部分；$\boldsymbol{P}_o\in\Re^{J_x\times(A-A_y)}$ 是 $\hat{\boldsymbol{X}}_o$ 的负载矩阵。

(5) 对 $\boldsymbol{X}$ 的原始残差 $\boldsymbol{E}$ 进行 PCA 分解，并保留 $A_r(A_r<A-J)$ 个主成分，得

$$\boldsymbol{E}=\boldsymbol{T}_r\boldsymbol{P}_r^{\mathrm{T}}+\boldsymbol{E}_r \tag{2.56}$$

式中，$\boldsymbol{T}_r\in\Re^{N\times A_r}$ 是 $\boldsymbol{E}$ 中含有较大变化方差的部分；$\boldsymbol{P}_r\in\Re^{J_x\times A_r}$ 是 $\boldsymbol{E}$ 的负载矩阵；$\boldsymbol{E}_r\in\Re^{N\times J_x}$ 是 $\boldsymbol{X}$ 最终的残差部分，代表了噪声。

至此，原 PLS 模型(式(2.51))被进一步分解为如下形式：

$$\begin{cases}\boldsymbol{X}=\boldsymbol{T}_y\boldsymbol{P}_y^{\mathrm{T}}+\boldsymbol{T}_o\boldsymbol{P}_o^{\mathrm{T}}+\boldsymbol{T}_r\boldsymbol{P}_r^{\mathrm{T}}+\boldsymbol{E}_r\\ \boldsymbol{Y}=\boldsymbol{T}_y\boldsymbol{Q}_y^{\mathrm{T}}+\breve{\boldsymbol{F}}\end{cases} \tag{2.57}$$

式中，$\boldsymbol{E}_r=\boldsymbol{E}(\boldsymbol{I}-\boldsymbol{P}_r\boldsymbol{P}_r^{\mathrm{T}})$；$\breve{\boldsymbol{F}}=\tilde{\boldsymbol{F}}+\boldsymbol{F}$。

将新获得的样本 $\boldsymbol{x}_{\mathrm{new}}\in\Re^{J_x\times 1}$ 投影到 T-PLS 模型的各个子空间，其相应的得分

和残差可计算如下：

$$
\begin{cases}
\boldsymbol{t}_{y,\text{new}} = \boldsymbol{Q}_y^{\text{T}}\boldsymbol{Q}\boldsymbol{R}^{\text{T}}\boldsymbol{x}_{\text{new}} = \boldsymbol{G}_y\boldsymbol{x}_{\text{new}} \in S_y \\
\boldsymbol{t}_{o,\text{new}} = \boldsymbol{P}_o^{\text{T}}(\boldsymbol{P} - \boldsymbol{P}_y\boldsymbol{Q}_y^{\text{T}}\boldsymbol{Q})\boldsymbol{R}^{\text{T}}\boldsymbol{x}_{\text{new}} = \boldsymbol{G}_o\boldsymbol{x}_{\text{new}} \in S_o \\
\boldsymbol{t}_{r,\text{new}} = \boldsymbol{P}_r^{\text{T}}(\boldsymbol{I} - \boldsymbol{P}\boldsymbol{R}^{\text{T}})\boldsymbol{x}_{\text{new}} = \boldsymbol{G}_r\boldsymbol{x}_{\text{new}} \in S_{rp} \\
\tilde{\boldsymbol{x}}_{r,\text{new}} = (\boldsymbol{I} - \boldsymbol{P}_r\boldsymbol{P}_r^{\text{T}})(\boldsymbol{I} - \boldsymbol{P}\boldsymbol{R}^{\text{T}})\boldsymbol{x}_{\text{new}} = \tilde{\boldsymbol{G}}\boldsymbol{x}_{\text{new}} \in S_{rr}
\end{cases}
\tag{2.58}
$$

式中，$\boldsymbol{R} = \boldsymbol{W}(\boldsymbol{P}^{\text{T}}\boldsymbol{W})^{-1} \in \Re^{J_x \times A}$ 是原始的权重矩阵。通过 $\boldsymbol{R}$ 可以直接建立过程数据 $\boldsymbol{X}$ 与得分矩阵 $\boldsymbol{T}$ 之间的关系，即 $\boldsymbol{T} = \boldsymbol{X}\boldsymbol{R}$，而 $\boldsymbol{W}$ 为 PLS 分解中 $\boldsymbol{X}$ 的权重矩阵。

实际上，T-PLS 模型诱导出一种在 $\boldsymbol{X}$ 空间中的斜交分解。S_y 是 $\boldsymbol{X}$ 的一个 A_y 维子空间，其中的过程信息在预测输出 $\boldsymbol{Y}$ 时起决定性作用；S_o 是一个 $A - A_y$ 维的子空间，在 PLS 分解中被提取出来，但对于预测输出 $\boldsymbol{Y}$ 无任何作用；虽然在 PLS 分解中认为 A_r 维子空间 S_{rp} 中的信息对于预测输出 $\boldsymbol{Y}$ 的作用甚微，但 T-PLS 模型认为其仍然包含反映 $\boldsymbol{X}$ 的显著变异信息；S_{rr} 中已无关于 $\boldsymbol{X}$ 的有效信息，其维数为 $A - A_y - A_r$。

2. 单输出情况

(1) 对 $\boldsymbol{X}$ 和 $\boldsymbol{y}$ 进行 PLS 分解，保留 A 个主成分，得到

$$
\begin{cases}
\boldsymbol{X} = \boldsymbol{T}\boldsymbol{P}^{\text{T}} + \boldsymbol{E} \\
\boldsymbol{y} = \boldsymbol{T}\boldsymbol{q}^{\text{T}} + \boldsymbol{f}
\end{cases}
\tag{2.59}
$$

(2) 令与 $\boldsymbol{y}$ 直接相关的得分向量为 $\boldsymbol{t}_y$：$\boldsymbol{t}_y = \boldsymbol{T}\boldsymbol{q}^{\text{T}}$。

(3) 计算矩阵 $\hat{\boldsymbol{X}} = \boldsymbol{T}\boldsymbol{P}^{\text{T}}$ 的负载向量 $\boldsymbol{p}_y$：$\boldsymbol{p}_y = \hat{\boldsymbol{X}}^{\text{T}}\boldsymbol{t}_y / (\boldsymbol{t}_y^{\text{T}}\boldsymbol{t}_y)$。

(4) 对 $\boldsymbol{X}$ 的主要变异信息中与 $\boldsymbol{y}$ 无关的信息，即 $\hat{\boldsymbol{X}}_o = \hat{\boldsymbol{X}} - \boldsymbol{t}_y\boldsymbol{p}_y^{\text{T}}$，进行 PCA 分解，并保留 $A-1$ 个主成分，得到分解式：

$$
\hat{\boldsymbol{X}}_o = \boldsymbol{T}_o\boldsymbol{P}_o^{\text{T}}
\tag{2.60}
$$

(5) 对 $\boldsymbol{X}$ 的原始残差 $\boldsymbol{E}$ 进行 PCA 分解，并保留 $A_r\,(A_r < J - A)$ 个主成分，得

$$
\boldsymbol{E} = \boldsymbol{T}_r\boldsymbol{P}_r^{\text{T}} + \boldsymbol{E}_r
\tag{2.61}
$$

从而，原 PLS 模型（式(2.59)）被进一步分解为如下形式：

$$\begin{cases} \boldsymbol{X} = \boldsymbol{t}_y \boldsymbol{p}_y^{\mathrm{T}} + \boldsymbol{T}_o \boldsymbol{P}_o^{\mathrm{T}} + \boldsymbol{T}_r \boldsymbol{P}_r^{\mathrm{T}} + \boldsymbol{E}_r \\ \boldsymbol{y} = \boldsymbol{t}_y + \boldsymbol{f} \end{cases} \tag{2.62}$$

对于新获得的样本 $\boldsymbol{x}_{\text{new}}$，其得分和残差为

$$\begin{cases} t_{y,\text{new}} = \boldsymbol{q}\boldsymbol{R}^{\mathrm{T}}\boldsymbol{x}_{\text{new}} = \boldsymbol{G}_y \boldsymbol{x}_{\text{new}} \in \Re \\ \boldsymbol{t}_{o,\text{new}} = \boldsymbol{P}_o^{\mathrm{T}}(\boldsymbol{P} - \boldsymbol{p}_y \boldsymbol{q}^{\mathrm{T}})\boldsymbol{R}^{\mathrm{T}}\boldsymbol{x}_{\text{new}} = \boldsymbol{G}_o \boldsymbol{x}_{\text{new}} \in \Re^{(A-1)\times 1} \\ \boldsymbol{t}_{r,\text{new}} = \boldsymbol{P}_r^{\mathrm{T}}(\boldsymbol{I} - \boldsymbol{P}\boldsymbol{R}^{\mathrm{T}})\boldsymbol{x}_{\text{new}} = \boldsymbol{G}_r \boldsymbol{x}_{\text{new}} \in \Re^{A_r \times 1} \\ \tilde{\boldsymbol{x}}_{r,\text{new}} = (\boldsymbol{I} - \boldsymbol{P}_r \boldsymbol{P}_r^{\mathrm{T}})(\boldsymbol{I} - \boldsymbol{P}\boldsymbol{R}^{\mathrm{T}})\boldsymbol{x}_{\text{new}} = \tilde{\boldsymbol{G}}\boldsymbol{x}_{\text{new}} \in \Re^{J_x \times 1} \end{cases} \tag{2.63}$$

2.6　组间共性分析

为了分析多个数据集合所包含的相同变量相关关系，Zhao 等提出了 MsPCA 算法[7]。该算法的基本思想是以所有数据集合作为共同的分析目标，提取出一组基向量，这些基向量与每个集合自身的子基向量都具有较强的相关关系，从而将其作为所有集合共享的基向量，或称为共同基向量，它们可以近似表示每个数据集合内变量之间的相关关系。

假设共有 C 个数据集，$\boldsymbol{X}^c = [\boldsymbol{x}_1^c, \boldsymbol{x}_2^c, \cdots, \boldsymbol{x}_{N^c}^c]^{\mathrm{T}} \in \Re^{N^c \times J}(c = 1,2,\cdots,C)$ 表示其中第 c 个数据集，N^c 和 J 分别表示集合 c 中的样本数和过程变量数。分别对每个数据集进行标准化处理，且标准化后的数据仍用 $\boldsymbol{X}^c$ 表示。为了提取集合间变量相关性的共性结构，这里通过定义一种新的统计量进行分析。即在每个测量空间中，通常可以找出一个子集，该子集完全可以取代其他样本，且所有样本都可以用该子集样本的线性组合来表示；原始测量空间的主要潜在变量相关性也可以由该子集表示。这里，将该子集的元素称为子基向量。这样，组间共性结构便可以通过提取不同集合间尽可能相似的子基向量来分析。

将第 c 个集合 $\boldsymbol{X}^c$ 中的某一个子基向量记为 $\boldsymbol{p}^c \in \Re^{J\times 1}$，则存在线性组合系数 $\boldsymbol{\alpha}^c = [\alpha_1^c, \alpha_2^c, \cdots, \alpha_{N^c}^c]^{\mathrm{T}}$，使得

$$\boldsymbol{p}^c = \sum_{n=1}^{N^c} \alpha_n^c \boldsymbol{x}_n^c = \boldsymbol{X}^{c\mathrm{T}} \boldsymbol{\alpha}^c \tag{2.64}$$

即每一个子基向量实际上是每个数据集原始测量样本的线性组合。

子基向量间的相似度应当以“它们在集合间的接近程度”来衡量。然而，同时衡量所有集合间的内在关系是非常复杂的，因此引入一个共同基向量，记为

$\boldsymbol{p}_g \in \Re^{J\times 1}$，可以认为它是第$(C+1)$组子基向量中的一员，且与其他$C$组子基向量具有密切的相关关系。那么，求解共同基向量$\boldsymbol{p}_g$的问题可以描述为如下有约束的优化问题：

$$\begin{aligned}&\max R^2 = \max \sum_{c=1}^{C} (\boldsymbol{p}_g^{\mathrm{T}} \boldsymbol{X}^{c\mathrm{T}} \boldsymbol{\alpha}^c)^2 \\ &\text{s.t.} \quad \begin{cases} \boldsymbol{p}_g^{\mathrm{T}} \boldsymbol{p}_g = 1 \\ \boldsymbol{\alpha}^{c\mathrm{T}} \boldsymbol{X}^c \boldsymbol{X}^{c\mathrm{T}} \boldsymbol{\alpha}^c = 1 \end{cases}\end{aligned} \tag{2.65}$$

从几何的观点解释上述优化问题的数学意义：在某个未知的子空间所求取的共同基向量$\boldsymbol{p}_g$应该尽可能接近每个子空间的子基向量$\boldsymbol{p}^c$，这等同于寻找共同基向量$\boldsymbol{p}_g$和子基向量$\boldsymbol{p}^c$，使它们所张成的子空间之间的夹角最小。

利用拉格朗日算子，优化问题(2.65)可以表达成如下的无约束极值问题：

$$F(\boldsymbol{p}_g, \boldsymbol{\alpha}^c, \lambda_g, \lambda^c) = \sum_{c=1}^{C} (\boldsymbol{p}_g^{\mathrm{T}} \boldsymbol{X}^{c\mathrm{T}} \boldsymbol{\alpha}^c)^2 - \lambda_g (\boldsymbol{p}_g^{\mathrm{T}} \boldsymbol{p}_g - 1) - \sum_{c=1}^{C} \lambda^c (\boldsymbol{\alpha}^{c\mathrm{T}} \boldsymbol{X}^c \boldsymbol{X}^{c\mathrm{T}} \boldsymbol{\alpha}^c - 1) \tag{2.66}$$

式中，λ_g和λ^c均为常数标量。

分别计算$F(\boldsymbol{p}_g, \boldsymbol{\alpha}^c, \lambda_g, \lambda^c)$对$\boldsymbol{p}_g$、$\boldsymbol{\alpha}^c$、$\lambda_g$、$\lambda^c$的偏导数，并令其等于零，可得到如下表达式：

$$\frac{\partial F}{\partial \boldsymbol{p}_g} = 2\sum_{c=1}^{C} \left(\left| \boldsymbol{p}_g^{\mathrm{T}} \boldsymbol{X}^{c\mathrm{T}} \boldsymbol{\alpha}^c \right| \boldsymbol{X}^{c\mathrm{T}} \boldsymbol{\alpha}^c \right) - 2\lambda_g \boldsymbol{p}_g = 0 \tag{2.67}$$

$$\frac{\partial F}{\partial \boldsymbol{\alpha}^c} = 2\left| \boldsymbol{p}_g^{\mathrm{T}} \boldsymbol{X}^{c\mathrm{T}} \boldsymbol{\alpha}^c \right| \boldsymbol{X}^c \boldsymbol{p}_g - 2\lambda^c \boldsymbol{X}^c \boldsymbol{X}^{c\mathrm{T}} \boldsymbol{\alpha}^c = 0 \tag{2.68}$$

$$\frac{\partial F}{\partial \lambda_g} = \boldsymbol{p}_g^{\mathrm{T}} \boldsymbol{p}_g - 1 = 0 \tag{2.69}$$

$$\frac{\partial F}{\partial \lambda^c} = \boldsymbol{\alpha}^{c\mathrm{T}} \boldsymbol{X}^c \boldsymbol{X}^{c\mathrm{T}} \boldsymbol{\alpha}^c - 1 = 0 \tag{2.70}$$

分别用$\boldsymbol{p}_g^{\mathrm{T}}$和$\boldsymbol{\alpha}^{c\mathrm{T}}$左乘式(2.67)和式(2.68)，并联合式(2.69)和式(2.70)，得

$$\begin{cases} \sum_{c=1}^{C} (\boldsymbol{p}_g^{\mathrm{T}} \boldsymbol{X}^{c\mathrm{T}} \boldsymbol{\alpha}^c)^2 = \lambda_g \\ (\boldsymbol{p}_g^{\mathrm{T}} \boldsymbol{X}^{c\mathrm{T}} \boldsymbol{\alpha}^c)^2 = \lambda^c \end{cases} \tag{2.71}$$

因此，λ_g 就是理想的优化目标，而 λ^c 是子基向量和共同基向量间协方差的平方，并且满足 $\lambda_g = \sum_{c=1}^{C} \lambda^c$。这里，$\lambda^c$ 称为子目标参数，它们不一定完全相等，因此，共同基向量与不同集合中子基向量的协方差信息并不完全相同。

相应地，式(2.67)和式(2.68)可以进一步表示为

$$\sum_{c=1}^{C} \sqrt{\lambda^c} \boldsymbol{X}^{c\mathrm{T}} \boldsymbol{\alpha}^c = \lambda_g \boldsymbol{p}_g \tag{2.72}$$

$$\frac{1}{\sqrt{\lambda^c}} \boldsymbol{X}^c \boldsymbol{p}_g = \boldsymbol{X}^c \boldsymbol{X}^{c\mathrm{T}} \boldsymbol{\alpha}^c \tag{2.73}$$

由式(2.72)可知，共同基向量是分别以 $\sqrt{\lambda^c} / \lambda_g$ 为权重的所有子基向量的加权平均。将式(2.73)代入式(2.72)，得

$$\sum_{c=1}^{C} [\boldsymbol{X}^{c\mathrm{T}} (\boldsymbol{X}^c \boldsymbol{X}^{c\mathrm{T}})^{-1} \boldsymbol{X}^c] \boldsymbol{p}_g = \lambda_g \boldsymbol{p}_g \tag{2.74}$$

这是一个标准的代数问题。根据最大化目标函数的要求，即求 λ_g 的最大解析解，需要对矩阵 $\sum_{c=1}^{C} [\boldsymbol{X}^{c\mathrm{T}} (\boldsymbol{X}^c \boldsymbol{X}^{c\mathrm{T}})^{-1} \boldsymbol{X}^c]$ 做特征值分解，而最大特征值对应的特征向量即为第一个共同基向量 $\boldsymbol{p}_g$。

将式(2.73)代入式(2.71)，可以计算各个集合的子目标参数 λ^c 如下：

$$\boldsymbol{p}_g^{\mathrm{T}} [\boldsymbol{X}^{c\mathrm{T}} (\boldsymbol{X}^c \boldsymbol{X}^{c\mathrm{T}})^{-1} \boldsymbol{X}^c] \boldsymbol{p}_g = \lambda^c \tag{2.75}$$

进而，每个数据集中的第一个子基向量可以通过如下计算方式得到：

$$\boldsymbol{p}^c = \boldsymbol{X}^{c\mathrm{T}} \boldsymbol{\alpha}^c = \frac{1}{\sqrt{\lambda^c}} \boldsymbol{X}^{c\mathrm{T}} (\boldsymbol{X}^c \boldsymbol{X}^{c\mathrm{T}})^{-1} \boldsymbol{X}^c \boldsymbol{p}_g \tag{2.76}$$

式(2.74)中的第二大特征值对应的特征向量即为第二个共同基向量，且其与第一个共同基向量正交。以此类推，非零特征值所对应的特征向量均为共同基向量。然而，在实际生产中，$\boldsymbol{X}^c$ 中的样本通常是高维且高度相关的，使得 $\mathrm{rank}(\boldsymbol{X}^c \boldsymbol{X}^{c\mathrm{T}}) < N^c$，即 $(\boldsymbol{X}^c \boldsymbol{X}^{c\mathrm{T}})^{-1}$ 不存在。因此，直接对原始数据 $\sum_{c=1}^{C} [\boldsymbol{X}^{c\mathrm{T}} (\boldsymbol{X}^c \boldsymbol{X}^{c\mathrm{T}})^{-1} \boldsymbol{X}^c]$ 做特征值分解很难获得准确结果。

为了解决上述问题，组间共性分析算法提出采用两步计算，且每步基于不同的目标函数和约束条件。

首先，将第一步中的共同基向量记为 $\overline{\boldsymbol{p}}_g$，构造如下目标函数：

$$\max R^2 = \max \sum_{c=1}^{C} (\overline{\boldsymbol{p}}_g^{\mathrm{T}} \boldsymbol{X}^{c\mathrm{T}} \overline{\boldsymbol{\alpha}}^c)^2 \\ \text{s.t.} \quad \begin{cases} \overline{\boldsymbol{p}}_g^{\mathrm{T}} \overline{\boldsymbol{p}}_g = 1 \\ \overline{\boldsymbol{\alpha}}^{c\mathrm{T}} \overline{\boldsymbol{\alpha}}^c = 1 \end{cases} \tag{2.77}$$

由于式(2.77)中将组合系数 $\overline{\boldsymbol{\alpha}}^c$ 约束为单位长度，因此在第一步的基向量提取中，实际上是在刻画子基向量 $\boldsymbol{X}^{c\mathrm{T}}\overline{\boldsymbol{\alpha}}^c$ 与共同基向量 $\overline{\boldsymbol{p}}_g$ 之间的协方差关系。需要注意的是，协方差信息的最大化并不一定表示相关性最强，因为当子基向量自身的方差较大时，同样能够使基向量之间的协方差增大。

通过构造拉格朗日函数，式(2.77)中的优化问题最终归结为求解一个标准的代数问题：

$$\sum_{c=1}^{C} (\boldsymbol{X}^{c\mathrm{T}} \boldsymbol{X}^c) \overline{\boldsymbol{p}}_g = \overline{\lambda}_g \overline{\boldsymbol{p}}_g \tag{2.78}$$

相应地，每个集合的子基向量可以表示为

$$\overline{\boldsymbol{p}}^c = \boldsymbol{X}^{c\mathrm{T}} \overline{\boldsymbol{\alpha}}^c = \frac{1}{\sqrt{\overline{\lambda}^c}} \boldsymbol{X}^{c\mathrm{T}} \boldsymbol{X}^c \overline{\boldsymbol{p}}_g \tag{2.79}$$

式中，$\overline{\lambda}^c = \overline{\boldsymbol{p}}_g^{\mathrm{T}} \boldsymbol{X}^{c\mathrm{T}} \boldsymbol{X}^c \overline{\boldsymbol{p}}_g$。$\overline{R}$ 个子基向量张成了一个新的子空间 $\overline{\boldsymbol{P}}^c = [\overline{\boldsymbol{p}}_1^c, \overline{\boldsymbol{p}}_2^c, \cdots, \overline{\boldsymbol{p}}_{\overline{R}}^c] \in \Re^{J \times \overline{R}}$，等价于从原始的 N^c 个观测样本中选出 $\overline{R}$ 个代表，并保持变量维数固定不变。

第二步中的目标函数如式(2.65)所示。用第一步提取的各个集合的子基向量集合 $\overline{\boldsymbol{P}}^{c\mathrm{T}}$ 代替式(2.74)中的原始数据 $\boldsymbol{X}^c$，从而确保矩阵 $\overline{\boldsymbol{P}}^{c\mathrm{T}} \overline{\boldsymbol{P}}^c$ 的可逆性。至此，共同基向量的提取过程便转化为如下简单的求解特征方程的过程：

$$\sum_{c=1}^{C} \left[\boldsymbol{X}^{c\mathrm{T}} \boldsymbol{X}^c \overline{\boldsymbol{P}}_g (\overline{\boldsymbol{P}}_g^{\mathrm{T}} \boldsymbol{X}^{c\mathrm{T}} \boldsymbol{X}^c \boldsymbol{X}^{c\mathrm{T}} \boldsymbol{X}^c \overline{\boldsymbol{P}}_g)^{-1} \overline{\boldsymbol{P}}_g^{\mathrm{T}} \boldsymbol{X}^{c\mathrm{T}} \boldsymbol{X}^c \right] \boldsymbol{p}_g = \lambda_g \boldsymbol{p}_g \tag{2.80}$$

所有共同基向量 $\boldsymbol{p}_g$ 构成了最终的共同变量相关关系子空间 $\boldsymbol{P}_g = [\boldsymbol{p}_{g,1}, \boldsymbol{p}_{g,2}, \cdots, \boldsymbol{p}_{g,\tilde{R}}] \in \Re^{J \times \tilde{R}}$。这些共同基向量注重收集多个数据集之间共同的潜在变量相关关系，而非单独重述每个集合自身的数据信息。

2.7 高斯混合模型

GMM 本质上描述了一个可能来自于有限类别或状态的随机变量所固有的异质性[9]。根据概率论中的中心极限定理，在比较宽泛的条件下，任意 N 个独立随机数的均值趋近于高斯分布[14]。如果将一个测量值看成是许多随机独立因素影响的结果，那么被测过程变量应渐近地服从高斯分布。GMM 是单一高斯概率密度函数的延伸，具有平滑逼近任意形状概率分布的特性，近年来在很多领域都得到了应用。

GMM 的概率密度函数可以写为多个高斯分量的加权和的形式，即

$$G\left\{\boldsymbol{x}\middle|\Theta\right\}=\sum_{q=1}^{Q}\omega^{q}g\left\{\boldsymbol{x}\middle|\theta^{q}\right\} \tag{2.81}$$

式中，$\boldsymbol{x}\in\Re^{J\times 1}$ 是 J 维随机变量；Q 是 GMM 中高斯分量个数；$\omega^{q}(q=1,2,\cdots,Q)$ 是第 q 个高斯分量 C^{q} 的权重，且满足 $0\leqslant\omega^{q}\leqslant 1$，$\sum_{q=1}^{Q}\omega^{q}=1$；$g\left\{\boldsymbol{x}\middle|\theta^{q}\right\}$ 是第 q 个高斯分量 C^{q} 的局部概率密度函数，其参数为 $\theta^{q}=\left\{\boldsymbol{\mu}^{q},\boldsymbol{\Sigma}^{q}\right\}$，其中 $\boldsymbol{\mu}^{q}$ 和 $\boldsymbol{\Sigma}^{q}$ 分别是随机变量 $\boldsymbol{x}\in\Re^{J\times 1}$ 的均值向量和协方差矩阵；$\Theta=\left\{\omega^{1},\omega^{2},\cdots,\omega^{Q},\theta^{1},\theta^{2},\cdots,\theta^{Q}\right\}$ 是 GMM 全部参数构成的集合。

第 q 个高斯分量 C^{q} 的概率密度函数可表示为

$$g\left\{\boldsymbol{x}\middle|\theta^{q}\right\}=\frac{1}{(2\pi)^{J/2}\left|\boldsymbol{\Sigma}^{q}\right|^{1/2}}\exp\left[-\frac{1}{2}(\boldsymbol{x}-\boldsymbol{\mu}^{q})^{\mathrm{T}}(\boldsymbol{\Sigma}^{q})^{-1}(\boldsymbol{x}-\boldsymbol{\mu}^{q})\right] \tag{2.82}$$

每个高斯分量描述了局部数据的变化分布规律，而权重 ω^{q} 可以理解为第 q 个高斯分量的先验概率。

由于参数 ω^{q}、$\boldsymbol{\mu}^{q}$ 和 $\boldsymbol{\Sigma}^{q}$ 均是未知的，需要对它们进行估计。常用的混合模型参数估计算法包括：极大似然估计(MLE)、期望-最大化(EM)算法以及 Figueiredo-Jain(F-J)算法等[15-18]。当已知分布的形式，而所要估计的参数是非随机的未知常量(或者待估参数是随机的，但先验密度未知)时，一般用极大似然估计法来估计参数。

给定一个具有独立同分布的随机变量样本的数据集 $\boldsymbol{X}=[\boldsymbol{x}_1,\boldsymbol{x}_2,\cdots,\boldsymbol{x}_N]^{\mathrm{T}}$，其中 $\boldsymbol{x}_n\in\Re^{J\times 1}$，$n=1,2,\cdots,N$，是由式(2.81)所表示的 GMM 生成的样本，其对数似然

函数可表示为

$$\ln L(\boldsymbol{X},\Theta)=\sum_{n=1}^{N}\ln\left\{\sum_{q=1}^{Q}\omega^{q}g\left\{\boldsymbol{x}_{n}\middle|\theta^{q}\right\}\right\} \tag{2.83}$$

一般将能够使对数似然函数取得最大值的 $\hat{\Theta}$ 作为参数集 Θ 的最优估计，因此参数估计问题进一步演化为

$$\hat{\Theta}=\arg\max_{\Theta}\left[\ln L(\boldsymbol{X},\Theta)\right] \tag{2.84}$$

高斯混合分布比较复杂，直接求偏导会得到有多个根的超越方程，因为第 q 个高斯分量 C^{q} 会生成哪些数据 $\boldsymbol{x}_{n}$ 未知，某个数据 $\boldsymbol{x}_{n}$ 究竟影响哪个分量也未知，因此直接优化参数的似然函数十分困难，无法对参数作出有效估计。

EM 算法是一种从“不完全数据”中求解模型分布参数的极大似然估计方法，因此常用于估计极大似然分布参数，特别是包含缺值数据的极大似然估计问题。首先，给定高斯分量个数 Q，并将各个类的先验概率 ω、均值向量 $\boldsymbol{\mu}$ 和协方差矩阵 $\boldsymbol{\Sigma}$ 构成的初始参数集合记为 $\Theta^{(0)}=\left\{\omega^{1,(0)},\omega^{2,(0)},\cdots,\omega^{Q,(0)},\theta^{1,(0)},\theta^{2,(0)},\cdots,\theta^{Q,(0)}\right\}$；然后，在期望步骤(E-步骤)中计算每个建模样本来自各分量的后验概率的期望；在最大化步骤(M-步骤)中，根据各建模样本的隶属关系，通过极大似然法得到各参数的估计值。具体迭代步骤如下所示。

在 E-步骤中，根据参数 $\Theta^{(d)}$ 按式(2.85)计算第 d 次迭代中样本的后验概率：

$$\Pr^{(d)}\left\{C^{q}\middle|\boldsymbol{x}_{n}\right\}=\frac{\omega^{q,(d)}g\left\{\boldsymbol{x}_{n}\middle|\boldsymbol{\mu}^{q,(d)},\boldsymbol{\Sigma}^{q,(d)}\right\}}{\sum_{q=1}^{Q}\omega^{q,(d)}g\left\{\boldsymbol{x}_{n}\middle|\boldsymbol{\mu}^{q,(d)},\boldsymbol{\Sigma}^{q,(d)}\right\}} \tag{2.85}$$

在 M-步骤中，通过最大化似然函数更新第 $(d+1)$ 次迭代中的模型参数 $\Theta^{(d+1)}$：

$$\boldsymbol{\mu}^{q,(d+1)}=\frac{\sum_{n=1}^{N}\Pr^{(d)}\left\{C^{q}\middle|\boldsymbol{x}_{n}\right\}\boldsymbol{x}_{n}}{\sum_{n=1}^{N}\Pr^{(d)}\left\{C^{q}\middle|\boldsymbol{x}_{n}\right\}} \tag{2.86}$$

$$\boldsymbol{\Sigma}^{q,(d+1)}=\frac{\sum_{n=1}^{N}\Pr^{(d)}\left\{C^{q}\middle|\boldsymbol{x}_{n}\right\}(\boldsymbol{x}_{n}-\boldsymbol{\mu}^{q,(d+1)})(\boldsymbol{x}_{n}-\boldsymbol{\mu}^{q,(d+1)})^{\mathrm{T}}}{\sum_{n=1}^{N}\Pr^{(d)}\left\{C^{q}\middle|\boldsymbol{x}_{n}\right\}} \tag{2.87}$$

$$\omega^{q,(d+1)}=\frac{\sum_{n=1}^{N}\Pr^{(d)}\left\{C^q\middle|\boldsymbol{x}_n\right\}}{N} \tag{2.88}$$

式中，$\boldsymbol{\mu}^{q,(d+1)}$、$\boldsymbol{\Sigma}^{q,(d+1)}$ 和 $\omega^{q,(d+1)}$ 分别为第 q 个高斯分量 C^q 在第 $(d+1)$ 次迭代中的均值向量、协方差矩阵和先验概率。EM 算法以迭代的方式不断对模型参数进行估计直到参数值收敛到最优解。最终，得到 GMM 的 Q 个高斯分量的概率分布参数 $\theta^1,\theta^2,\cdots,\theta^Q$ 以及先验概率 $\omega^1,\omega^2,\cdots,\omega^Q$。

EM 算法的缺点是不能在参数估计过程中自动调整高斯分量个数，针对这个问题，葡萄牙里斯本大学教授 Figueiredo 和美国密歇根大学教授 Jain 提出了 F-J 算法，用于解决 EM 算法在求取模型参数时高斯分量数目设定的问题。F-J 算法的基本思想是以 EM 算法为基础，先给 GMM 设定一个较大的高斯分量个数，进行 GMM 参数计算，然后通过逐次减少分量的数目直至为零来自适应地调整分量数目，通过最小信息长度(MML)准则求得合适的 GMM 参数。在计算先验概率时，F-J 算法与 EM 算法有所不同，它按如下方式计算：

$$\omega^{q,(d+1)}=\frac{\max\left\{0,\sum_{n=1}^{N}\Pr^{(d)}\left\{C^q\middle|\boldsymbol{x}_n\right\}-\frac{V}{2}\right\}}{\sum_{q=1}^{Q}\max\left\{0,\sum_{n=1}^{N}\Pr^{(d)}\left\{C^q\middle|\boldsymbol{x}_n\right\}-\frac{V}{2}\right\}} \tag{2.89}$$

式中，$V=J^2/2+3J/2$。鉴于 F-J 算法在自动确定高斯分量个数方面的优势，在未做特殊说明的情况下，本书后续章节中均采用 F-J 算法估计 GMM 中的所有参数 Θ。

对于新获得的样本 $\boldsymbol{x}_{\text{new}}$，其相对于第 q 个高斯分量 C^q 的后验概率可计算如下：

$$\Pr\left\{C^q\middle|\boldsymbol{x}_{\text{new}}\right\}=\frac{\omega^q g\left\{\boldsymbol{x}_{\text{new}}\middle|\boldsymbol{\mu}^q,\boldsymbol{\Sigma}^q\right\}}{\sum_{q=1}^{Q}\omega^q g\left\{\boldsymbol{x}_{\text{new}}\middle|\boldsymbol{\mu}^q,\boldsymbol{\Sigma}^q\right\}} \tag{2.90}$$

2.8 高斯过程回归

很多工业过程中，过程潜在的时变特性和系统的不确定性使得过程变量具有随机性，从而导致一些确定性的建模方法很难准确地描述过程输入变量和输出变量之间的相关关系。GPR 方法[8]是一种有效处理上述问题的方法。该方法致力于推断过程输入变量和输出变量之间的相关关系，即在已知输入的情况下推断输出的条件分布。

以单输出情况为例，将与过程输入 $\boldsymbol{X}=[\boldsymbol{x}_1,\boldsymbol{x}_2,\cdots,\boldsymbol{x}_N]^{\mathrm{T}}\in\Re^{N\times J}$ 对应的过程输出测量记为 $\boldsymbol{y}=[y_1,y_2,\cdots,y_N]^{\mathrm{T}}\in\Re^{N\times 1}$。如果过程输入变量和输出变量之间的相关关系是近似线性的，那么 $\boldsymbol{X}$ 和 $\boldsymbol{y}$ 的回归模型可表示为如下形式：

$$y_n=f(\boldsymbol{x}_n)+\varepsilon=\boldsymbol{x}_n^{\mathrm{T}}\boldsymbol{\alpha}+\varepsilon \tag{2.91}$$

式中，$\boldsymbol{\alpha}\in\Re^{J\times 1}$ 是回归系数向量，并假设其服从均值向量为 $\boldsymbol{0}$、协方差为 $\boldsymbol{\Sigma}_\alpha$ 的多变量高斯分布；ε 是服从均值为 0、标准差为 σ 的高斯噪声[8,19]。

假设过程输入 $\boldsymbol{x}_1,\boldsymbol{x}_2,\cdots,\boldsymbol{x}_N$ 是相互独立的，那么在已知过程输入测量值和回归模型参数的情况下，过程输出的条件概率密度函数表示为[8]

$$\begin{aligned}\Pr\{\boldsymbol{y}|\boldsymbol{X},\boldsymbol{\alpha}\}&=\prod_{n=1}^{N}\Pr\{y_n|\boldsymbol{x}_n,\boldsymbol{\alpha}\}\\&=\prod_{n=1}^{N}\frac{1}{\sqrt{2\pi}\sigma}\exp\left[-\frac{(y_n-\boldsymbol{x}_n^{\mathrm{T}}\boldsymbol{\alpha})^2}{2\sigma^2}\right]\\&=\frac{1}{(2\pi\sigma^2)^{N/2}}\exp\left[-\frac{1}{2\sigma^2}|\boldsymbol{y}-\boldsymbol{X}\boldsymbol{\alpha}|^2\right]\\&\sim\mathcal{N}(\boldsymbol{X}\boldsymbol{\alpha},\sigma^2\boldsymbol{I})\end{aligned} \tag{2.92}$$

式中，$|\boldsymbol{z}|$ 是向量 $\boldsymbol{z}$ 的欧几里得长度；$\boldsymbol{I}\in\Re^{N\times N}$ 是 N 维单位矩阵。

利用贝叶斯法则可以推断回归模型参数的后验概率密度函数为

$$\Pr(\boldsymbol{\alpha}|\boldsymbol{y},\boldsymbol{X})=\frac{\Pr(\boldsymbol{y}|\boldsymbol{X},\boldsymbol{\alpha})\Pr(\boldsymbol{\alpha})}{\Pr(\boldsymbol{y}|\boldsymbol{X})} \tag{2.93}$$

其中的归一化常数也称为独立似然，它与回归模型参数独立，可表示为

$$\Pr(\boldsymbol{y}|\boldsymbol{X})=\int\Pr(\boldsymbol{y}|\boldsymbol{X},\boldsymbol{\alpha})\Pr(\boldsymbol{\alpha})\mathrm{d}\boldsymbol{\alpha} \tag{2.94}$$

式(2.93)联合了似然和先验，涵盖了相关参数的全部信息。在忽略与回归模型参数 $\boldsymbol{\alpha}$ 无关的常数的情况下，通过配方，可将式(2.93)进一步写为如下形式：

$$\begin{aligned}\Pr(\boldsymbol{\alpha}|\boldsymbol{y},\boldsymbol{X})&\propto\exp\left[-\frac{1}{2\sigma^2}(\boldsymbol{y}-\boldsymbol{X}\boldsymbol{\alpha})^{\mathrm{T}}(\boldsymbol{y}-\boldsymbol{X}\boldsymbol{\alpha})\right]\exp\left(-\frac{1}{2}\boldsymbol{\alpha}^{\mathrm{T}}\boldsymbol{\Sigma}_\alpha^{-1}\boldsymbol{\alpha}\right)\\&\propto\exp\left[-\frac{1}{2}(\boldsymbol{\alpha}-\overline{\boldsymbol{\alpha}})^{\mathrm{T}}\left(\frac{1}{\sigma^2}\boldsymbol{X}^{\mathrm{T}}\boldsymbol{X}+\boldsymbol{\Sigma}_\alpha^{-1}\right)(\boldsymbol{\alpha}-\overline{\boldsymbol{\alpha}})\right]\end{aligned} \tag{2.95}$$

式中，$\bar{\boldsymbol{\alpha}}=\sigma^{-2}\boldsymbol{A}^{-1}\boldsymbol{X}^{\mathrm{T}}\boldsymbol{y}$；$\boldsymbol{A}=\sigma^{-2}\boldsymbol{X}^{\mathrm{T}}\boldsymbol{X}+\boldsymbol{\Sigma}_{\alpha}^{-1}$。由式(2.95)的形式可知，回归模型参数$\boldsymbol{\alpha}$服从均值为$\bar{\boldsymbol{\alpha}}$、协方差矩阵为$\boldsymbol{A}^{-1}$的高斯分布，即

$$\Pr(\boldsymbol{\alpha}|\boldsymbol{y},\boldsymbol{X})\sim\mathcal{N}(\bar{\boldsymbol{\alpha}},\boldsymbol{A}^{-1}) \tag{2.96}$$

为了预测新样本$\boldsymbol{x}_{\mathrm{new}}$对应的输出，以后验概率为权重对所有回归模型参数进行加权平均，即可得到预测输出$y_{\mathrm{new}}=f(\boldsymbol{x}_{\mathrm{new}})+\varepsilon$的概率密度函数：

$$\begin{aligned}\Pr(y_{\mathrm{new}}|\boldsymbol{x}_{\mathrm{new}},\boldsymbol{X},\boldsymbol{y})&=\int\Pr(y_{\mathrm{new}}|\boldsymbol{x}_{\mathrm{new}},\boldsymbol{\alpha})\Pr(\boldsymbol{\alpha}|\boldsymbol{X},\boldsymbol{y})\mathrm{d}\boldsymbol{\alpha}\\&\sim\mathcal{N}(\sigma^{-2}\boldsymbol{x}_{\mathrm{new}}^{\mathrm{T}}\boldsymbol{A}^{-1}\boldsymbol{X}^{\mathrm{T}}\boldsymbol{y},\ \boldsymbol{x}_{\mathrm{new}}^{\mathrm{T}}\boldsymbol{A}^{-1}\boldsymbol{x}_{\mathrm{new}})\end{aligned} \tag{2.97}$$

式中，$\sigma^{-2}\boldsymbol{x}_{\mathrm{new}}^{\mathrm{T}}\boldsymbol{A}^{-1}\boldsymbol{X}^{\mathrm{T}}\boldsymbol{y}$和$\boldsymbol{x}_{\mathrm{new}}^{\mathrm{T}}\boldsymbol{A}^{-1}\boldsymbol{x}_{\mathrm{new}}$分别为该高斯分布的均值向量和协方差矩阵。由此，将预测输出定义为如下形式：

$$\hat{y}_{\mathrm{new}}=\sigma^{-2}\boldsymbol{x}_{\mathrm{new}}^{\mathrm{T}}\boldsymbol{A}^{-1}\boldsymbol{X}^{\mathrm{T}}\boldsymbol{y} \tag{2.98}$$

2.9 粗糙集及其改进方法

2.9.1 粗糙集

粗糙集(RS)理论[10-13]是Pawlak教授于1982年提出的一种能够有效分析和处理不精确、不一致、不完整信息，并从中发现隐含的知识，揭示潜在规律的数学工具。RS的主要优势之一是它无须提供数据集以外的任何先验信息，通过知识的简化与知识依赖性分析，完全由已知数据导出决策规则。

$U\neq\varnothing$是研究对象的全体组成的有限集合，称为论域。任意子集$X\subseteq U$，称为U中的一个概念或范畴。

定义 2.1 假设四元组$\mathrm{IS}=\{U,A,V,f\}$表示一个知识表达系统，其中，U为论域，A为属性的非空有限集，V为属性的值域，f为$U\times A\to V$的一个映射，$\forall a\in A,x\in U$，$f(x,a)\in V_a$，V_a是属性a的值域，$f(x,a)$是论域中的元素x在属性a的取值。

定义 2.2[20] 在知识表达系统$\mathrm{IS}=\{U,A,V,f\}$中，若属性子集$R\subseteq A$，则对$\forall x\in U$，将等价类记为$[x]_R$：

$$[x]_R=\{y\mid f(x,a)=f(y,a),\forall a\in R\} \tag{2.99}$$

即元素x在论域U上由等价关系R决定的等价类。

定义 2.3 $R\subseteq S$，对于任意$X\subseteq U$，X基于等价关系R的下近似与上近似

分别定义为

$$\begin{aligned}&\underline{R}(X)=\{x\in U\mid[x]_R\subseteq X\}\\&\overline{R}(X)=\{x\in U\mid[x]_R\cap X\neq\varnothing\}\end{aligned}\tag{2.100}$$

事实上，下近似 $\underline{R}(X)$ 可以解释为由那些根据现有知识判断出肯定属于 X 的对象所组成的最大集合；上近似 $\overline{R}(X)$ 为那些根据现有知识判断出可能属于 X 的对象所组成的最小集合[21]。

进一步可以得到 X 的正域、负域和边界域：

$$\begin{aligned}&\mathrm{POS}_R(X)=\underline{R}(X)\\&\mathrm{NEG}_R(X)=U-\overline{R}(X)\\&\mathrm{BND}_R(X)=\overline{R}(X)-\underline{R}(X)\end{aligned}\tag{2.101}$$

图 2.1 形象地描述了上述概念之间的关系。如果边界域为空集，即 $\mathrm{BND}_R(X)=\varnothing$，那么 X 称为基于等价关系 R 的精确集；否则，$\mathrm{BND}_R(X)\neq\varnothing$，$X$ 称为基于等价关系 R 的 RS。

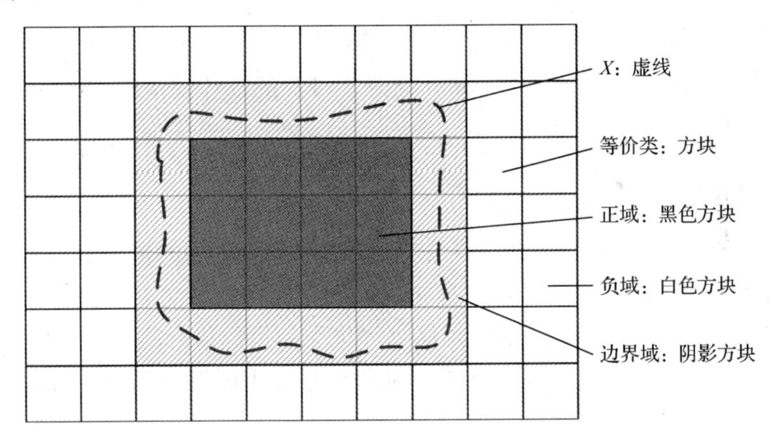

图 2.1　论域上 RS 各概念关系图

RS 运算要求数值用离散型数据表达，如整型、字符串型、枚举型等。针对 RS 的数据离散化方法有很多，如等距离划分法、等频率划分法、Naive Scaler 算法、布尔逻辑和 RS 理论相结合的离散化算法、基于断点重要性的离散化算法及基于属性重要性的离散化算法等[13]。

如果在知识表达系统中，令 $A=C\cup D\,(C\cap D=\varnothing)$，其中，$C$ 称为条件属性集，D 称为决策属性集。若 $D\neq\varnothing$，则称知识表达系统是一个决策表。表 2.1 是一个汽车性能决策表。

表 2.1 汽车性能决策表

U	条件属性			决策属性
	价格	空间	里程	性能
x_1	低	宽敞	高	好
x_2	高	宽敞	中	好
x_3	低	宽敞	高	不好
x_4	低	宽敞	低	不好
x_5	低	紧凑	中	不好
x_6	高	宽敞	低	不好
x_7	低	紧凑	高	好
x_8	高	宽敞	高	好

在获得决策表后，需要对决策表进行约简，即在不影响分类能力的前提下，剔除冗余知识，获得知识库的简洁表达的方法。常用的约简方法有一般约简算法、基于差别矩阵和逻辑运算的属性约简算法、归纳属性约简算法等[22-24]。

最后，决策表的每一行都代表一种决策规则，可以表示为启发式规则的形式，即“if 条件 1 and 条件 2 and …，then 决策”。RS 的推理便是基于这些决策规则，通过匹配条件，来推理决策。

2.9.2 概率粗糙集

经典的 RS 还存在如下问题：①RS 没有考虑概念之间的覆盖关系，存在条件一致但决策不一致的情况，这些对象不能被确定性地划分至某一概念；②下近似过于严格，上近似过于宽松，RS 忽略了等价类和目标概念间的统计信息；③RS 对噪声十分敏感，子集之间的相关性只能是严格属于或者不属于。为解决上述问题，概率粗糙集(PRS)应运而生[25,26]。

给定非空子集 $X \subseteq U$ 和一个等价类 $[x]_R$，定义概率

$$\Pr\{X \mid [x]_R\} = \frac{\left|[x]_R \cap X\right|}{\left|[x]_R\right|} \tag{2.102}$$

式中，$|A|$ 表示集合 A 的基，即 A 中包含的对象个数；$\Pr\{X \mid [x]_R\}$ 表示 X 在 $[x]_R$ 中的覆盖程度，考虑到了等价类和目标概念间的统计信息。利用概率 $\Pr\{X \mid [x]_R\}$，RS 中的相应概念定义更为灵活。对应于经典 RS，X 基于等价关系 R 的下近似与上近似分别定义为

$$\underline{R}(X)=\{x\in U\mid \Pr\{X\mid[x]_R\}=1\}$$
$$\overline{R}(X)=\{x\in U\mid 0<\Pr\{X\mid[x]_R\}\leqslant 1\} \tag{2.103}$$

X 的正域、负域和边界域为

$$\mathrm{POS}_R(X)=\{x\in U\mid \Pr\{X\mid[x]_R\}=1\}$$
$$\mathrm{NEG}_R(X)=\{x\in U\mid \Pr\{X\mid[x]_R\}=0\} \tag{2.104}$$
$$\mathrm{BND}_R(X)=\{x\in U\mid 0<\Pr\{X\mid[x]_R\}<1\}$$

显然，下近似定义过于严格，上近似定义过于宽松，对于噪声非常敏感。因此，引入一对阈值 α 和 β 来解决上述问题。

针对 $0\leqslant\beta<\alpha\leqslant 1$ 的情况，X 的下近似与上近似定义为

$$\underline{R}_\alpha(X)=\{x\in U\mid 1\geqslant \Pr\{X\mid[x]_R\}\geqslant\alpha\}$$
$$\overline{R}_\beta(X)=\{x\in U\mid 1\geqslant \Pr\{X\mid[x]_R\}>\beta\} \tag{2.105}$$

相应地，正域、负域、边界域为

$$\mathrm{POS}_R(X)=\{x\in U\mid 1\geqslant \Pr\{X\mid[x]_R\}\geqslant\alpha\}$$
$$\mathrm{NEG}_R(X)=\{x\in U\mid 0\leqslant \Pr\{X\mid[x]_R\}\leqslant\beta\} \tag{2.106}$$
$$\mathrm{BND}_R(X)=\{x\in U\mid \alpha>\Pr\{X\mid[x]_R\}>\beta\}$$

针对 $\alpha=\beta\neq 0$ 的情况，X 的下近似与上近似定义为

$$\underline{R}_\alpha(X)=\{x\in U\mid 1\geqslant \Pr\{X\mid[x]_R\}>\alpha\}$$
$$\overline{R}_\alpha(X)=\{x\in U\mid 1\geqslant \Pr\{X\mid[x]_R\}\geqslant\alpha\} \tag{2.107}$$

相应地，正域、负域、边界域为

$$\mathrm{POS}_R(X)=\{x\in U\mid 1\geqslant \Pr\{X\mid[x]_R\}>\alpha\}$$
$$\mathrm{NEG}_R(X)=\{x\in U\mid 0\leqslant \Pr\{X\mid[x]_R\}<\alpha\} \tag{2.108}$$
$$\mathrm{BND}_R(X)=\{x\in U\mid \Pr\{X\mid[x]_R\}=\alpha\}$$

2.9.3 模糊概率粗糙集

PRS 提高了经典 RS 的决策能力，然而，对于连续型变量，RS 和 PRS 离散化的过程中，会损失有效信息，此外，RS 和 PRS 只能对历史中出现过的情况进行推理。为解决这两个问题，Yang 等[27]提出了模糊概率粗糙集(FPRS)。

假设 $\tilde{R}$ 为非空论域 U 上的一个模糊等价关系，任意 $x\in U$，x 在 $\tilde{R}$ 上的模糊

等价类定义为

$$[x]_{\tilde{R}} = \left\{ \frac{r_1}{x_1} + \frac{r_2}{x_2} + \cdots + \frac{r_N}{x_N} \right\} \tag{2.109}$$

式中，$x_1, x_2, \cdots, x_N$ 表示论域U上的N个对象；$[x]_{\tilde{R}}$ 是一个模糊集；r_n 是 x 和 x_n 的等价程度；“+”是一种常用的模糊集表示形式。

给定阈值 $\lambda \in (0,1]$，模糊等价类$[x]_{\tilde{R}}$ 的 λ 割集为

$$[x]_{\tilde{R}_\lambda} = \left\{ x_n \in [x]_{\tilde{R}} \mid r_n \geqslant \lambda \right\} \tag{2.110}$$

式中，$[x]_{\tilde{R}_\lambda}$ 是一个有限经典集合。

那么，给定非空子集 $X \subseteq U$ 和模糊等价类 λ 割集$[x]_{\tilde{R}_\lambda}$，定义概率

$$\Pr\left\{ X \mid [x]_{\tilde{R}_\lambda} \right\} = \frac{\left| [x]_{\tilde{R}_\lambda} \cap X \right|}{\left| [x]_{\tilde{R}_\lambda} \right|} \tag{2.111}$$

基于 $\Pr\left\{ X \mid [x]_{\tilde{R}_\lambda} \right\}$，同样可以定义下近似、上近似、正域、负域、边界域。

参 考 文 献

[1] Dunteman G H. Principal Component Analysis. London: SAGE Publication, 1989.

[2] Jackson J E. A User's Guide to Principal Components. New York: Wiley, 1991.

[3] Wang X Z. Data Mining and Knowledge Discovery for Process Monitoring and Control. London: Springer, 1999.

[4] Wold S. Nonlinear partial least squares modelling II. Spline inner relation. Chemometrics and Intelligent Laboratory Systems, 1992, 14(1): 71-84.

[5] MacGregor J F, Yu H, Muñoz S G, et al. Data-based latent variable methods for process analysis, monitoring and control. Computers & Chemical Engineering, 2005, 29(6): 1217-1223.

[6] Zhou D H, Li G, Qin S J. Total projection to latent structures for process monitoring. AIChE Journal, 2010, 56(1): 168-178.

[7] Zhao C H, Gao F R, Niu D P, et al. A two-step basis vector extraction strategy for multiset variable correlation analysis. Chemometrics and Intelligent Laboratory Systems, 2011, 107: 147-154.

[8] Rasmussen C E, Williams C K I. Gaussian Processes for Machine Learning. Cambridge: MIT Press, 2006.

[9] Young D S. An overview of mixture models. Statistics Surveys, 2008: 1-24.

[10] Pawlak Z. Rough sets. International Journal of Computer & Information Sciences, 1982, 11(5): 341-356.

[11] Pawlak Z. Rough Sets: Theoretical Aspects of Reasoning about Data. Dordrecht: Kluwer Academic Publishers, 1992.

[12] Pawlak Z . Rough set approach to knowledge-based decision support. European Journal of Operational Research, 1997, 99(1): 48-57.

[13] 王国胤. Rough Set 理论与知识获取. 西安: 西安交通大学出版社, 2001.

[14] Sanil A P. Principles of Data Mining. Dordrecht: Kluwer Academic Publishers, 2003.

[15] Bishop C M. Neural Networks for Pattern Recognition. New York: Oxford University Press, 1995.

[16] Duda R O, Hart P E, Stork D G. Pattern Classification. Heidelberg: Springer, 2001.

[17] Paalanen P, Kamarainen J K, Ilonen J, et al. Feature representation and discrimination based on Gaussian mixture model probability densities—Practices and algorithms. Pattern Recognition, 2006, 39(7): 1346-1358.

[18] Titsias M K, Likas A C. Shared kernel models for class conditional density estimation. IEEE Transactions on Neural Networks, 2001, 12(5): 987-997.

[19] Yu J. Online quality prediction of nonlinear and non-Gaussian chemical processes with shifting dynamics using finite mixture model based Gaussian process regression approach. Chemical Engineering Science, 2012, 82(1): 22-30.

[20] 许新征. 基于粗糙集的粒度神经网络研究[博士学位论文]. 徐州: 中国矿业大学, 2012.

[21] 张明. 粗糙集理论中的知识获取与约简方法的研究[博士学位论文]. 南京: 南京理工大学, 2012.

[22] Liang J, Shi Z Z. The information entropy, rough entropy and knowledge granulation in rough set theory. International Journal of Uncertainty, Fuzziness and Knowledge-Based Systems, 2008, 12(1): 37-46.

[23] 黄兵, 周献中, 张蓉蓉. 基于信息量的不完备信息系统属性约简. 系统工程理论与实践, 2005, 25(4): 55-60.

[24] 周建华. 基于差别矩阵的属性约简算法[硕士学位论文]. 桂林: 广西师范大学, 2014.

[25] Azam N, Yao J T. Analyzing uncertainties of probabilistic rough set regions with game-theoretic rough sets. Oxford: Elsevier Science Inc., 2014.

[26] Wygralak M. An axiomatic approach to scalar cardinalities of fuzzy sets. Fuzzy Sets and Systems, 2000, 110(2): 175-179.

[27] Yang H L, Liao X W, Wang S Y, et al. Fuzzy probabilistic rough set model on two universes and its applications. International Journal of Approximate Reasoning, 2013, 54(9): 1410-1420.

第3章　变量间具有线性相关关系的工业过程运行状态优性评价

3.1　引　　言

实际生产过程中，企业综合经济效益的高低与过程运行状态的优劣密切相关。在综合考虑环境保护、生产安全、原材料及能源消耗等因素的基础上，相同生产工况下，当综合经济指标达到或超越历史最优水平时，可以认为当前过程的运行状态是令人满意的，应该尽可能维持该状态；反之，如果在同样的生产工况和外部条件下，综合经济指标接近甚至跌破历史最低水平，则表明过程运行状态不佳，需要进行必要的生产操作调整和运行性能改进，尽可能避免不必要的经济损失甚至是异常工况的出现。然而，对复杂工业生产过程而言，从原材料的投入到获得最终产品之间存在较大滞后，如果直接利用综合经济指标评价过程运行状态的优劣，将严重影响评价结果的时效性。就目前现有的数据分析手段来看，该问题可从两方面着手解决：一方面是从在线可测的过程数据中提取有关过程运行状态的变异信息，即基于过程变异信息的运行状态优性评价；另一方面是对综合经济指标进行实时预测，即基于综合经济指标预测的运行状态优性评价。

随着传感器和数据收集设备的不断发展和涌现，越来越多的过程测量信息可以很容易在线获取。这些在线可测过程信息中蕴含着大量能够反映综合经济指标的有用信息，换句话说，综合经济指标的改变可以通过过程数据中与其相关的过程变异信息反映出来，从而为基于过程变异信息的运行状态优性评价奠定基础。在此过程中，如何精确地提取各个状态等级中与综合经济指标密切相关的过程变异信息对于实现过程运行状态在线评价至关重要。Zhou 等[1]于 2010 年提出了 T-PLS 方法，并将其应用于工业过程监测中。他们分析了传统 PLS 方法在过程监测中存在的不足，并证明了 T-PLS 方法能够更精确地将过程变异信息中与质量相关和无关的信息进一步有效分离。因此，可以利用 T-PLS 方法提取过程数据中与综合经济指标密切相关的过程变异信息，并通过这些信息反映综合经济指标的波动情况。

值得注意的是，实际的过程数据测量值与其对应的综合经济指标值之间在时间上是错开的，而在 T-PLS 建模过程中，需要同时利用历史生产数据中的过程数据和与之对应的综合经济指标数据。因此，要根据生产周期对过程数据与综合经济指标进行时间序列上的对整预处理。如果能够在没有综合经济指标的监督下，通过单纯依靠过程数据分析不同状态等级之间共有信息和特有信息的方式，提取出不同状态等级中直接反映过程运行状态优劣的变异信息，不仅可以避免数据对整工作，还能够提高算法的应用效率并拓广其应用范围。

另外，如上文所述，既然过程数据中蕴藏着能够反映综合经济指标的关键信息，而综合经济指标通常不能实时获取，可以通过建立过程变量和综合经济指标之间的回归关系模型，实时预测当前运行水平下对应的综合经济指标，并基于该预测结果实现过程运行状态优性的在线评价。

3.2　基于 T-PLS 的过程运行状态优性评价

3.2.1　基本思想

基于 T-PLS 的过程运行状态优性评价方法总体上分为两个部分，即离线建模和在线评价。

在离线建模中，根据综合经济指标的大小，将历史正常工况下的生产数据划分成若干个数据集合，其中每一个集合粗略地代表一个状态等级。离群点和噪声的存在会严重影响评价模型的准确性和可靠性，在建模之前需要将其从各个数据集合中剔除，然后，利用 T-PLS 方法，对已经剔除离群点的数据进行变异信息的提取并建立每个状态等级的评价模型，在有效避免信息冗余的同时准确地提取出与综合经济指标密切相关的能够反映过程运行状态优劣的有用信息，为在线评价提供参考依据。

在线评价时，由于新样本中所蕴含的与综合经济指标密切相关的变异信息必然与其真实所属的状态等级的变异信息一致，可以根据它们之间变异信息的相似度实现过程运行状态优性的在线评价。值得注意的是，生产过程中除了包含确定性的状态等级，还包含不同状态等级之间的转换过程。在状态等级转换时，过程变异信息的转换并不是一蹴而就的，而是逐渐从一个状态等级转换到另一个状态等级。通过分析过程变异信息的变化特点，制定合理的评价规则，从而有效评价过程运行状态的优劣。当过程运行于某个非优状态等级时，利用变量贡献识别导致运行状态非优的原因，为生产过程调整和运行状态的改进提供参考依据。

3.2.2　基于 T-PLS 的评价模型建立

根据过程的实际运行情况，过程运行状态的优劣可分为多个状态等级，如

“优”、“中”、“差”等，以及状态等级之间的转换过程，如从优向中的转换过程。在大部分生产周期中，过程通常能够保持稳定的过程特性而运行于某个状态等级上。然而，当受到外部环境扰动等影响时，过程运行状态可能发生改变，进而从一个状态等级逐渐转换到另一个状态等级。状态等级转换过程具有时变性、动态性和非线性，这使得其相对于某个稳定的状态等级而言更加难于描述。由于状态等级转换时的过程特性与其相邻的两个状态等级的过程特性密切相关，可以利用相邻的状态等级对其进行刻画。

在离线建模之前，假设已经根据综合经济效益水平将建模数据划分成若干个数据集合，并且每一个数据集合粗略代表一个状态等级。之所以说是粗略代表，是因为实际工业数据中通常包含噪声和离群点，而它们的存在将严重影响评价模型的准确性和可靠性，有必要将其进一步去除，去除噪声和离群点的过程将在后文中做详细介绍。

假设一个生产过程包含 C 个状态等级。将每个状态等级的建模数据分别记为 $(\boldsymbol{X}^c,\boldsymbol{Y}^c)(c=1,2,\cdots,C)$ ，其中 $\boldsymbol{X}^c=[\boldsymbol{x}_1^c,\boldsymbol{x}_2^c,\cdots,\boldsymbol{x}_{N^c}^c]^{\mathrm{T}}\in\Re^{N^c\times J_x}$ ， $\boldsymbol{Y}^c=[\boldsymbol{y}_1^c,\boldsymbol{y}_2^c,\cdots,\boldsymbol{y}_{N^c}^c]^{\mathrm{T}}\in\Re^{N^c\times J_y}$ 以及 N^c 分别表示对应第 c 个状态等级过程数据集合、综合经济指标集合和建模样本数。综合经济指标可以是生产成本、企业利润和生产效率等，也可能是多个重要生产指标的加权综合。由于不同的生产过程具有不同的生产需求和侧重点，因此并没有一个统一的综合经济指标的定义。然后，利用 T-PLS 建立各个状态等级的粗略的评价模型，记为 $\boldsymbol{G}_y^c(c=1,2,\cdots,C)$ ，并得到每个建模样本的得分向量 $\boldsymbol{t}_{y,n}^c=\boldsymbol{G}_y^c\boldsymbol{x}_n^c\in\Re^{A_y\times 1},n=1,2,\cdots,N^c$ 。

事实上，属于某个状态等级的过程数据通常分布于数据集合的中心区域，而噪声和离群点则游离于数据集合的边缘，因此可以根据建模数据到数据集合中心点的距离来识别该数据是否为噪声或离群点。将第 c 个状态等级的数据集合中心记为 $\overline{\boldsymbol{t}}_y^c=\sum_{n=1}^{N^c}\boldsymbol{t}_{y,n}^c\Big/N^c$ ，则该集合中第 n 个建模样本到集合中心的距离为 $D_n^c=\left\|\boldsymbol{t}_{y,n}^c-\overline{\boldsymbol{t}}_y^c\right\|^2$ ， $n=1,2,\cdots,N^c$ 。 D_n^c 值越小，表示建模样本越接近数据集合的中心点，该样本是噪声数据或离群点的可能性很小；反之， D_n^c 值越大，表示建模样本越远离数据集合的中心点，该样本很有可能是噪声数据或离群点。为了严格区分是否为噪声或离群点，定义一个距离阈值 D_t 。当 $D_n^c>D_t$ 时，认为 $\boldsymbol{x}_n^c$ 为噪声或离群点并将其从集合 c 中删除；反之，就保留该样本以用于评价建模。对于阈值 D_t 而言，其取值越小，被去除的噪声和离群点越多，然而，这同样会导致更多有用的数据被删除。因此，D_t 的取值应适当以确保在有效去除噪声和离群点的同时每个数据集合中保

留充足的建模样本数。实际应用中，可以采用反复试验的方法，为了保证统计模型的可靠性，建模样本数通常为过程变量数的 2～3 倍[2]。

为了叙述方便，避免符号表示的复杂性，将已经去除噪声和离群点的状态等级建模数据仍然记为 $(\boldsymbol{X}^c,\boldsymbol{Y}^c)$，$c=1,2,\cdots,C$，其中 $\boldsymbol{X}^c=[\boldsymbol{x}_1^c,\boldsymbol{x}_2^c,\cdots,\boldsymbol{x}_{\tilde{N}^c}^c]^{\mathrm{T}}\in\Re^{\tilde{N}^c\times J_x}$，$\boldsymbol{Y}^c=[\boldsymbol{y}^c(1),\boldsymbol{y}^c(2),\cdots,\boldsymbol{y}^c(\tilde{N}^c)]^{\mathrm{T}}\in\Re^{\tilde{N}^c\times J_y}$，$\tilde{N}^c$ 为数据集合 $\boldsymbol{X}^c$ 中的样本个数。利用 T-PLS 重新建立各个状态等级评价模型 $\boldsymbol{G}_y^c$，并获得建模样本的得分 $\boldsymbol{t}_{y,n}^c=\boldsymbol{G}_y^c\boldsymbol{x}_n^c$，$n=1,2,\cdots,\tilde{N}^c$。建立状态等级评价模型的过程如图 3.1 所示。

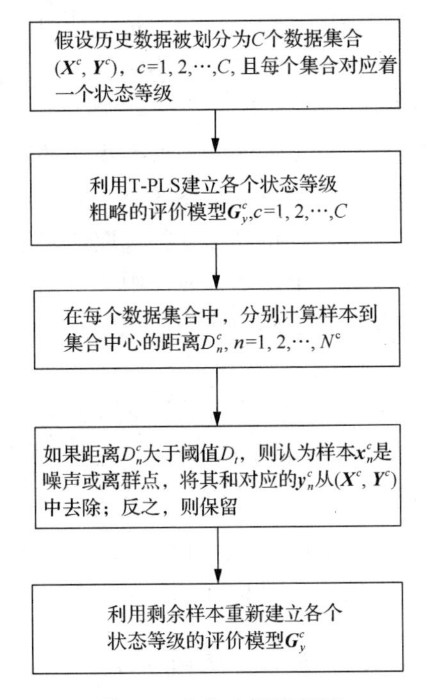

图 3.1　离线建模流程图

3.2.3　基于 T-PLS 的过程运行状态优性在线评价

事实上，如果在线数据属于某个状态等级，那么其中与综合经济效益密切相关的过程变异信息必然同其对应的状态等级建模数据中蕴含的过程变异信息保持一致。因此，可以利用在线数据与建模数据过程变异信息之间的相似度构造评价指标，实时评价过程运行状态优劣程度。

考虑到单一采样易受到过程噪声干扰且难以描述过程的整体运行状态，可以将一个宽度为 H 的滑动数据窗口作为在线评价的基本分析单元，而窗口宽度 H 可根据实际生产情况确定。如果生产过程运行平稳且过程数据包含较少的奇异值和离群点，则可将 H 设置得相对较小一些；反之，如果过程容易受到外部环境干扰，则应该将 H 设置得较大一些，以降低过程干扰的影响并提高在线评价结果的可靠性。窗口宽度越宽，算法对过程变化的敏感性越低，可能导致在线评价结果相比于实际情况具有较大的滞后；相反，窗口宽度越窄，在线评价结果的滞后越小，但降低了算法的抗干扰能力。

然后，通过计算在线数据相对于每个状态等级的评价指标来实时评价过程的运行状态。为了严格区分状态等级以及状态等级之间的转换过程，定义一个评价指标阈值 $\delta(0.5<\delta<1)$。如果在线数据相对于各个状态等级的评价指标中的最大值大于阈值 δ，则可以确定当前过程运行于该最大值对应的状态等级；如果评价指标中的最大值小于阈值 δ 但相对于某个状态等级的评价指标值是连续递增的，则认为过程运行状态处于从前一个状态等级逐渐向另一个状态等级的转换过程中。这是因为在过程运行状态转换期间，在线数据中的质量相关变异信息也会逐渐发生改变并越来越趋近于下一个目标状态等级。若上述两种情况均不满足，则保持与前一时刻评价结果一致。评价阈值 δ 的选取通常依赖于实际生产情况并且在一定程度上影响着状态评价结果。实际应用中，可以利用历史生产数据通过交叉检验的方法反复试凑来获得评价阈值 δ 的最优值，使得在线评价结果的误报率降至最低。

过程运行状态优性在线评价方法的步骤如下所示。

(1) 构造时刻 k 时的滑动数据窗口 $\boldsymbol{X}_k=[\boldsymbol{x}_{k-H+1},\cdots,\boldsymbol{x}_k]^{\mathrm{T}}$。

(2) 分别利用各个状态等级建模数据的均值和标准差对在线数据 $\boldsymbol{X}_k$ 进行标准化预处理，并将标准化后的数据记为 $\boldsymbol{X}_k^c=[\boldsymbol{x}_{k-H+1}^c,\cdots,\boldsymbol{x}_k^c]^{\mathrm{T}}$，$c=1,2,\cdots,C$。

(3) 计算在线数据 $\boldsymbol{X}_k^c$ 中第 h 个样本 $\boldsymbol{x}_h^c$ 的得分向量，即

$$\boldsymbol{t}_{y,h}^c=\boldsymbol{G}_y^c\boldsymbol{x}_h^c,\quad h=k-H+1,\cdots,k;c=1,2,\cdots,C \tag{3.1}$$

(4) 根据式 (3.2) 计算在线数据得分向量与各个状态等级中心的距离 d_k^c，即

$$d_k^c=\left\|\overline{\boldsymbol{t}}_{y,k}^c-\overline{\boldsymbol{t}}_y^c\right\|^2 \tag{3.2}$$

式中，$\overline{\boldsymbol{t}}_{y,k}^c=\sum\limits_{h=k-H+1}^{k}\boldsymbol{t}_{y,h}^c\Big/H$ 和 $\overline{\boldsymbol{t}}_y^c=\sum\limits_{n=1}^{\tilde{N}^c}\boldsymbol{t}_{y,n}^c\Big/\tilde{N}^c$ 分别为在线数据 $\boldsymbol{X}_k^c$ 和状态等级 c 建模数据的均值得分向量。由 T-PLS 性质可知，$\overline{\boldsymbol{t}}_y^c=0$。因此，式 (3.2) 可简化为

$$d_k^c=\left\|\overline{\boldsymbol{t}}_{y,k}^c\right\|^2 \tag{3.3}$$

(5) 根据距离 d_k^c，定义在线数据相对于各个状态等级的评价指标为

$$\gamma_k^c = \begin{cases} \dfrac{1/d_k^c}{\sum\limits_{c=1}^{C} 1/d_k^c}, & d_k^c \neq 0 \\ 1, 且\gamma_k^q = 0(q = 1,2,\cdots,C; q \neq c), & d_k^c = 0 \end{cases} \tag{3.4}$$

式中，γ_k^c 表示第 k 个采样时刻数据窗口 $\boldsymbol{X}_k^c$ 中所有样本的均值相对于状态等级 c 的评价指标，且满足 $\sum\limits_{c=1}^{C} \gamma_k^c = 1$，$0 \leqslant \gamma_k^c \leqslant 1$。

(6) 根据评价指标对过程运行状态进行在线评价。

①当 $\gamma_k^{\tilde{c}} = \max\limits_{1 \leqslant c \leqslant C} \left\{ \gamma_k^c \right\} > \delta$ 时，表示在线数据中的质量相关过程变异信息与状态等级中的变异信息一致，可以断定过程的运行状态等级为 $\tilde{c}$。

②如果情况①不满足，但条件 $\gamma_{k-W+1}^{\tilde{c}} < \cdots < \gamma_k^{\tilde{c}}$ 成立，表明过程运行状态正处于状态等级转换过程中，即当前过程逐渐从前一个状态等级向状态等级 $\tilde{c}$ 转换。W 是一个正整数，可以根据生产过程的实际情况确定。如果有多个目标状态等级均满足评价指标递增的条件，可根据如下规则唯一地确定下一个状态等级：

$$\tilde{c} = \arg \max_{1 \leqslant c \leqslant C} \left\{ \gamma_k^c \middle| \gamma_{k-W+1}^c < \cdots < \gamma_k^c \right\} \tag{3.5}$$

式中，$\tilde{c}$ 为满足条件 $\gamma_{k-W+1}^c < \cdots < \gamma_k^c$ 时使得 γ_k^c 取值最大的状态等级编号或名称。

③如果情况①和②均不满足，则保持与前一时刻评价结果一致。

对于一个生产过程而言，除了状态等级“优”之外，其他所有的状态等级，包括“中”、“差”以及状态等级之间的转换，都可以归为非优的运行状态。当过程运行状态非优时，需要进一步分析和查找相应的原因，即非优原因追溯，以便生产操作人员能够及时对过程做出调整，确保过程运行状态向等级“优”发展。

3.2.4　基于变量贡献的非优原因追溯

过程运行状态的非优原因追溯对于实际生产过程的生产调整和性能改进是非常有意义的。由于过程运行状态的优劣是根据评价指标的大小来确定的，因此非优原因追溯过程可以归结为寻找那些导致评价指标低于阈值的原因，而这些原因通常体现在过程变量中，即不合理的生产操作或外部环境干扰导致某些过程变量偏离其最优运行区域而影响了过程的运行状态。类似于基于贡献图的故障诊断方法[3-7]，基本变量贡献的非优原因追溯是当过程运行状态非优时，针对在线数据相

对于状态等级“优”的评价指标，构造每个过程变量对其的贡献，并将具有较大贡献的过程变量确定为导致过程运行状态非优的原因变量。

用opt表示状态等级“优”，对应的建模数据记为$(\boldsymbol{X}^{\mathrm{opt}},\boldsymbol{Y}^{\mathrm{opt}})$。由评价指标的定义式(3.4)可知，评价指标$\gamma_k^{\mathrm{opt}}$的大小取决于在线数据与状态等级“优”的中心距离$d_k^{\mathrm{opt}}$，因此计算过程变量对评价指标$\gamma_k^{\mathrm{opt}}$的贡献可以转化为计算变量对距离$d_k^{\mathrm{opt}}$的贡献。根据式(3.3)的定义，将其进一步分解为

$$
\begin{aligned}
d_k^{\mathrm{opt}} &= \left\| \overline{\boldsymbol{t}}_{y,k}^{\mathrm{opt}} \right\|^2 = \left\| \frac{1}{H} \sum_{h=k-H+1}^{k} \boldsymbol{t}_{y,h}^{\mathrm{opt}} \right\|^2 = \left\| \frac{1}{H} \sum_{h=k-H+1}^{k} \boldsymbol{G}_y^{\mathrm{opt}} \boldsymbol{x}_h^{\mathrm{opt}} \right\|^2 \\
&= \left\| \boldsymbol{G}_y^{\mathrm{opt}} \overline{\boldsymbol{x}}_k^{\mathrm{opt}} \right\|^2 = \left\| \sum_{j=1}^{J_x} \boldsymbol{g}_{y,j}^{\mathrm{opt}} \overline{x}_{k,j}^{\mathrm{opt}} \right\|^2
\end{aligned}
\tag{3.6}
$$

式中，$\boldsymbol{x}_h^{\mathrm{opt}}$是滑动数据窗口$\boldsymbol{X}_k^{\mathrm{opt}}$中第$h$个样本，$\boldsymbol{X}_k^{\mathrm{opt}}$为利用状态等级“优”的均值向量和协方差矩阵对$\boldsymbol{X}_k$标准化处理后的矩阵；$\overline{\boldsymbol{x}}_k^{\mathrm{opt}}$是$\boldsymbol{X}_k^{\mathrm{opt}}$中所有样本的均值向量；$\boldsymbol{t}_{y,h}^{\mathrm{opt}}$是$\boldsymbol{x}_h^{\mathrm{opt}}$的得分向量；$\boldsymbol{g}_{y,j}^{\mathrm{opt}}$和$\overline{x}_{k,j}^{\mathrm{opt}}$分别为$\boldsymbol{G}_y^{\mathrm{opt}}$的第$j$列以及$\overline{\boldsymbol{x}}_k^{\mathrm{opt}}$的第$j$个变量。

首先，定义第j个过程变量对d_k^{opt}的贡献为

$$
\mathrm{Contr}_j^{\mathrm{raw}} = \left\| \boldsymbol{g}_{y,j}^{\mathrm{opt}} \overline{x}_{k,j}^{\mathrm{opt}} \right\|^2, \quad j = 1,2,\cdots,J_x \tag{3.7}
$$

当第j个变量的取值$\overline{x}_{k,j}^{\mathrm{opt}}$偏离0时，使得第$j$个变量的贡献$\mathrm{Contr}_j$和距离$d_k^{\mathrm{opt}}$增大，进而导致评价指标$\gamma_k^{\mathrm{opt}}$减小，从而将过程运行状态评价为非优。因此，将具有较大贡献的过程变量定义为导致过程运行状态非优的原因变量，并将其提供给实际生产操作人员以辅助过程调整和性能的改进。过程运行状态在线评价和非优原因追溯过程如图3.2所示。

3.2.5　氰化浸出工序中的应用研究

湿法冶金是采用液态溶剂，通常为无机水溶剂或有机溶剂，进行矿石浸出、分离和提取出金属及其化合物，全流程通常由磨矿、浮选、脱水调浆、氰化浸出、压滤洗涤、锌粉置换以及精炼等主要工序构成[8,9]。湿法冶金能够处理复杂矿、低品位矿等，有利于提高资源的综合利用率，且对环境污染较小。湿法冶金在有色金属、稀有金属及贵金属冶炼过程中的地位变得越来越重要，近些年来涌现出了许多湿法冶金新工艺，并得到了广泛应用[10-15]。由于黄金具有极高的经济价值，

非优的过程运行状态将导致黄金产量降低，从而影响企业的最终经济收益。因此，对黄金生产过程的运行状态优性评价具有至关重要的实际意义。

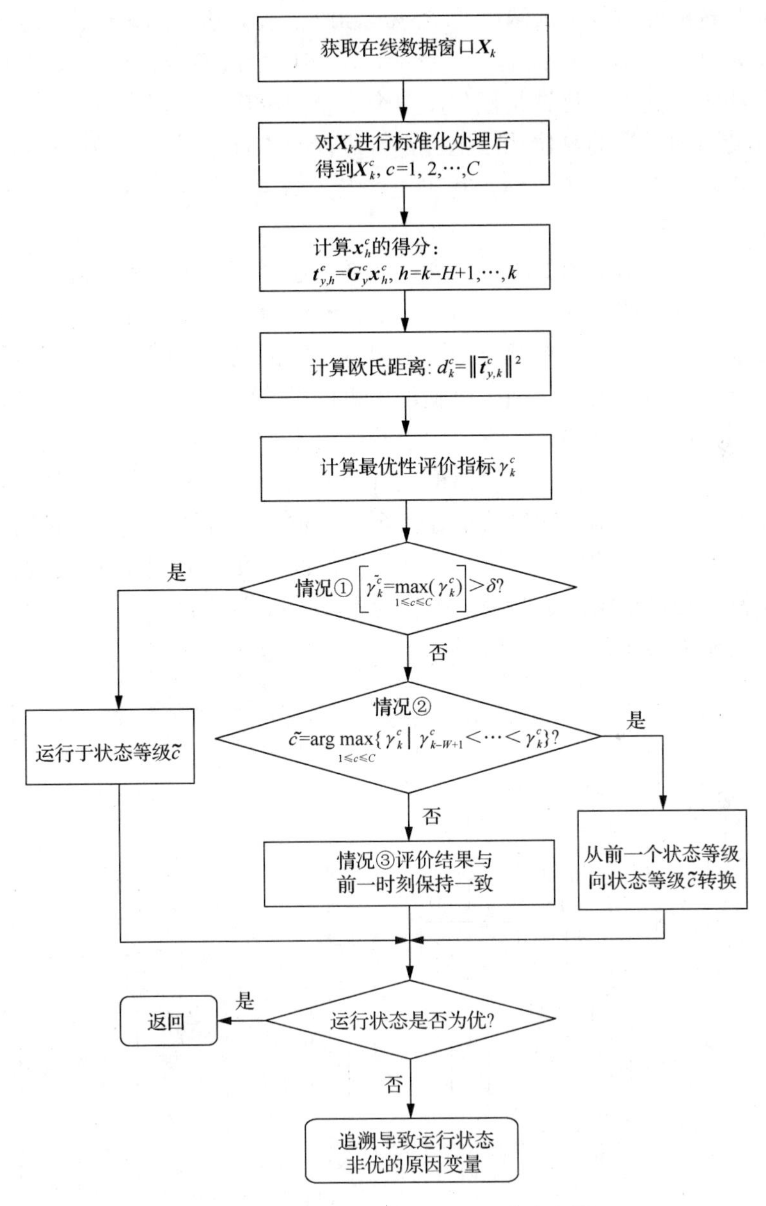

图 3.2　在线评价和非优原因追溯流程图

1. 过程描述

氰化浸出工序是借助溶液提取固体物料中有价金属或杂质等物质的过程，该过程中通常伴有化学反应，是黄金湿法冶金全流程中一道重要的生产工序[16,17]。

某黄金湿法冶金氰化浸出具体操作过程为：首先将粒度约为负 400 目的含金矿石颗粒与贫液混合，调成浓度为 25%～30%的矿浆后，向矿浆中添加氰化钠并充入空气，使金与所添加试剂充分反应，最终以金氰络合物($[Au(CN)]^-$)的形式存在于液相中。其中氰化钠是氰化浸出金的重要反应试剂，充入的空气则为反应提供搅拌动力和适当的氧化还原电位，推进反应进行。另外，为防止氰化钠发生水解，放出剧毒的氰化氢气体，危害生产及人身安全，需要加入石灰将矿浆 pH 值调节到 11 左右。

氰化浸出工序示意图如图 3.3 所示。该工艺过程采用梯度下降的四级浸出槽作为化学溶金反应的载体，矿浆由高至低自然溢流。这种设计不仅能够降低能源消耗，还能够增加含金矿石颗粒与浸出溶剂之间的反应时间，使金充分溶解，从而提高黄金浸出率。另外，利用电脑加药机向矿浆中添加氰化钠，并通过控制氰化钠流量来控制其实际的添加量。由于浸出槽本身没有机械运转系统，需要配备空气压缩机以提供压缩空气。浸出槽空气的通入由罗茨风机实现，风机将空气压入高压储气罐，储气罐经输气管道连接至浸出槽，通过调节空气流量的阀门开度实现对空气流量大小的控制。用于运行状态优性评价的 12 个过程变量列于表 3.1 中，并将氰化浸出结束后金的浸出率作为本章的综合经济指标。表 3.2 为该氰化浸出工序的相关操作条件设定情况。

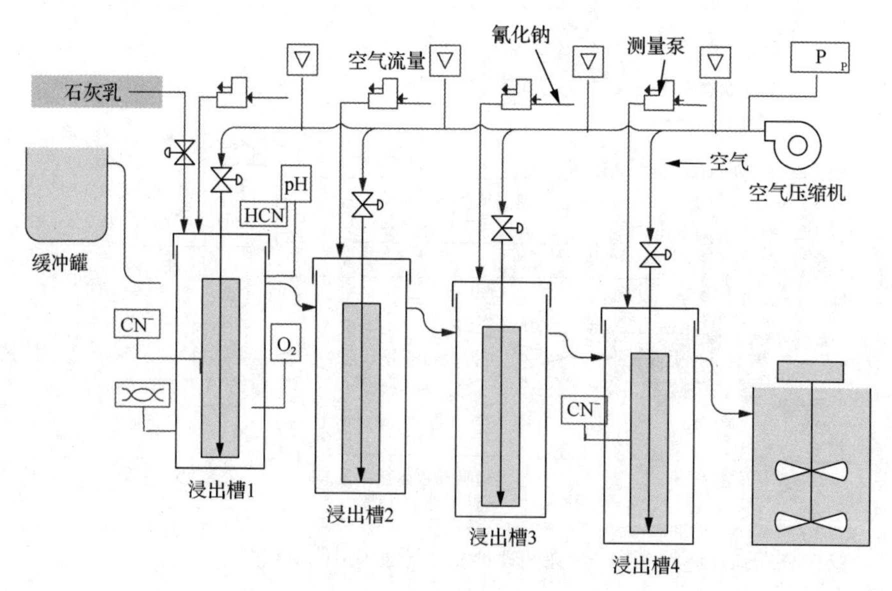

图 3.3　氰化浸出工序示意图

表 3.1　用于氰化浸出工序运行状态优性评价的过程变量(一)

序号	变量名称
1	浸出槽 1 矿浆浓度(%)
2	浸出槽 1 氰化钠流量(mL/min)
3	浸出槽 2 氰化钠流量(mL/min)
4	浸出槽 4 氰化钠流量(mL/min)
5	浸出槽 1 空气流量(m^3/h)
6	浸出槽 2 空气流量(m^3/h)
7	浸出槽 3 空气流量(m^3/h)
8	浸出槽 4 空气流量(m^3/h)
9	浸出槽 1 溶解氧浓度(mg/L)
10	浸出槽 1 氰根离子浓度(mg/L)
11	浸出槽 4 氰根离子浓度(mg/L)
12	氰化氢气体浓度(mg/L)

表 3.2　氰化浸出工序的相关操作条件设定值

操作条件	设定值
矿浆浓度	25%～30%
矿浆温度	20～25℃
pH 值	11
氰根离子浓度	42～48mg/L
溶解氧浓度	7～8mg/L
每个浸出槽内的反应时间	7h

2. 实验设计和建模数据

根据专家经验和过程知识可知，在相应的生产工况下，将氰化钠流量控制在 2850mL/min 能够确保金的浸出率达到最理想的水平。为建立各个状态等级的评价模型，根据金浸出率的高低，从历史正常生产数据中分别选取运行状态为“差”、“中”和“优”的样本各 300 个。导致运行状态非优的原因是浸出槽 1 氰化钠流量从 2850mL/min 逐渐减少到 2750mL/min。图 3.4 为三个状态等级原始建模数据分别沿浸出槽 1 氰化钠流量和浸出槽 1 氰根离子浓度的空间分布情况，其中椭圆内部的数据表示各个状态等级正常数据，椭圆外部为噪声和离群点。

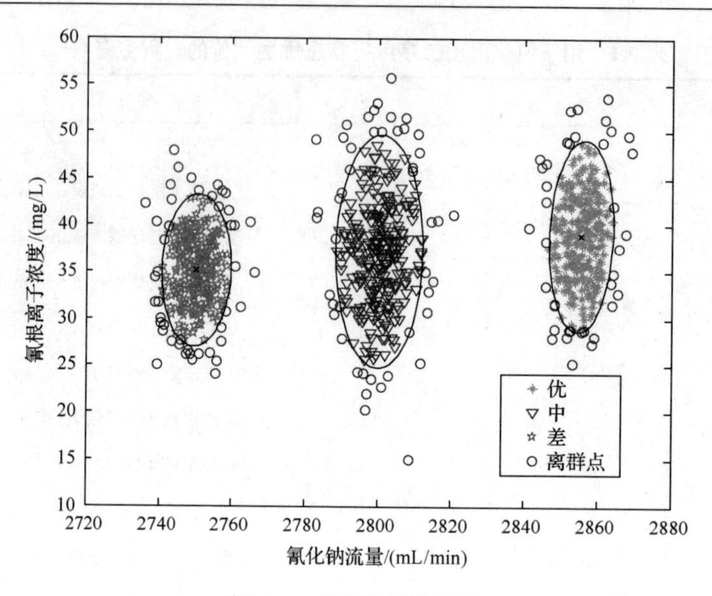

图 3.4　建模数据散点图

在建立状态等级评价模型之前，需要将这些噪声和离群点从各个数据集合中去除。根据 3.2.2 小节中介绍的方法，将各个状态等级建模数据中噪声和离群数据去除，并建立各个状态等级的评价模型。将去除离群点后的状态等级建模数据分别记为 $(\boldsymbol{X}^1 \in \Re^{255\times12}, \boldsymbol{y}^1 \in \Re^{255\times1})$、$(\boldsymbol{X}^2 \in \Re^{254\times12}, \boldsymbol{y}^2 \in \Re^{254\times1})$ 和 $(\boldsymbol{X}^3 \in \Re^{262\times12}, \boldsymbol{y}^3 \in \Re^{262\times1})$。

3. 算法验证及讨论

选取涵盖状态等级“差”、“中”和“优”的 1642 个样本作为在线测试数据，其中浸出槽 1 氰化钠流量从 2750mL/min 逐渐增加到 2850mL/min。另外，在线评价过程中所用参数分别设置如下：$H = 20$，$W = 5$，$\delta = 0.85$。

图 3.5 中展示了在线测试数据相对于各个状态等级评价模型的评价指标的变化情况。从图 3.5(a) 中可以看出，从过程开始到第 483 个采样时刻只有相对于状态等级“差”的评价指标始终大于指标阈值 δ。根据 3.2.3 小节中定义的评价规则，这表示在此期间过程一直运行于状态等级“差”。从第 484 个采样时刻开始，随着在线数据与各个状态等级的评价指标均低于阈值 δ，过程进入状态等级转换过程，并且有两个状态等级都满足评价指标连续递增的条件，即 $\gamma_{248}^2 < \gamma_{249}^2 < \cdots < \gamma_{252}^2$ 和 $\gamma_{248}^3 < \gamma_{249}^3 < \cdots < \gamma_{252}^3$。由于满足评价指标连续递增条件的状态等级不止一个，目标状态等级可以通过式(3.6)确定，从而状态等级“中”被唯一确定为状态等级转换过程的目标等级。也就是说，从第 484 个采样时刻开始，过程运行状态逐渐从“差”向“中”转换。依次地，过程运行状态逐步地经历了状态等级“中”和

“优”。表 3.3 中进一步将过程的实际运行状态与在线评价结果进行对比。由表 3.3 可知，基于 T-PLS 的过程运行状态优性在线评价方法得到的评价结果与实际情况相符。虽然在线滑动窗口的引入导致评价结果出现了延迟，但这是在实际生产可接受的范围内，即该方法能够及时有效地对过程运行状态做出正确的评价。

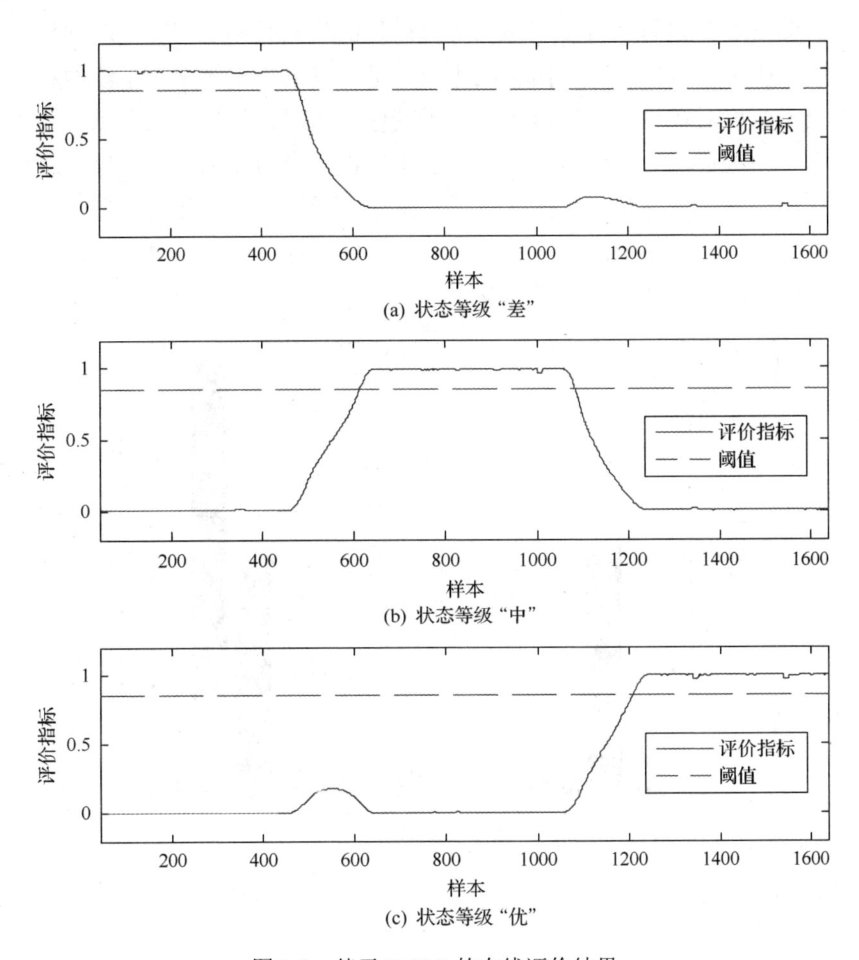

(a) 状态等级“差”

(b) 状态等级“中”

(c) 状态等级“优”

图 3.5　基于 T-PLS 的在线评价结果

表 3.3　实际过程运行状态与在线评价结果的对比

状态等级	实际情况(样本)	评价结果(样本)
“差”	1～454	1～483
“差”向“中”转换	455～605	484～615
“中”	606～1058	616～1083
“中”向“优”转换	1059～1209	1084～1209
“优”	1210～1642	1210～1642

当过程运行状态非优时，需要进一步查找导致运行状态非优的原因。由图 3.5 和表 3.3 可知，在第 1～1209 个采样时刻，生产过程均运行于非优的状态等级，那么在此期间对评价指标贡献较大的过程变量即为非优原因变量。为了避免非优拖尾现象影响原因追溯结果的准确性，只在非优状态等级的初始时刻进行非优原因追溯。图 3.6 为过程运行于状态等级“差”的初始时刻过程变量对评价指标的贡献值。从中可以看出，浸出槽 1 氰化钠流量、浸出槽 1 氰根离子浓度和浸出槽 4 氰根离子浓度对评价指标的贡献远大于其他变量对评价指标的贡献。基于变量贡献的非优原因追溯方法，可以确定这三个过程变量为原因变量。进一步结合过程知识可知，氰化钠流量为可操作变量，氰根离子浓度受氰化钠流量影响，因此真正的非优原因为浸出槽 1 氰化钠流量添加异常，操作工应及时调整氰化钠添加量，使生产过程向最优的运行状态发展。

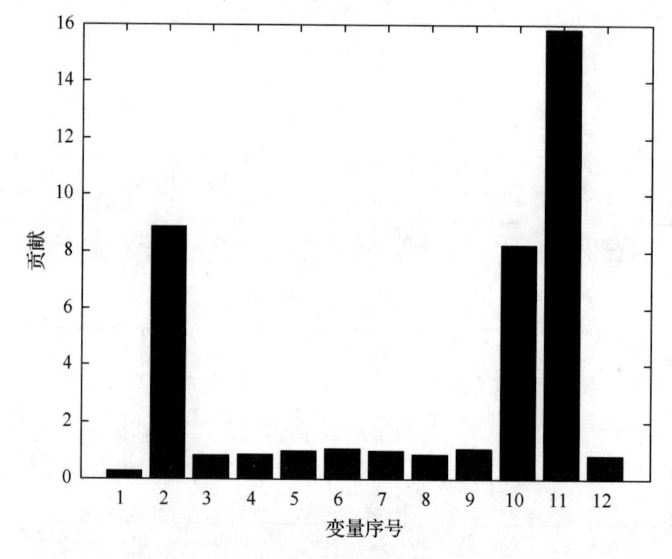

图 3.6　基于 T-PLS 的非优原因追溯结果(第 1 个采样时刻)

3.3　基于优性相关变异信息的过程运行状态优性评价

3.3.1　基本思想

在现有的工业过程运行状态优性评价中，基于 PCA 的评价[18]是一种只利用了过程数据进行特征提取及特征匹配的方法。然而，由于 PCA 方法是以最大化协方差信息为目标实现特征提取的[19]，即尽可能保留集合内数据自身的变异信息并去除冗余信息，因此更适合于过程数据中所包含的变异信息已经是与过程运行状态优性密切相关的信息的情况。这种变异信息能够在过程知识和生产经验足够丰富的情况下，通过选择与过程运行状态优性相关的过程变量而获得。为叙述方便，将与运行状态优性相关的过程变异信息简称为优性相关变异信息(optimality-related variations information，ORVI)，类似地，与运行状态优性无关的变异信息简称为优性无关变异信息(optimality-unrelated variations information，OUVI)。当过程数据中既包含 ORVI 又包含 OUVI 且没有充足的过程知识辅助时，由于 PCA 不具备自动区分 ORVI 和 OUVI 的能力，基于 PCA 的评价方法很难有效地区分和精确地提取出过程变异信息中的 ORVI。另外，OUVI 的存在导致基于 PCA 的评价在应用过程中对 OUVI 的改变具有较低的抗干扰能力，而对 ORVI 改变的敏感性也随之降低，从而影响在线评价结果的准确性和可靠性。

事实上，尽管不同的状态等级过程变异信息存在差异性，但由于它们均是来自于同一个过程的生产数据，这些状态等级的过程变异信息又存在着某种潜在的相似性。因此，提取各个状态等级 ORVI 的过程可以转化为去除所有状态等级内包含的共同的变异信息,而剩余的变异信息自然成为各个状态等级所特有的信息。由于共同的变异信息并不会随着状态等级的转换而发生变化，因此这部分信息无法起到区分过程运行状态优劣的作用，即 OUVI；相对地，每个状态等级特有的那部分信息会随着状态等级的转换而呈现明显的差异性，即 ORVI，可以用于评价过程运行状态。OUVI 由两部分构成，即共同的变量相关关系和共同的变异信息幅值。也就是说，如果每个状态等级中都包含这样一部分变异信息，它们的变量相关关系和幅值都相同，那么我们就可以认为它们是所有状态等级所共有的 OUVI，并且无法用于区分运行状态的优劣。通过上述分析可知，为了有效地提取所有状态等级共有的 OUVI，需要分别从提取共同的变量相关关系和共同的变异信息幅值两方面入手。Zhao 等[20]提出的组间共性分析(MsPCA)算法，将多个集合间共同的变量相关关系描述为一个由若干个基向量张成的共同变量相关关系子空间，并且给出了该子空间的确定方法。然而，由 MsPCA 算法确定的子空间中仅包含各个状态等级间共同的变量相关关系，而变异信息的幅值仍然可能不等，需要在此基础上进一步确定使得各个状态等级变异信息幅值相同的基向量。因此，分别将每个状态等级数据向共同变量相关关系子空间中的各个基向量做投影，并计算它们沿着每个基向量变异信息幅值的大小。如果每个状态等级数据沿着同一个基向量的幅值近似相等，说明该方向上无论是变量相关关系还是变异信息的幅值都相等。分别沿着每个基向量计算变异信息的幅值，最终可以确定所有满足条件的基向量，它们构成了一个真正的共同子空间，其中包含着各个状态等级间共同的变量相关关系和变异信息幅值，即 OUVI。从而，可以通过将各个状态等级原始数据向该空间投影而获得它们各自的 OUVI。从各个状态等级原始过程变异信息中剔除 OUVI，剩余的信息即为该等级所特有的 ORVI。ORVI 随着状态等级的不同而不同，构成了区分运行状态优劣的重要特征。为了叙述方便，将基于 ORVI 的过程运行状态优性评价方法简称为基于 ORVI 的评价。在线评价中，提取在线数据中的 ORVI 并计算其相对于各个状态等级的评价指标，根据评价指标值的大小及变化趋势实时评价生产过程的运行状态。另外，针对过程运行状态非优的情况，计算每个过程变量对评价指标的贡献，以确定导致过程运行状态非优的原因变量。

基于 ORVI 的过程运行状态优性评价方法的优势在于：①与基于 T-PLS 的评价方法相比，当提取过程数据中与运行状态优性相关的过程变异信息时无须综合经济指标的辅助，从而避免了数据对整工作；②与基于 PCA 的评价方法相比，基于 ORVI 的评价方法在去除 OUVI 之后对过程运行状态的变化具有更强的鲁棒性和更高的敏感性。

3.3.2 ORVI 的提取及评价模型的建立

在建立评价模型之前，需要从历史生产数据中划分出各个状态等级的建模数据。这一过程可以通过如下方式实现：首先，按时间顺序将历史过程数据划分为长度相同的若干个数据块；其次，根据生产过程平均的生产周期，确定各个数据块对应的输出数据块，计算相应输出数据块的平均综合经济效益；最后，借助专家知识和生产经验，确定各个数据块所属的状态等级。上述离线数据划分过程中，仅需要根据大致的生产周期将少量的过程数据块与输出数据块相对应，并根据各个数据块的综合经济效益划分状态等级。相比于 T-PLS 建模前要求每一个过程数据与输出数据精确对应的情形，上述离线数据划分的工作量显然已经少了很多。

尽管过程变异信息会随着状态等级的不同而不同，但它们均来自于同一个生产过程，这使得各个状态等级中不可避免地存在着能够反映过程潜在特性的某些相似的或共同的信息。也就是说，每个状态等级所包含的过程变异信息可以分为两部分，一部分是每个状态等级特有的变异信息，另一部分是所有状态等级共有的变异信息。特有的变异信息随着状态等级的不同而不同，并构成了用于区分不同状态等级的重要特征，因此可以认为这部分信息就是 ORVI。相反，所有状态等级共有的变异信息无法起到区分不同状态等级的作用，实际上相当于 OUVI。在过程运行状态优性评价中，如果对这两部分信息不加以区分地同时利用，很有可能导致错误的评价结果，从而影响了评价结果的准确性和可靠性。例如，由于

OUVI 的存在，当过程运行状态发生转换时，生产过程对于其中 ORVI 变化的敏感性将会降低，很可能导致评价结果的严重滞后甚至不能察觉运行状态的改变。反之，过程运行状态本身并没有发生转换，但由于外部环境干扰或某些人为操作影响到过程变异信息中的 OUVI 时，就可能造成对运行状态的错误评估，降低了评价方法对干扰信息的鲁棒性。

利用 MsPCA 算法[20]提取各个状态等级的共同变量相关关系子空间，该子空间内的基向量即表征了各个状态等级中所蕴含的共同变量相关关系。在此基础上，从共同变量相关关系子空间中找出使各个状态等级变异信息相等的基向量，并构成一个新的共同子空间。由于该共同子空间中既包含共同的变量相关关系又包含共同的变异信息幅值，因此各个状态等级向该子空间投影后所得的变异信息即为它们所共有的 OUVI。

假设一个生产过程包含 C 个状态等级，将状态等级 c 的建模数据记为 $\boldsymbol{X}^c$，$c=1,2,\cdots,C$。分别针对各个状态等级建模数据做标准化处理。然后，利用 MsPCA 算法将 $\boldsymbol{X}^c$ 划分为 $\boldsymbol{X}_g^c$ 和 $\boldsymbol{X}_s^c$ 两部分：

$$\begin{aligned}\boldsymbol{X}^c &= \boldsymbol{X}_g^c + \boldsymbol{X}_s^c \\ &= \boldsymbol{X}^c\boldsymbol{P}_g\boldsymbol{P}_g^{\mathrm{T}} + \boldsymbol{X}^c(\boldsymbol{I}-\boldsymbol{P}_g\boldsymbol{P}_g^{\mathrm{T}}), \quad c=1,2,\cdots,C\end{aligned} \tag{3.8}$$

式中，$\boldsymbol{P}_g=[\boldsymbol{p}_{g,1},\boldsymbol{p}_{g,2},\cdots,\boldsymbol{p}_{g,A}]\in\Re^{J\times A}$ 为共同变量相关关系子空间，A 是该子空间内包含的基向量个数。这些基向量实际上代表了不同状态等级之间共同的变量相关关系。因此，$\boldsymbol{X}_g^c$ 中包含的过程变量相关关系即为所有状态等级共有，而 $\boldsymbol{X}_s^c$ 中则包含着状态等级 c 中特有的变量相关关系。

由于随着状态等级的不同，$\boldsymbol{X}_s^c$ 中的变量相关关系也不同，因此 $\boldsymbol{X}_s^c$ 实际上属于状态等级 c 中 ORVI 的一部分。另外，针对各个状态等级的 $\boldsymbol{X}_g^c$ 部分，需要进一步提取其中幅值相同的变异信息，从而构成所有等级的 OUVI。分别将各个状态等级的建模数据向共同变量相关关系子空间 $\boldsymbol{P}_g$ 中的每个基向量做投影，依次计算它们沿各个方向的变异信息幅值大小，其中那些使得幅值近似相等的基向量所构成的子空间即为共同子空间。图 3.7 为两个不同的数据集沿着各个基向量方向的变异信息示意图。由图 3.7 可以看出，$\boldsymbol{X}^1$ 和 $\boldsymbol{X}^2$ 沿着 $\boldsymbol{p}_{g,1}$ 方向的变异信息幅值近似相等，而沿着 $\boldsymbol{p}_{g,2}$ 方向的变异信息幅值则相差很大。由此可知，基向量 $\boldsymbol{p}_{g,1}$ 应该属于共同子空间。

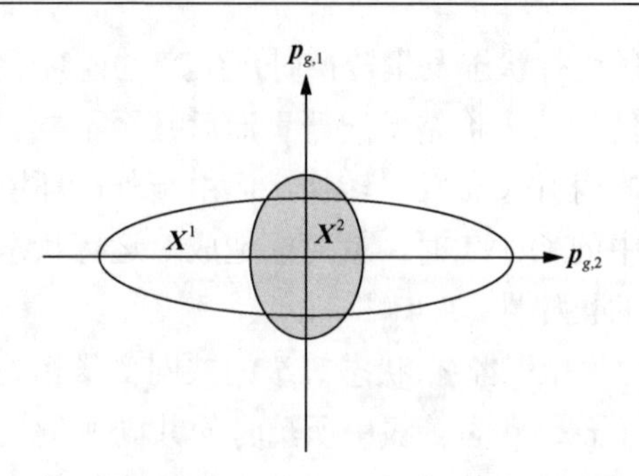

图 3.7　不同基向量方向上过程变异信息示意图

衡量不同状态等级沿同一个基向量方向变异信息幅值是否相等的具体做法如下。首先，将 $\boldsymbol{X}^c$ 向基向量 $\boldsymbol{p}_{g,a}(a=1,2,\cdots,A)$ 做投影，计算其在该方向的变异信息：

$$\boldsymbol{t}_a^c=\boldsymbol{X}^c\boldsymbol{p}_{g,a},\quad c=1,2,\cdots,C \tag{3.9}$$

然后，分别计算 $\boldsymbol{t}_a^1,\boldsymbol{t}_a^2,\cdots,\boldsymbol{t}_a^C$ 的幅值。这里可以将幅值定义为 $\boldsymbol{t}_a^c$ 的中位数、均值或其他能够表征 $\boldsymbol{t}_a^c$ 所携带信息量大小的一种算子，并将其记为 $f(\boldsymbol{t}_a^c)$。选择其中一个状态等级的幅值，如 $f(\boldsymbol{t}_a^C)$ 作为参考，分别计算其余等级幅值相对于 $f(\boldsymbol{t}_a^C)$ 的比值，即 $\eta^c=f(\boldsymbol{t}_a^c)/f(\boldsymbol{t}_a^C)$，$c=1,2,\cdots,C-1$。在给定的参数 $\varphi(0<\varphi<1)$ 下，如果满足条件 $1-\varphi\leqslant\eta^1,\eta^2,\cdots,\eta^{C-1}\leqslant 1+\varphi$，则认为 $f(\boldsymbol{t}_a^1),f(\boldsymbol{t}_a^2),\cdots,f(\boldsymbol{t}_a^C)$ 近似相等，说明沿基向量 $\boldsymbol{p}_{g,a}$ 方向上的变异信息为各个状态等级的共同变异信息，不能起到区分运行状态等级的作用；反之，如果 $\eta^1,\eta^2,\cdots,\eta^{C-1}$ 的大小相差较远，无法满足上述条件，则认为 $f(\boldsymbol{t}_a^1),f(\boldsymbol{t}_a^2),\cdots,f(\boldsymbol{t}_a^C)$ 之间是不等的，表示在 $\boldsymbol{p}_{g,a}$ 的方向上，虽然各个状态等级的过程变量相关关系相同，但变异信息的幅值显著不同，仍然属于等级内 ORVI 的一部分，可用于运行状态评价。φ 是一个松弛因子，取值可根据实际的数据情况而定。

上述分析后，可将共同变量相关关系子空间 $\boldsymbol{P}_g$ 中的基向量分为两组，重新编号和命名后构成了两个新的子空间 $\breve{\boldsymbol{P}}_g$ 和 $\tilde{\boldsymbol{P}}_g$。$\breve{\boldsymbol{P}}_g=[\boldsymbol{p}_{g,(1)},\boldsymbol{p}_{g,(2)},\cdots,\boldsymbol{p}_{g,(\breve{A})}]\in\Re^{J\times\breve{A}}$，由 $\boldsymbol{P}_g$ 中使得各个状态等级变异信息幅值均相同的 $\breve{A}(\breve{A}\leqslant A)$ 个基向量构成，也是同时蕴含所有状态等级共同变量相关关系和变异信息幅值的共同子空间。$\tilde{\boldsymbol{P}}_g=[\boldsymbol{p}_{g,(1)},\boldsymbol{p}_{g,(2)},\cdots,\boldsymbol{p}_{g,(\tilde{A})}]\in\Re^{J\times\tilde{A}}$，由 $\boldsymbol{P}_g$ 中其余 $\tilde{A}(\tilde{A}=A-\breve{A})$ 个携带各个状态等级变异信息幅值不同的基向量构成，即通过子空间 $\tilde{\boldsymbol{P}}_g$ 重构后的变异信息为各个状态等级特有的 ORVI 的一部分。

至此，每个状态等级建模数据可以被划分为三部分：

$$\boldsymbol{X}^c = \boldsymbol{X}_g^c + \boldsymbol{X}_s^c = \boldsymbol{X}^c \breve{\boldsymbol{P}}_g \breve{\boldsymbol{P}}_g^{\mathrm{T}} + \boldsymbol{X}^c \tilde{\boldsymbol{P}}_g \tilde{\boldsymbol{P}}_g^{\mathrm{T}} + \boldsymbol{X}^c (\boldsymbol{I} - \boldsymbol{P}_g \boldsymbol{P}_g^{\mathrm{T}}) = \widehat{\boldsymbol{X}}_g^c + \widehat{\boldsymbol{X}}_s^c \tag{3.10}$$

式中，$\widehat{\boldsymbol{X}}_g^c = \boldsymbol{X}^c \breve{\boldsymbol{P}}_g \breve{\boldsymbol{P}}_g^{\mathrm{T}}$ 为状态等级中 OUVI 不能起到区分运行状态优劣的作用；$\widehat{\boldsymbol{X}}_s^c = \boldsymbol{X}^c \tilde{\boldsymbol{P}}_g \tilde{\boldsymbol{P}}_g^{\mathrm{T}} + \boldsymbol{X}^c (\boldsymbol{I} - \boldsymbol{P}_g \boldsymbol{P}_g^{\mathrm{T}})$ 为每个状态等级特有的 ORVI 并构成了运行状态优性评价的重要依据。

在已经提取的各个状态等级 ORVI，即 $\widehat{\boldsymbol{X}}_s^c (c = 1, 2, \cdots, C)$ 的基础上，通过实施 PCA 以获得其中的主要过程变异信息，去除过程噪声的影响。具体表示如下：

$$\widehat{\boldsymbol{X}}_s^c = \boldsymbol{T}_s^c \boldsymbol{P}_s^{c\mathrm{T}} + \boldsymbol{E}_s^c \tag{3.11}$$

式中，$\boldsymbol{P}_s^c \in \Re^{J \times A^c}$ 、$\boldsymbol{T}_s^c \in \Re^{N^c \times A^c}$ 和 $\boldsymbol{E}_s^c \in \Re^{N^c \times J}$ 分别为 $\widehat{\boldsymbol{X}}_s^c$ 的负载矩阵、得分矩阵和残差矩阵；A^c 为 $\widehat{\boldsymbol{X}}_s^c$ 中保留的主成分个数。另外，由于 $\widehat{\boldsymbol{X}}_g^c$ 和 $\widehat{\boldsymbol{X}}_s^c$ 满足

$$\begin{aligned}
\widehat{\boldsymbol{X}}_g^c \widehat{\boldsymbol{X}}_s^{c\mathrm{T}} &= \boldsymbol{X}^c \breve{\boldsymbol{P}}_g \breve{\boldsymbol{P}}_g^{\mathrm{T}} (\boldsymbol{X}^c \tilde{\boldsymbol{P}}_g \tilde{\boldsymbol{P}}_g^{\mathrm{T}} + \boldsymbol{X}^c (\boldsymbol{I} - \boldsymbol{P}_g \boldsymbol{P}_g^{\mathrm{T}}))^{\mathrm{T}} \\
&= \boldsymbol{X}^c \breve{\boldsymbol{P}}_g \breve{\boldsymbol{P}}_g^{\mathrm{T}} (\tilde{\boldsymbol{P}}_g \tilde{\boldsymbol{P}}_g^{\mathrm{T}} + \boldsymbol{I} - \boldsymbol{P}_g \boldsymbol{P}_g^{\mathrm{T}}) \boldsymbol{X}^{c\mathrm{T}} \\
&= \boldsymbol{X}^c (\breve{\boldsymbol{P}}_g \breve{\boldsymbol{P}}_g^{\mathrm{T}} - \breve{\boldsymbol{P}}_g \breve{\boldsymbol{P}}_g^{\mathrm{T}} \boldsymbol{P}_g \boldsymbol{P}_g^{\mathrm{T}}) \boldsymbol{X}^{c\mathrm{T}} \\
&= \boldsymbol{X}^c (\breve{\boldsymbol{P}}_g \breve{\boldsymbol{P}}_g^{\mathrm{T}} - \breve{\boldsymbol{P}}_g \breve{\boldsymbol{P}}_g^{\mathrm{T}}) \boldsymbol{X}^{c\mathrm{T}} \\
&= \boldsymbol{0}
\end{aligned} \tag{3.12}$$

且 $\boldsymbol{P}_s^c = \widehat{\boldsymbol{X}}_s^{c\mathrm{T}} \boldsymbol{T}_s^c (\boldsymbol{T}_s^{c\mathrm{T}} \boldsymbol{T}_s^c)^{-1} \in \Re^{J \times A^c}$ ，因此得分矩阵 $\boldsymbol{T}_s^c$ 可通过如下方式计算：

$$\begin{aligned}
\boldsymbol{T}_s^c &= \widehat{\boldsymbol{X}}_s^c \boldsymbol{P}_s^c \\
&= (\boldsymbol{X}^c - \widehat{\boldsymbol{X}}_g^c) \boldsymbol{P}_s^c \\
&= \boldsymbol{X}^c \boldsymbol{P}_s^c - \widehat{\boldsymbol{X}}_g^c \boldsymbol{P}_s^c \\
&= \boldsymbol{X}^c \boldsymbol{P}_s^c - \widehat{\boldsymbol{X}}_g^c \widehat{\boldsymbol{X}}_s^{c\mathrm{T}} \boldsymbol{T}_s^c (\boldsymbol{T}_s^{c\mathrm{T}} \boldsymbol{T}_s^c)^{-1} \\
&= \boldsymbol{X}^c \boldsymbol{P}_s^c
\end{aligned} \tag{3.13}$$

由式(3.13)可知，得分矩阵 $\boldsymbol{T}_s^c$ 可由原始数据 $\boldsymbol{X}^c$ 直接向 $\boldsymbol{P}_s^c$ 投影得到。ORVI 的提取过程如图 3.8 所示。

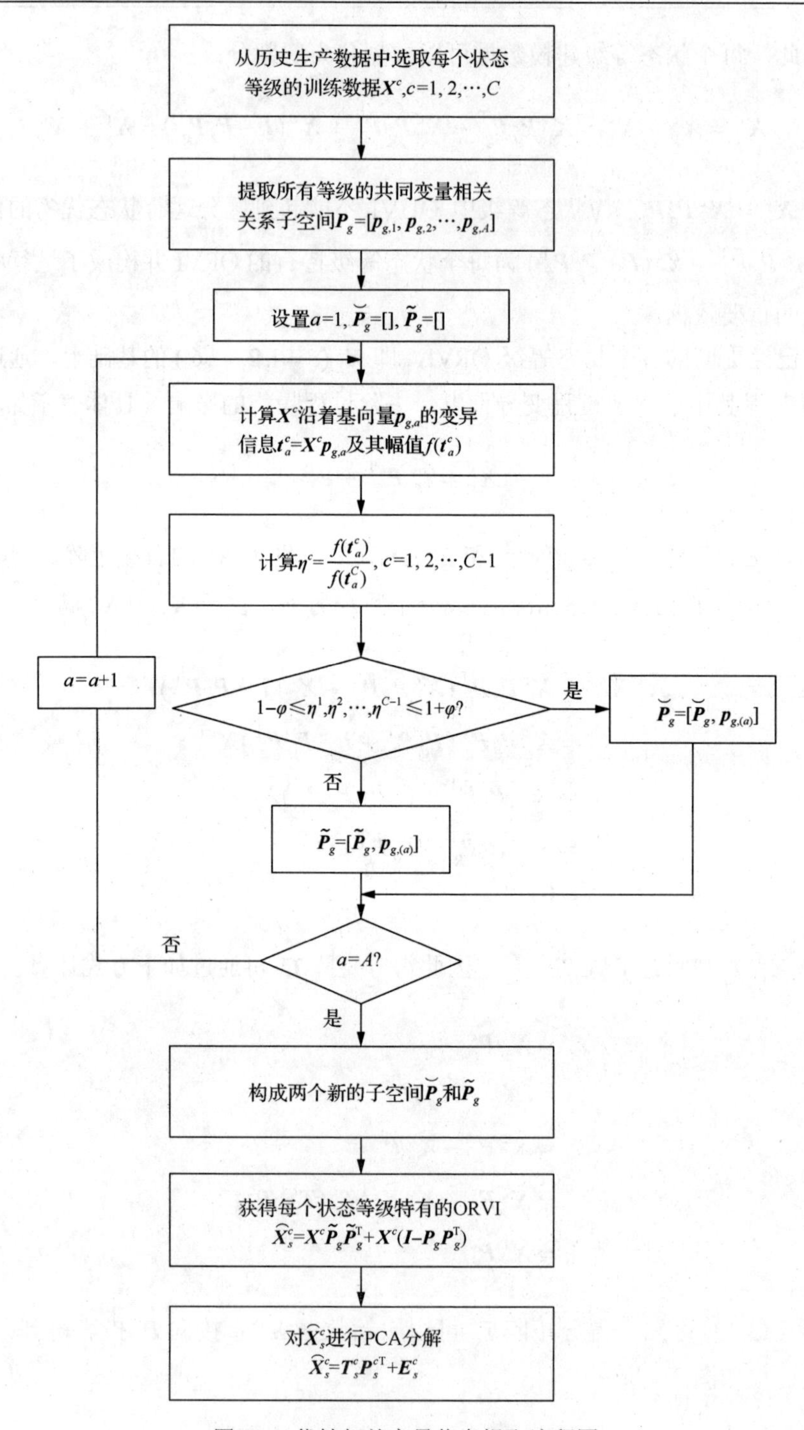

图 3.8　优性相关变异信息提取流程图

3.3.3　基于ORVI的过程运行状态优性在线评价及非优原因追溯

在线评价中，仍然采用宽度为H的滑动窗口作为基本分析单元。基于ORVI的详细在线评价及非优原因追溯步骤如下所示。

(1)构造时刻k时的滑动数据窗口$\boldsymbol{X}_k=[\boldsymbol{x}_{k-H+1},\cdots,\boldsymbol{x}_k]^{\mathrm{T}}$。

(2)利用各个状态等级建模数据均值和标准差分别对$\boldsymbol{X}_k$进行标准化处理，并将标准化后的$\boldsymbol{X}_k$及其均值向量分别记为$\boldsymbol{X}_k^c=[\boldsymbol{x}_{k-H+1}^c,\cdots,\boldsymbol{x}_k^c]^{\mathrm{T}}$和$\overline{\boldsymbol{x}}_k^c=\sum\limits_{h=k-H+1}^{k}\boldsymbol{x}_h^c\Big/H$。

(3)计算$\overline{\boldsymbol{x}}_k^c$的得分向量：

$$\boldsymbol{t}_k^c=\boldsymbol{P}_s^{c\mathrm{T}}\overline{\boldsymbol{x}}_k^c \tag{3.14}$$

(4)计算在线数据ORVI与状态等级c中ORVI的距离d_k^c：

$$d_k^c=\left\|\boldsymbol{t}_k^c-\overline{\boldsymbol{t}}_s^c\right\|^2 \tag{3.15}$$

式中，$\overline{\boldsymbol{t}}_s^c=\sum\limits_{n=1}^{N^c}\boldsymbol{t}_{s,n}^c\Big/N^c$为$\boldsymbol{T}_s^c$的均值向量；$\boldsymbol{T}_s^c=[\boldsymbol{t}_{s,1}^c,\boldsymbol{t}_{s,2}^c,\cdots,\boldsymbol{t}_{s,N^c}^c]^{\mathrm{T}}$。根据PCA性质可知，$\overline{\boldsymbol{t}}_s^c=\boldsymbol{0}$。因此，$d_k^c$可以简化为如下形式：

$$d_k^c=\left\|\boldsymbol{t}_k^c\right\|^2 \tag{3.16}$$

构造评价指标γ_k^c，即

$$\gamma_k^c=\begin{cases}\dfrac{1/d_k^c}{\sum\limits_{c=1}^{C}1/d_k^c}, & d_k^c\neq 0\\ 1,\text{且}\gamma_k^q=0(q=1,2,\cdots,C;q\neq c), & d_k^c=0\end{cases} \tag{3.17}$$

且满足$\sum\limits_{c=1}^{C}\gamma_k^c=1$，$0\leqslant\gamma_k^c\leqslant 1$。

(5)利用3.2.3小节所提出的在线评价规则，根据评价指标的大小及变化趋势对过程运行状态进行实时评价。

(6)当过程运行状态非优时，以状态等级“优”为参考，分别计算各个过程变量相对于评价指标γ_k^{opt}的贡献。将d_k^{opt}重新表示为

$$d_k^{\text{opt}} = \left\| \boldsymbol{t}_k^{\text{opt}} \right\|^2 = \left\| \boldsymbol{P}_s^{\text{optT}} \overline{\boldsymbol{x}}_k^{\text{opt}} \right\|^2 = \left\| \sum_{j=1}^{J} \overline{x}_{k,j}^{\text{opt}} \boldsymbol{p}_{s,j}^{\text{opt}} \right\|^2 \tag{3.18}$$

式中，$\overline{x}_{k,j}^{\text{opt}}$ 是 $\overline{\boldsymbol{x}}_k^{\text{opt}}$ 的第 j 个变量；$\boldsymbol{p}_{s,j}^{\text{opt}}$ 为 $\boldsymbol{P}_s^{\text{opt}}$ 的第 j 个行向量。那么，第 j 个变量对 γ_k^{opt} 的贡献定义如下：

$$\text{Contr}_j^{\text{raw}} = \left\| \overline{x}_{k,j}^{\text{opt}} \boldsymbol{p}_{s,j}^{\text{opt}} \right\|^2 \tag{3.19}$$

贡献较大者对应的变量即为导致过程运行状态非优的原因变量。

3.3.4 氰化浸出工序中的应用研究

1. 实验设计和建模数据

本节中，基于 ORVI 的过程运行状态优性评价方法仍然通过氰化浸出工序加以验证。氰化浸出工序的基本工作原理可参见 3.2.5 小节。所用的过程变量如表 3.4 所示。由过程知识可知，氰化钠流量、矿浆浓度、空气流量和溶解氧浓度等与过程运行状态的发展变化密切相关；同时，为了引入与过程运行状态优性无关的变异信息，增加了各个浸出槽的液位。

表 3.4　用于氰化浸出工序运行状态优性评价的过程变量(二)

序号	变量名称	序号	变量名称
1	浸出槽 1 矿浆浓度(%)	9	浸出槽 1 溶解氧浓度(mg/L)
2	浸出槽 1 氰化钠流量(mL/min)	10	浸出槽 1 氰根离子浓度(mg/L)
3	浸出槽 2 氰化钠流量(mL/min)	11	浸出槽 4 氰根离子浓度(mg/L)
4	浸出槽 4 氰化钠流量(mL/min)	12	氰化氢气体浓度(mg/L)
5	浸出槽 1 空气流量(m^3/h)	13	浸出槽 1 液位(m)
6	浸出槽 2 空气流量(m^3/h)	14	浸出槽 2 液位(m)
7	浸出槽 3 空气流量(m^3/h)	15	浸出槽 3 液位(m)
8	浸出槽 4 空气流量(m^3/h)	16	浸出槽 4 液位(m)

该过程被划分为 3 个状态等级，即“差”、“中”和“优”，并分别用 1、2、3 标记。从历史生产数据中分别选取各个状态等级过程数据并构成建模数据集 $\boldsymbol{X}^1$、$\boldsymbol{X}^2$ 和 $\boldsymbol{X}^3$，其中每个状态等级包含 450 个样本，采样间隔为 1min。设置松弛因子 $\varphi = 0.1$，将得分向量的均值作为其幅值，以衡量不同状态等级数据在各个基向量方向上的变异信息的大小，提取各个状态等级中 ORVI，并建立相应的评价模型 $\boldsymbol{P}_s^1$、$\boldsymbol{P}_s^2$ 和 $\boldsymbol{P}_s^3$。

2. 算法验证及讨论

本节针对实际过程中存在的两种不同情况，分别验证基于 ORVI 的评价方法的有效性。第一种情况是过程运行状态为“优”时，浸出槽 1 液位(变量 13)在安全生产范围内逐渐增加。实际生产中，浸出槽除了具有为氰化浸出反应提供载体的功能外，对不同来料量还起到缓冲作用。因此，对各个浸出槽的液位进行实时测量能够及时发现并有效防止因上游来料量过多而导致的冒槽事故，而液位的高低并不会影响反应的进行以及过程运行状态的优劣，实际生产过程中也确实如此。所以，我们可以认为因浸出槽液位在安全范围内的升高导致的过程变异信息的变化属于 OUVI 的改变，并不会影响过程的实际运行状态。第二种情况是过程运行状态为“优”时，人为操作失误导致浸出槽 1 氰化钠流量(变量 2)逐渐减少并偏离其最优设定值。因为氰化钠流量的准确与否直接影响金的浸出率并最终影响企业的综合经济效益，所以我们有理由认为因氰化钠流量减少导致的过程变异信息的变化属于 ORVI 的改变，而这种改变使得过程运行状态转换为非优。上述两种情况中，过程运行状态的发展趋势均为由“差”到“中”再由“中”转换到“优”等级，且在发生上述两种情况之前的导致非优运行状态的原因均为浸出槽 4 氰化钠流量(变量 4)低于最优范围。从历史生产数据中选取 3600 个样本作为测试数据，且每种情况下均发生于第 3001 个采样时刻之后直至仿真结束。根据过程知识和专家经验，在线评价中所需的相关参数设置如下：$H=35$，$W=5$，$\delta=0.85$。

作为比较，将基于 PCA 的评价方法同样应用于上述两种情况中。图 3.9～图 3.13 分别展示了第一种情况下基于 ORVI 和 PCA 的在线评价和非优原因追溯结果。从图 3.9 和图 3.10 可以看出，在第 3001 个采样时刻之前，基于 ORVI 和 PCA 的在线评价结果非常相似，而在此之后，评价结果却出现了明显的差异。表 3.5 中给出了两种评价方法与实际过程运行情况的详细的对比结果，其中尽管基于 ORVI 和 PCA 的在线评价结果在第 3001 个采样时刻之前都与实际情况近乎一致，但基于 ORVI 的评价方法能够比基于 PCA 的评价方法更早捕捉到实际过程运行状态优性的变化，因而获得了更为准确的在线评价结果。从第 3001 个采样时刻开始，尽管浸出槽 1 的液位升高，基于 ORVI 的评价方法仍然能够不受其影响并给出正确的评价结果；然而，基于 PCA 的评价方法却在第 3208 个采样时刻之后出现了明显的误判。根据表 3.5 中的评价结果，可以进一步计算出第一种情况下两种评价方法的在线评价结果的准确率，即评价结果与实际情况一致的测试样本数与总测试样本数的百分比。基于 ORVI 的评价结果的准确率高达 97.1%，而基于 PCA 的评价结果的准确率只有 84.3%。由此可以得出结论：针对生产过程中 OUVI 的改变，基于 ORVI 的评价方法比基于 PCA 的评价方法具有更强的鲁棒性。

表 3.5 基于 PCA 和 ORVI 的评价结果与实际情况的对比

运行状态	实际情况	基于 PCA 的评价	基于 ORVI 的评价
“差”	1～1000	1～1071	1～1058
“差”向“中”的转换	1001～1300	1072～1323	1059～1308
“中”	1301～2300	1324～2373	1309～2339
“中”向“优”的转换	2301～2600	2374～2605	2340～2601
“优”	2601～3600	2606～3207	2602～3600
“优”向“中”的转换	—	3208～3600	—

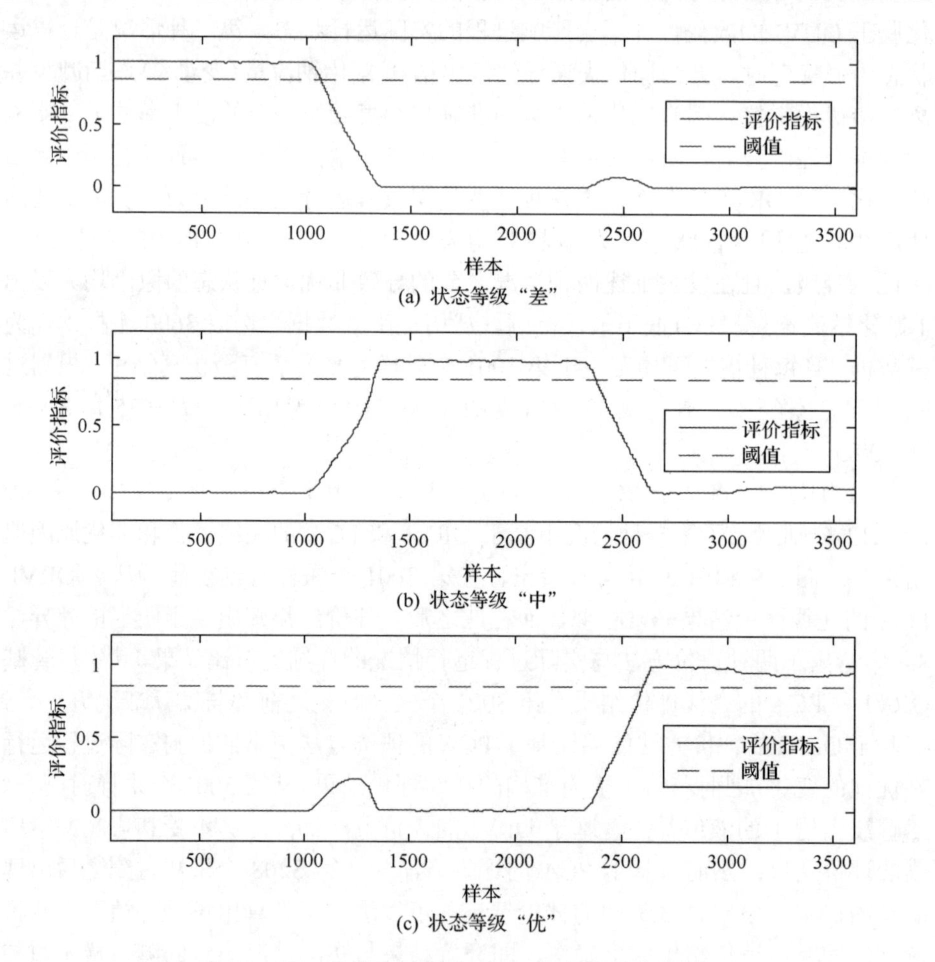

(a) 状态等级“差”

(b) 状态等级“中”

(c) 状态等级“优”

图 3.9 第一种情况下基于 ORVI 的在线评价结果

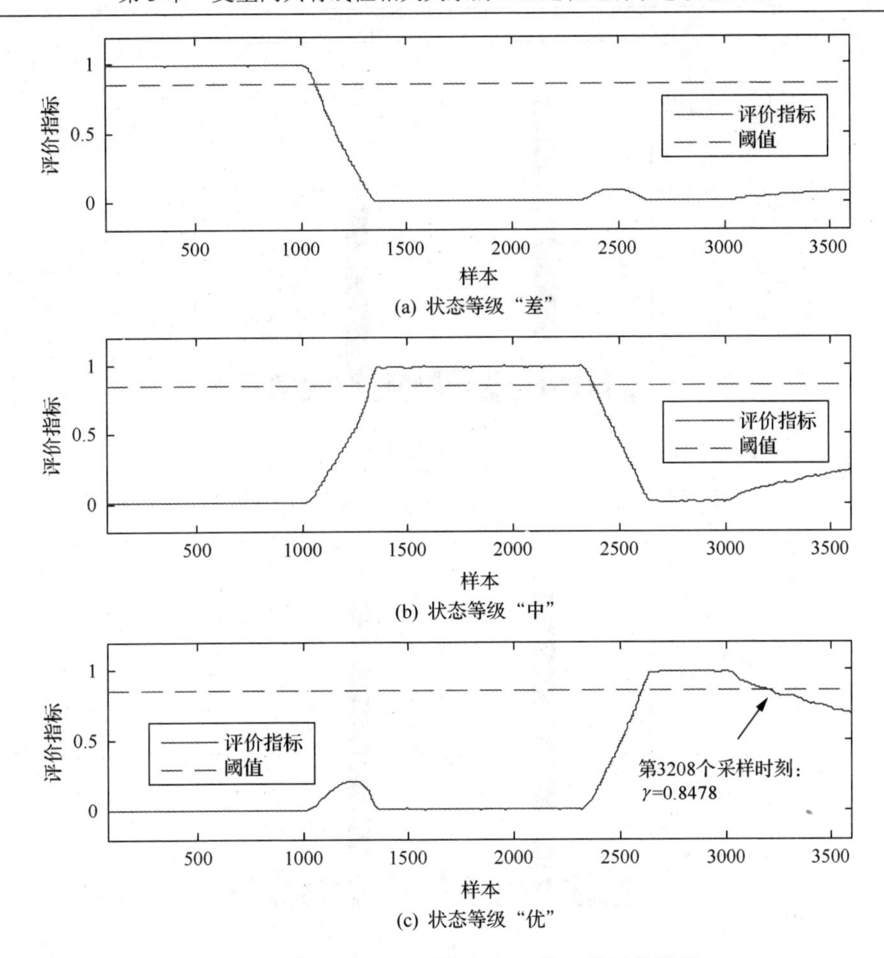

图 3.10 第一种情况下基于 PCA 的在线评价结果

对于过程运行状态等级为“中”的情况，两种评价方法的非优原因追溯结果如图 3.11 和图 3.12 所示。从中可以看出，浸出槽 4 氰化钠流量(变量 4)和浸出槽 4 氰根离子浓度(变量 11)对评价指标的贡献明显大于其他变量的贡献。根据过程知识可知，氰化钠流量为实际可操作变量，而氰根离子浓度则直接受氰化钠流量的影响。因此，可以断定浸出槽 4 氰化钠流量为实际的非优原因变量，追溯结果与实际情况相符。图 3.13 为第 3208 个采样时刻基于 PCA 的非优原因追溯结果，从中可以看出，具有较大贡献的浸出槽 1 液位(变量 13)为非优原因变量。这个非优原因追溯结果恰恰也从另一个侧面反映出，在 OUVI 发生转换时，基于 PCA 的评价是有误的，因为浸出槽液位的正常波动并不会影响实际过程的运行状态。

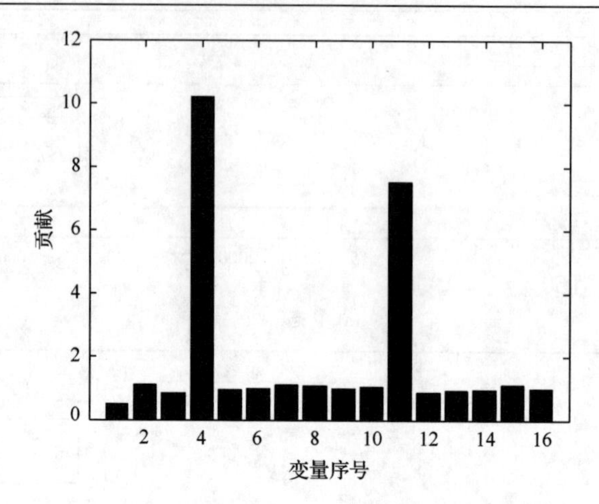

图 3.11　第一种情况下基于 ORVI 的非优原因追溯结果(第 1 个采样时刻)

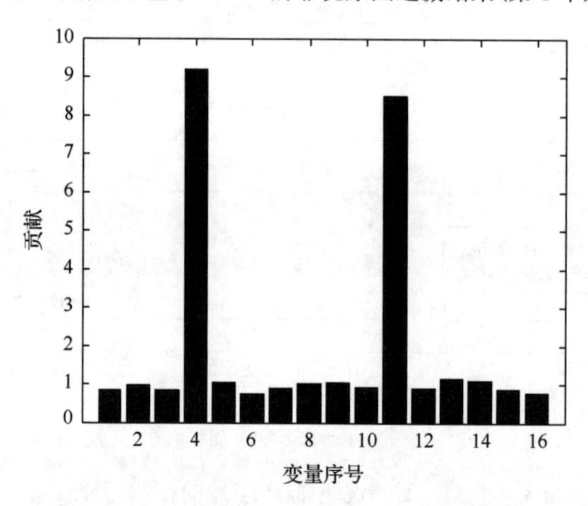

图 3.12　第一种情况下基于 PCA 的非优原因追溯结果(第 1 个采样时刻)

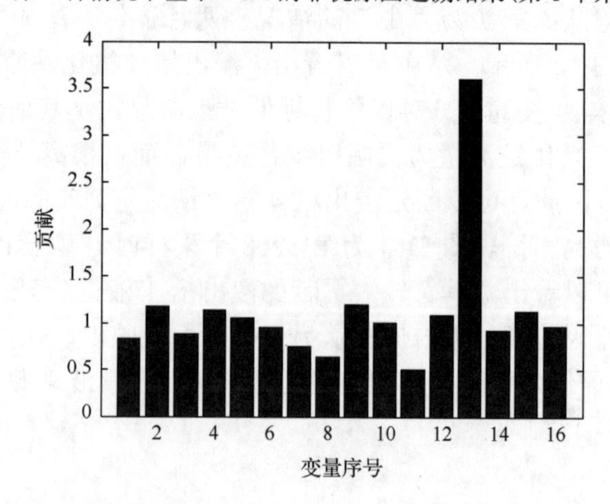

图 3.13　第一种情况下基于 PCA 的非优原因追溯结果(第 3208 个采样时刻)

针对第二种情况，图 3.14 和图 3.15 中分别展示了基于 ORVI 和 PCA 的在线评价结果。从图 3.14 和图 3.15 可以看出，对于 ORVI 的改变，两种评价方法均能够获得正确的在线评价结果。究其原因，可以归结为：尽管基于 ORVI 和 PCA 的评价方法是以不同目的为驱动来提取变异信息的，过程数据中的主要变异信息仍然蕴含于它们所提出的信息中，从而确保了评价结果的准确性。然而，基于 ORVI 的评价方法从第 3160 个采样时刻判断出过程运行状态由“优”转换为非优，而基于 PCA 的评价方法从第 3196 个采样时刻才识别出过程运行状态的这种转换。也就是说，对于 ORVI 的改变，基于 ORVI 的评价方法比基于 PCA 的评价方法具有更高的敏感性，并能够更早地捕捉到运行状态的变化。

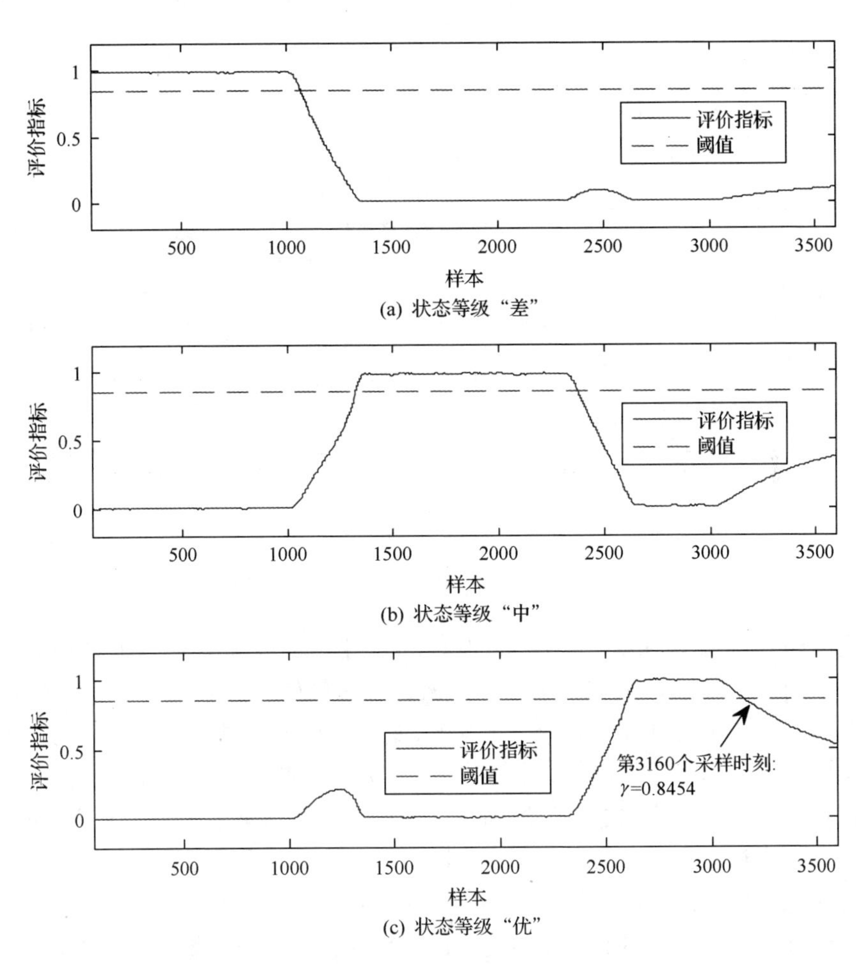

(a) 状态等级“差”

(b) 状态等级“中”

(c) 状态等级“优”

图 3.14　第二种情况下基于 ORVI 的在线评价结果

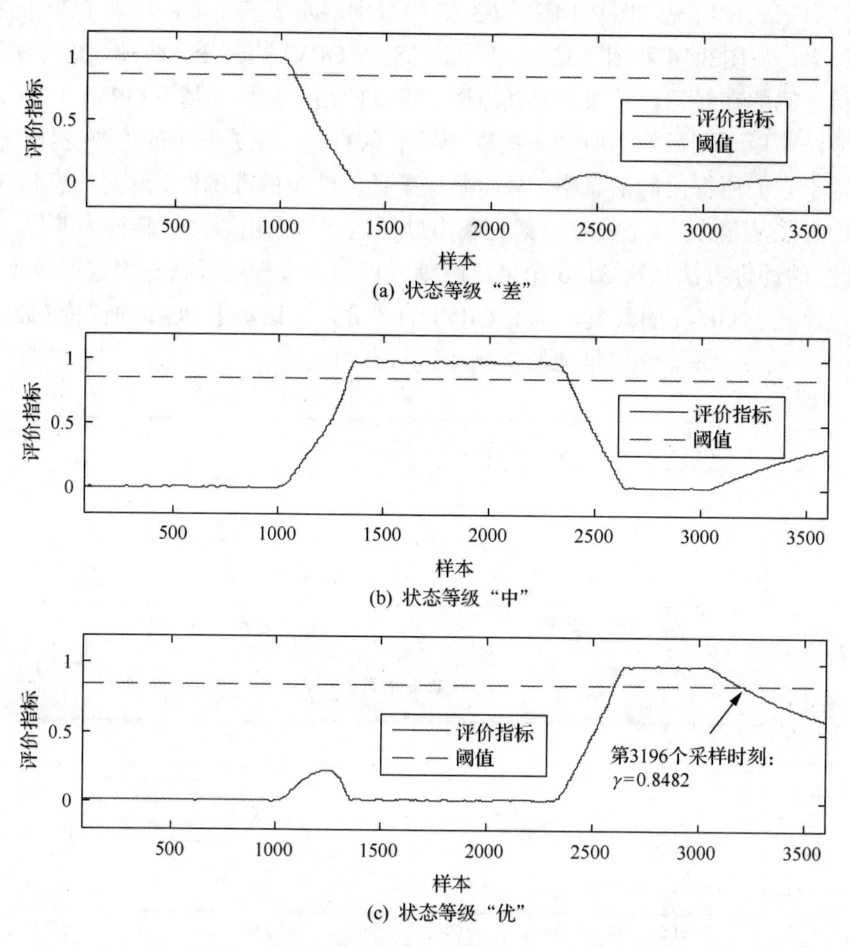

(a) 状态等级“差”

(b) 状态等级“中”

(c) 状态等级“优”

图 3.15　第二种情况下基于 PCA 的在线评价结果

浸出槽1氰化钠流量减少而导致的运行状态非优的追溯结果如图3.16和图3.17所示。从图 3.16 中可以看出，浸出槽 1 氰化钠流量(变量 2)、浸出槽 1 氰根离子浓度(变量 10)以及浸出槽4氰根离子浓度(变量11)对评价指标的贡献明显大于其他变量的贡献，而在图 3.17 中的情况也是类似的。因此，可以确定浸出槽 1 氰化钠添加量是导致运行状态非优的原因变量，这个追溯结果与实际情况是一致的。

通过对两种不同的实际生产情况的评价，我们可以得出结论：相比基于 PCA 的运行状态优性评价方法，基于 ORVI 的评价对于过程中 OUVI 的转换具有更强的鲁棒性并对于 ORVI 的转换具有更高的敏感性，从而有力地确保了评价结果的准确性和可靠性。

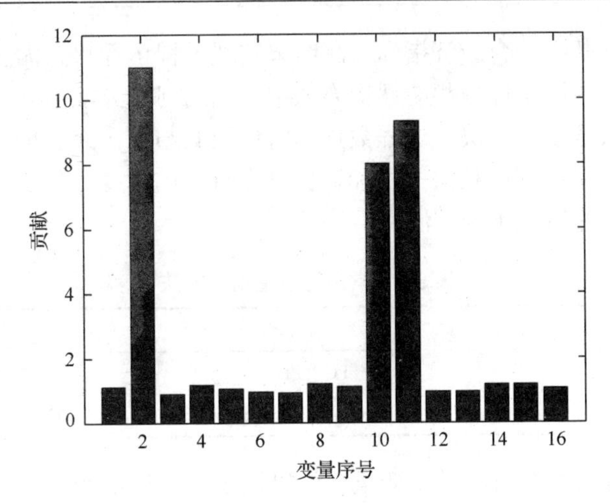

图 3.16　第二种情况下基于 ORVI 的非优原因追溯结果(第 3160 个采样时刻)

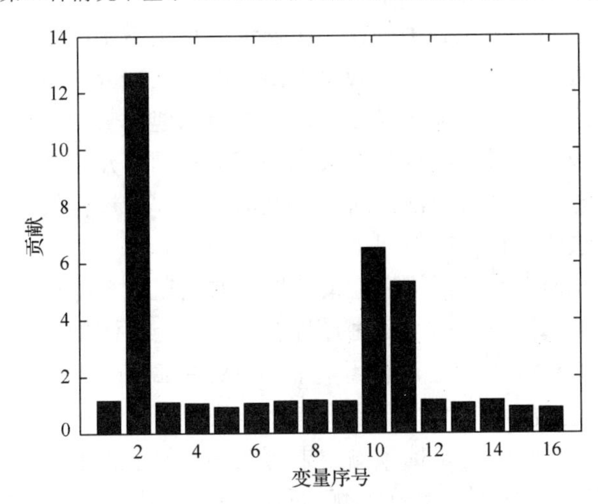

图 3.17　第二种情况下基于 PCA 的非优原因追溯结果(第 3196 个采样时刻)

3.4　基于综合经济指标预测的过程运行状态优性评价

3.4.1　基本思想

由于过程运行状态的优劣与综合经济指标密切相关，因此可以利用综合经济指标直接评价过程运行状态的优劣。但是，综合经济指标在实际过程中难以在线测量，而离线分析又会产生较长时间的滞后，严重影响到运行状态评价的时效性。另外，在实际生产过程中，很多可测的过程变量都与综合经济指标关系紧密，能够反映综合经济指标的波动情况，因此可以利用这些可测的过程信息实时预测综合经济指标，并基于综合经济指标预测结果实现过程运行状态优性的在线评价。

在基于综合经济指标预测的评价方法中，选用何种方法建立综合经济指标的预测模型在很大程度上取决于过程数据的特性及其与综合经济指标之间的相关关系。表 3.6 从变量之间的相关关系和数据分布特性的角度，列出了不同情况可以采用的一些常用的质量预测方法。

表 3.6 常用的质量预测方法

相关关系	高斯	非高斯
线性	PCR, PLS	GMM-GPR，ICA
非线性	KPCR, KPLS, NN, SVM	KGMM-GPR，KICA

实际工业过程中，虽然过程变量之间以及过程和质量变量之间经常具有非线性相关关系，但由于生产过程大部分时间都运行于稳态工作点附近，它们之间可以近似描述为线性相关关系。另外，由于连续过程正常生产数据中包含不同状态等级的历史生产数据，每种状态等级呈现出不同的数据分布特性，导致用于建模的正常过程数据总体呈非高斯分布。因此，本节以建模数据总体是服从非高斯分布、不同状态等级数据具有线性相关关系的情况为例，介绍基于综合经济指标预测的过程运行状态优性评价方法。对于其他情况，评价过程的总体思路不变，只需利用合适的方法建立预测模型即可。

这里利用 GMM[21-24]近似描述建模数据的非高斯分布特性。为了在克服过程随机性和不确定性的同时准确地刻画过程变量与综合经济指标之间复杂的相关关系，在已建立的 GMM 基础上，利用基于 GMM 的高斯过程回归(GMM-GPR)方法[25,26]预测当前过程所对应的综合经济指标，从而建立运行状态优性评价模型。在线评价中，利用综合经济指标预测结果构造一个便于应用的评价指标，实现过程运行状态优性的在线评价，并在非优运行状态下，根据变量贡献确定原因变量。

3.4.2 基于综合经济指标预测评价模型的建立

将建模数据记为$(\boldsymbol{X},\boldsymbol{y})$，其中$\boldsymbol{X}=[\boldsymbol{x}_1,\boldsymbol{x}_2,\cdots,\boldsymbol{x}_N]^{\mathrm{T}}\in\Re^{N\times J}$是由与综合经济指标密切相关的$J$个过程变量的$N$个样本构成的；$\boldsymbol{y}=[y_1,y_2,\cdots,y_N]^{\mathrm{T}}\in\Re^{N\times 1}$为与$\boldsymbol{X}$对应的综合经济指标数据。用$C^1,C^2,\cdots,C^Q$表示$Q$个高斯分量。那么，过程数据$\boldsymbol{X}$的分布可由如下的 GMM 表示：

$$G\left\{\boldsymbol{x}\middle|\Theta\right\}=\sum_{q=1}^{Q}\omega^q g\left\{\boldsymbol{x}\middle|\theta^q\right\} \tag{3.20}$$

式中，$\theta^q=\left\{\boldsymbol{\mu}^q,\boldsymbol{\Sigma}^q\right\}$和$\omega^q$分别表示第$q$个高斯分量$C^q$对应的模型参数，

$q=1,2,\cdots,Q$。将GMM全部参数构成的集合记为$\Theta=\left\{\omega^1,\omega^2,\cdots,\omega^Q,\theta^1,\theta^2,\cdots,\theta^Q\right\}$。

依次计算每个建模样本相对于不同高斯分量的后验概率：

$$\Pr\left\{C^q\middle|\boldsymbol{x}_n\right\}=\frac{\omega^q g\left\{\boldsymbol{x}_n\middle|\boldsymbol{\mu}^q,\boldsymbol{\Sigma}^q\right\}}{\sum_{q=1}^{Q}\omega^q g\left\{\boldsymbol{x}_n\middle|\boldsymbol{\mu}^q,\boldsymbol{\Sigma}^q\right\}},\quad n=1,2,\cdots,N;q=1,2,\cdots,Q \tag{3.21}$$

根据后验概率最大化原则，过程数据 $\boldsymbol{X}$ 最终被划分为 Q 个子集，即 $\boldsymbol{X}=\left[\boldsymbol{X}^{1\mathrm{T}},\boldsymbol{X}^{2\mathrm{T}},\cdots,\boldsymbol{X}^{Q\mathrm{T}}\right]^{\mathrm{T}}$，与之对应的输出数据子集为 $\boldsymbol{y}=\left[\boldsymbol{y}^{1\mathrm{T}},\boldsymbol{y}^{2\mathrm{T}},\cdots,\boldsymbol{y}^{Q\mathrm{T}}\right]^{\mathrm{T}}$。

在线预测新样本的综合经济指标时，以一个宽度为 H 的滑动窗口作为在线分析的基本单元。将时刻 k 时的在线滑动数据窗口记为 $\boldsymbol{X}_k=[\boldsymbol{x}_{k-H+1},\cdots,\boldsymbol{x}_k]^{\mathrm{T}}$，则第 q 个高斯分量 C^q 的综合经济指标预测值 $y_k^q=f(\overline{\boldsymbol{x}}_k)+\varepsilon$ 的概率密度函数可表示为

$$\begin{aligned}\Pr\left\{y_k^q\middle|\overline{\boldsymbol{x}}_k,\boldsymbol{X}^q,\boldsymbol{y}^q\right\}&=\int\Pr\left\{y_k^q\middle|\overline{\boldsymbol{x}}_k,\boldsymbol{\alpha}^q\right\}\Pr\left\{\boldsymbol{\alpha}^q\middle|\boldsymbol{X}^q,\boldsymbol{y}^q\right\}\mathrm{d}\boldsymbol{\alpha}^q\\&\sim N((\sigma^q)^{-2}\overline{\boldsymbol{x}}_k^{\mathrm{T}}(\boldsymbol{A}^q)^{-1}\boldsymbol{X}^{q\mathrm{T}}\boldsymbol{y}^q,\ \overline{\boldsymbol{x}}_k^{\mathrm{T}}(\boldsymbol{A}^q)^{-1}\overline{\boldsymbol{x}}_k)\end{aligned} \tag{3.22}$$

式中，$\overline{\boldsymbol{x}}_k=\sum_{h=k-H+1}^{k}\boldsymbol{x}_h\Big/H$ 是在线数据 $\boldsymbol{X}_k$ 的均值向量；$\boldsymbol{\alpha}^q$ 是第 q 个高斯分量 C^q 的回归模型参数，并假设其先验服从均值向量为 $\mathbf{0}$、协方差矩阵为 $\boldsymbol{\Sigma}_\alpha^q$ 的多变量高斯分布；σ^q 是噪声的标准差；$\boldsymbol{A}^q=(\sigma^q)^{-2}\boldsymbol{X}^{q\mathrm{T}}\boldsymbol{X}^q+(\boldsymbol{\Sigma}_\alpha^q)^{-1}$。

因此，将新样本 $\overline{\boldsymbol{x}}_k$ 在高斯分量 C^q 中的综合经济指标预测结果定义为

$$\hat{y}_k^q=(\sigma^q)^{-2}\overline{\boldsymbol{x}}_k^{\mathrm{T}}(\boldsymbol{A}^q)^{-1}\boldsymbol{X}^{q\mathrm{T}}\boldsymbol{y}^q \tag{3.23}$$

为避免误分类对预测结果的影响，将新样本 $\overline{\boldsymbol{x}}_k$ 在各个高斯分量下的预测结果加权综合，得到其最终的综合经济指标预测结果，即

$$\hat{y}_k=\sum_{q=1}^{Q}\Pr\left\{C^q\middle|\overline{\boldsymbol{x}}_k\right\}\hat{y}_k^q=\sum_{q=1}^{Q}\left[\frac{\omega^q g\left\{\overline{\boldsymbol{x}}_k\middle|\boldsymbol{\mu}^q,\boldsymbol{\Sigma}^q\right\}}{\sum_{q=1}^{Q}\omega^q g\left\{\overline{\boldsymbol{x}}_k\middle|\boldsymbol{\mu}^q,\boldsymbol{\Sigma}^q\right\}}(\sigma^q)^{-2}\overline{\boldsymbol{x}}_k^{\mathrm{T}}(\boldsymbol{A}^q)^{-1}\boldsymbol{X}^{q\mathrm{T}}\boldsymbol{y}^q\right] \tag{3.24}$$

式中，$\Pr\left\{C^q\middle|\overline{\boldsymbol{x}}_k\right\}$ 是 $\overline{\boldsymbol{x}}_k$ 相对于第 q 个高斯分量 C^q 的后验概率。

3.4.3 基于预测思想的过程运行状态优性在线评价

不失一般性，在运行状态优性评价之前，首先对综合经济指标做归一化处理，并将归一化后的综合经济指标作为评价指标，基于此实时评价过程的运行状态。假设综合经济指标越大对应的过程运行状态越好，可将评价指标定义为

$$\gamma_k = \begin{cases} 1, & \hat{y}_k \geqslant y_{\max} \\ \dfrac{\hat{y}_k - y_{\min}}{y_{\max} - y_{\min}}, & y_{\min} < \hat{y}_k < y_{\max} \\ 0, & \hat{y}_k \leqslant y_{\min} \end{cases} \tag{3.25}$$

式中，$y_{\max} = \max\limits_{1 \leqslant n \leqslant N} \{y_n\}$ 和 $y_{\min} = \min\limits_{1 \leqslant n \leqslant N} \{y_n\}$ 分别表示综合经济指标的历史最大值和最小值。

γ_k 的取值为 0～1，其越接近 1，表示 $\hat{y}_k$ 越接近于 $y_{\max}$，即过程的运行状态越好；若 γ_k 趋近 0，则说明 $\hat{y}_k$ 接近 $y_{\min}$，当前过程严重偏离最优工作范围，有待调整和改进。为严格区分过程运行状态的优劣，预先设定一个评价指标阈值 $\delta(0.5 < \delta < 1)$，$\gamma_k \geqslant \delta$，表示当前过程运行状态是优的，无须操作调整；相反，$\gamma_k < \delta$，表示当前过程运行状态非优，需要进一步查找原因，将过程重新调整到最优状态。

3.4.4 基于变量贡献的非优原因追溯

将状态等级“优”的建模数据作为非优原因追溯过程中的参考数据集，并记为 $(\boldsymbol{X}^{\mathrm{opt}}, \boldsymbol{y}^{\mathrm{opt}})$，其中 $\boldsymbol{X}^{\mathrm{opt}} = [\boldsymbol{x}_1^{\mathrm{opt}}, \boldsymbol{x}_2^{\mathrm{opt}}, \cdots, \boldsymbol{x}_{N^{\mathrm{opt}}}^{\mathrm{opt}}]^{\mathrm{T}}$，$\boldsymbol{y}^{\mathrm{opt}} = [y_1^{\mathrm{opt}}, y_2^{\mathrm{opt}}, \cdots, y_{N^{\mathrm{opt}}}^{\mathrm{opt}}]^{\mathrm{T}}$，$N^{\mathrm{opt}}$ 是样本个数。

根据式(3.25)可知，过程变量对评价指标的贡献等价于对综合经济指标预测结果偏差 $\hat{y}_k - y_{\min}$ 的贡献。当运行状态非优时，将导致 $\hat{y}_k - y_{\min}$ 减小，也就是 $y_{\max} - \hat{y}_k$ 变大。令 $\Delta y = y_{\max} - \hat{y}_k$，则有

$$\begin{aligned} \Delta y &= y_{\max} - \hat{y}_k \\ &= y_{\max} - \sum_{q=1}^{Q} \Pr\left\{C^q \middle| \overline{\boldsymbol{x}}_k\right\} \hat{y}_k^q \\ &= y_{\max} - \sum_{q=1}^{Q} \Pr\left\{C^q \middle| \overline{\boldsymbol{x}}_k\right\} (\sigma^q)^{-2} \overline{\boldsymbol{x}}_k^{\mathrm{T}} (\boldsymbol{A}^q)^{-1} \boldsymbol{X}^{q\mathrm{T}} \boldsymbol{y}^q \\ &= y_{\max} - \sum_{q=1}^{Q} \Pr\left\{C^q \middle| \overline{\boldsymbol{x}}_k\right\} \overline{\boldsymbol{x}}_k^{\mathrm{T}} \boldsymbol{z}^q \end{aligned} \tag{3.26}$$

式中，$\boldsymbol{z}^q = (\sigma^q)^{-2}(\boldsymbol{A}^q)^{-1}\boldsymbol{X}^{q\mathrm{T}}\boldsymbol{y}^q$。

引入一个虚拟比例因子向量 $\boldsymbol{v} = [v_1, v_2, \cdots, v_J]^\mathrm{T}$，其中 $v_j = 1$，$j = 1,2,\cdots,J$。定义 $\boldsymbol{x} \odot \boldsymbol{v} = [x_1 v_1, x_2 v_2, \cdots, x_J v_J]^\mathrm{T}$，$x_j v_j$ 表示变量 x_j 的变异。定义第 j 个过程变量对 Δy 的贡献为

$$\begin{aligned}
\mathrm{Contr}_j^{\mathrm{raw}} &= \frac{\partial \Delta y}{\partial v_j} = \partial\left(y_{\max} - \sum_{q=1}^{Q} \Pr\left\{ C^q \middle| \overline{\boldsymbol{x}}_k \odot \boldsymbol{v} \right\} (\overline{\boldsymbol{x}}_k \odot \boldsymbol{v})^\mathrm{T} \boldsymbol{z}^q \right) \Bigg/ \partial v_j \\
&= -\partial\left(\sum_{q=1}^{Q} \Pr\left\{ C^q \middle| \overline{\boldsymbol{x}}_k \odot \boldsymbol{v} \right\} (\overline{\boldsymbol{x}}_k \odot \boldsymbol{v})^\mathrm{T} \boldsymbol{z}^q \right) \Bigg/ \partial v_j \\
&= -\sum_{q=1}^{Q} \left[\left(\partial \Pr\left\{ C^q \middle| \overline{\boldsymbol{x}}_k \odot \boldsymbol{v} \right\} \Big/ \partial v_j \right) (\overline{\boldsymbol{x}}_k \odot \boldsymbol{v})^\mathrm{T} \boldsymbol{z}^q + \Pr\left\{ C^q \middle| \overline{\boldsymbol{x}}_k \odot \boldsymbol{v} \right\} \cdot \left(\partial (\overline{\boldsymbol{x}}_k \odot \boldsymbol{v})^\mathrm{T} \boldsymbol{z}^q \Big/ \partial v_j \right) \right]
\end{aligned} \tag{3.27}$$

由于 $g\left\{ \overline{\boldsymbol{x}}_k \odot \boldsymbol{v} \middle| \theta^q \right\}$ 对 v_j 的偏导数为

$$\frac{\partial g\left\{ \overline{\boldsymbol{x}}_k \odot \boldsymbol{v} \middle| \theta^q \right\}}{\partial v_j} = -\overline{x}_{k,j}\, g\left\{ \overline{\boldsymbol{x}}_k \odot \boldsymbol{v} \middle| \theta^q \right\} \tilde{\boldsymbol{\Sigma}}_j^q (\overline{\boldsymbol{x}}_k \odot \boldsymbol{v} - \boldsymbol{\mu}^q) \tag{3.28}$$

式中，$\tilde{\boldsymbol{\Sigma}}_j^q$ 为 $(\boldsymbol{\Sigma}^q)^{-1}$ 中的第 j 行；$\overline{x}_{k,j}$ 是 $\overline{\boldsymbol{x}}_k$ 的第 j 个过程变量。因此，$\Pr\left\{ C^q \middle| \overline{\boldsymbol{x}}_k \odot \boldsymbol{v} \right\}$ 对 v_j 的偏导数可通过如下方式计算：

$$\begin{aligned}
&\frac{\partial \Pr\left\{ C^q \middle| \overline{\boldsymbol{x}}_k \odot \boldsymbol{v} \right\}}{\partial v_j} \\
&= \frac{\omega^q g\left\{ \overline{\boldsymbol{x}}_k \odot \boldsymbol{v} \middle| \theta^q \right\} \left\{ \sum_{q=1}^{Q} \omega^q g\left\{ \overline{\boldsymbol{x}}_k \odot \boldsymbol{v} \middle| \theta^q \right\} \tilde{\boldsymbol{\Sigma}}_j^q (\overline{\boldsymbol{x}}_k \odot \boldsymbol{v} - \boldsymbol{\mu}^q) - \tilde{\boldsymbol{\Sigma}}_j^q (\overline{\boldsymbol{x}}_k \odot \boldsymbol{v} - \boldsymbol{\mu}^q) G\left\{ \overline{\boldsymbol{x}}_k \odot \boldsymbol{v} \middle| \Theta \right\} \right\}}{\overline{x}_{k,j} \left[\sum_{q=1}^{Q} \omega^q g\left\{ \overline{\boldsymbol{x}}_k \odot \boldsymbol{v} \middle| \theta^q \right\} \tilde{\boldsymbol{\Sigma}}_j^q (\overline{\boldsymbol{x}}_k \odot \boldsymbol{v} - \boldsymbol{\mu}^q) \right]^2}
\end{aligned} \tag{3.29}$$

则第 j 个过程变量对 Δy 的贡献的计算公式为

$$
\begin{aligned}
\mathrm{Contr}_j^{\mathrm{raw}} &= -\sum_{q=1}^{Q}\left[\left(\partial \Pr\left\{C^q \middle| \bar{\boldsymbol{x}}_k \odot \boldsymbol{v}\right\}/\partial v_j\right)\cdot(\bar{\boldsymbol{x}}_k \odot \boldsymbol{v})^{\mathrm{T}} \boldsymbol{z}^q + \Pr\left\{C^q \middle| \bar{\boldsymbol{x}}_k \odot \boldsymbol{v}\right\}\cdot\left(\partial(\bar{\boldsymbol{x}}_k \odot \boldsymbol{v})^{\mathrm{T}} \boldsymbol{z}^q/\partial v_j\right)\right] \\
&= -\sum_{q=1}^{Q}\left\{\begin{array}{l}\dfrac{\omega^q g\left\{\bar{\boldsymbol{x}}_k \odot \boldsymbol{v}\middle|\theta^q\right\}\left[\sum\limits_{q=1}^{Q}\omega^q g\left\{\bar{\boldsymbol{x}}_k \odot \boldsymbol{v}\middle|\theta^q\right\}\tilde{\boldsymbol{\Sigma}}_j^q(\bar{\boldsymbol{x}}_k \odot \boldsymbol{v}-\boldsymbol{\mu}^q)-\tilde{\boldsymbol{\Sigma}}_j^q(\bar{\boldsymbol{x}}_k \odot \boldsymbol{v}-\boldsymbol{\mu}^q)G\left\{\bar{\boldsymbol{x}}_k \odot \boldsymbol{v}\middle|\Theta\right\}\right]}{x_{k,j}\left[\sum\limits_{q=1}^{Q}\omega^q g\left\{\bar{\boldsymbol{x}}_k \odot \boldsymbol{v}\middle|\theta^q\right\}\tilde{\boldsymbol{\Sigma}}_j^q(\bar{\boldsymbol{x}}_k \odot \boldsymbol{v}-\boldsymbol{\mu}^q)\right]^2} \\ \cdot(\bar{\boldsymbol{x}}_k \odot \boldsymbol{v})^{\mathrm{T}}\boldsymbol{z}^q + \Pr\left\{C^q \middle| \bar{\boldsymbol{x}}_k \odot \boldsymbol{v}\right\}\cdot \bar{x}_{k,j} z_j^q\end{array}\right\}_{\substack{v_j=1,\\ j=1,\cdots,J}} \\
&= -\sum_{q=1}^{Q}\left\{\frac{\omega^q g\left\{\bar{\boldsymbol{x}}_k\middle|\theta^q\right\}\left[\sum\limits_{q=1}^{Q}\omega^q g\left\{\bar{\boldsymbol{x}}_k\middle|\theta^q\right\}\tilde{\boldsymbol{\Sigma}}_j^q(\bar{\boldsymbol{x}}_k-\boldsymbol{\mu}^q)-\tilde{\boldsymbol{\Sigma}}_j^q(\bar{\boldsymbol{x}}_k-\boldsymbol{\mu}^q)G\left\{\bar{\boldsymbol{x}}_k\middle|\Theta\right\}\right]}{\bar{x}_{k,j}\left[\sum\limits_{q=1}^{Q}\omega^q g\left\{\bar{\boldsymbol{x}}_k\middle|\theta^q\right\}\tilde{\boldsymbol{\Sigma}}_j^q(\bar{\boldsymbol{x}}_k-\boldsymbol{\mu}^q)\right]^2}\cdot\bar{\boldsymbol{x}}_k^{\mathrm{T}}\boldsymbol{z}^q + \Pr\left\{C^q\middle|\bar{\boldsymbol{x}}_k\right\}\cdot\bar{x}_{k,j}z_j^q\right\}
\end{aligned} \tag{3.30}
$$

式中，z_j^q 为 $\boldsymbol{z}^q$ 的第 j 个元素。

当贡献 $\mathrm{Contr}_j^{\mathrm{raw}}$ 为正时，表示第 j 个变量在当前工作点 $\bar{x}_{k,j}$ 增加时会导致 Δy 增大，相反，当贡献 $\mathrm{Contr}_j^{\mathrm{raw}}$ 为负时，表示第 j 个变量在当前工作点 $\bar{x}_{k,j}$ 增加时会导致 Δy 减小。$\mathrm{Contr}_j^{\mathrm{raw}}$ 绝对值的大小表示第 j 个变量在当前工作点 $\bar{x}_{k,j}$ 发生单位变化时会引起 Δy 变化的程度。

当贡献 $\mathrm{Contr}_j^{\mathrm{raw}}$ 为正时，当 $\bar{x}_{k,j}$ 和其对应的优运行状态的工作点 $x_{k,j}^{\mathrm{opt}}$ 之间的差值 $\bar{x}_{k,j}-x_{k,j}^{\mathrm{opt}}$ 较大时，判定 $\bar{x}_{k,j}$ 是非优原因变量。当贡献 $\mathrm{Contr}_j^{\mathrm{raw}}$ 为负时，当优运行状态的工作点 $x_{k,j}^{\mathrm{opt}}$ 和 $\bar{x}_{k,j}$ 之间的差值 $x_{k,j}^{\mathrm{opt}}-\bar{x}_{k,j}$ 较大时，判定 $\bar{x}_{k,j}$ 是非优原因变量。

因此，在此重新定义第 j 个变量对 Δy 的贡献 $\underline{\mathrm{Contr}}_j^{\mathrm{raw}}$ 为

$$
\underline{\mathrm{Contr}}_j^{\mathrm{raw}}=\mathrm{Contr}_j^{\mathrm{raw}}\cdot(\bar{x}_{k,j}-x_{k,j}^{\mathrm{opt}}) \tag{3.31}
$$

当第 j 个变量的贡献 $\underline{\mathrm{Contr}}_j^{\mathrm{raw}}$ 较大时，判定其为非优原因变量。

3.4.5　氰化浸出工序中的应用研究

1. 实验设计和建模数据

用于预测综合经济指标的过程变量与建立 T-PLS 评价模型的过程变量相同，参见表 3.1。从氰化浸出工序的历史生产数据中，选取正常生产工况下包含状态等级为“优”、“中”和“差”的历史数据共 1450 个样本，用于建立基于 GMM-GPR

的运行状态优性评价模型。根据综合经济指标的高低并结合专家知识，从中挑选出状态等级为“优”的 486 个样本作为非优原因追溯时的参考数据。

为了定量衡量基于 GMM-GPR 的评价模型的准确性和可靠性，这里选用如下两个指标。

均方根误差：

$$\mathrm{RMSE}=\sqrt{\frac{\sum_{n_t=1}^{N_t}(y_{n_t}-\hat{y}_{n_t})^2}{N_t}} \tag{3.32}$$

最大相对误差：

$$\mathrm{MRE}=\max_{1\leqslant n_t\leqslant N_t}\left\{\left|\frac{y_{n_t}-\hat{y}_{n_t}}{y_{n_t}}\right|\right\} \tag{3.33}$$

式中，N_t 是测试样本总数；y_{n_t} 和 $\hat{y}_{n_t}$ 分别表示第 n_t 个测试样本对应的综合经济指标实际值和预测值。经计算，建模数据的均方根误差和最大相对误差分别为 0.0017 和 0.0061，表明所建立的评价模型预测性能较好。

2. 算法验证及讨论

从历史数据中选取涵盖三种状态等级的 419 个样本用于在线测试，其运行状态历经了从“差”到“中”，再到“优”的过程。导致过程运行状态非优的原因是浸出槽 1 氰化钠流量偏低。设置评价指标阈值为 δ=0.85，滑动窗口宽度为 $H=5$。

测试数据的综合经济指标预测结果及其相对误差如图 3.18 所示。其中，相对误差计算公式为 $\mathrm{RE}_{n_t}=[y_{n_t}-\hat{y}_{n_t}]/y_{n_t}$。从图 3.18(a)可以看出，综合经济指标预测值都与实际值非常接近。图 3.18(b)中显示相对误差很小，说明综合经济指标预测结果准确可靠，可以利用其评价过程运行状态。图 3.19 中展示了基于综合经济指标预测结果构造的评价指标及非优原因追溯结果。从图 3.19(a)中可以看出，过程从开始到第 306 个采样时刻的评价指标始终小于阈值 δ。根据 3.4.3 小节中定义的评价规则，这表示在此期间过程一直运行于非优的运行状态。从第 307 个采样时刻开始，随着在线数据的评价指标高于阈值 δ，过程运行状态由非优转换为优。表 3.7 中将过程的实际运行状态与在线评价结果进行对比。由表 3.7 可知，在线评价结果与实际情况相符，即基于综合经济指标预测的过程运行状态优性评价方法能够及时有效地对过程运行状态的优劣做出正确的评价。图 3.19(b)为第 307 个采样时刻的非优原因追溯结果，从中可以看出，浸出槽 1 氰化钠流量(变量 2)、浸出槽 1 氰根离子浓度(变量 10)和浸出槽 4 氰根离子浓度(变量 11)的贡献明显大于其他变量。由于氰化钠流量为可操作变量，氰根离子浓度受氰化钠流量影响，因此真正的非优原因为浸出槽 1 氰化钠流量异常，操作工应及时调整氰化钠流量，使生产过程向最优的运行状态发展。因此，说明基于变量贡献的非优原因追溯方法能够准确地找出导致运行状态非优的变量。

表 3.7　实际过程运行状态与在线评价结果的对比

状态等级	实际情况	评价结果
差	1～150	1～151
中	151～306	152～308
优	307～419	309～419

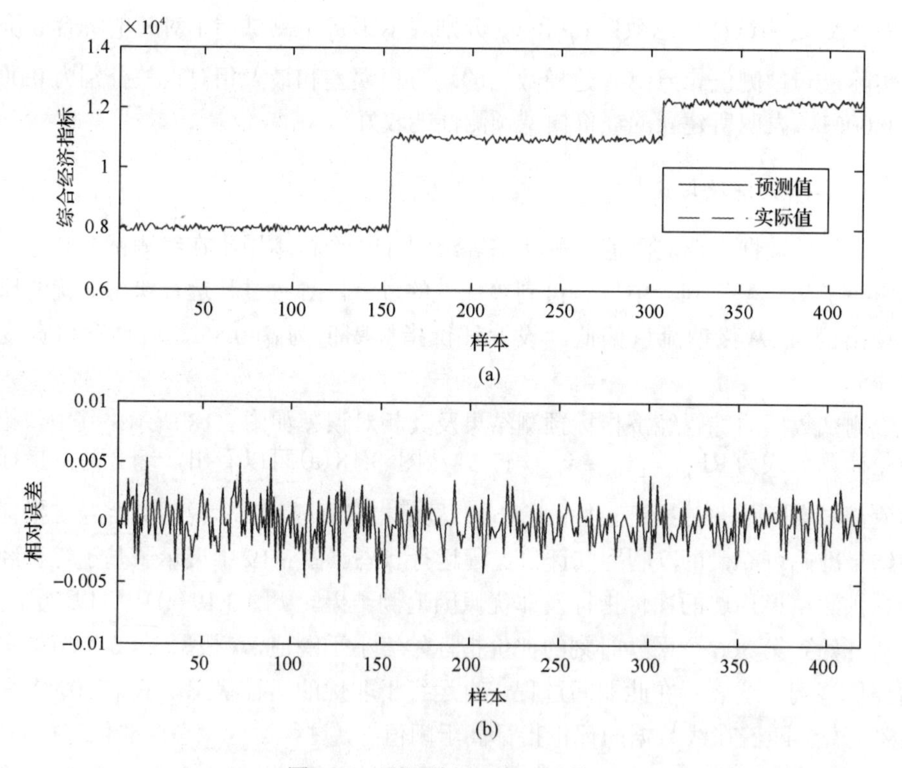

图 3.18　预测结果及相对误差

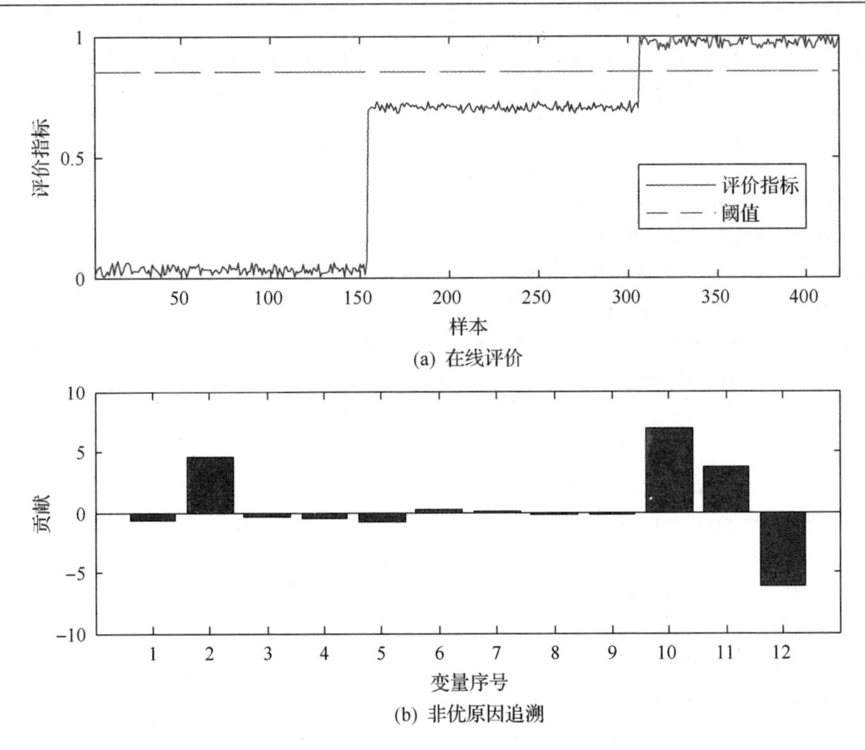

图 3.19　运行状态优性在线评价及非优原因追溯结果(第 307 个采样时刻)

参考文献

[1] Zhou D H, Li G, Qin S J. Total projection to latent structures for process monitoring. AIChE Journal, 2010, 56(1): 168-178.

[2] Johnson R A. Applied Multivariate Statistical Analysis. 6th Ed. 北京: 清华大学出版社, 2008.

[3] Qin S J, Valle S, Piovoso M J. On unifying multiblock analysis with application to decentralized process monitoring. Journal of Chemometrics, 2001, 15(9): 715-742.

[4] Li G, Qin S J, Ji Y D, et al. Total PLS based contribution plots for fault diagnosis. Acta Automatica Sinica, 2009, 35(6): 759-765.

[5] 樊继聪, 王友清, 秦泗钊. 联合指标独立成分分析在多变量过程故障诊断中的应用. 自动化学报, 2013, 39(5): 494-501.

[6] 刘强, 柴天佑, 秦泗钊, 等. 基于数据和知识的工业过程监视及故障诊断综述. 控制与决策, 2010, 25(6): 801-807.

[7] Qin S J. Survey on data-driven industrial process monitoring and diagnosis. Annual Reviews in Control, 2012, 36(2): 220-234.

[8] 黎鼎鑫, 王永录. 贵金属提取与精炼. 长沙: 中南大学出版社, 2003.

[9] 马荣骏. 湿法冶金原理. 北京: 冶金工业出版社, 2007.

[10] Jackson E. Hydrometallurgical Extraction and Reclamation. Chichester: Ellis Horwood, 1986.

[11] Abbruzzese C, Fornari P, Massidda R, et al. Thiosulphate leaching for gold hydrometallurgy. Hydrometallurgy, 1995, 39(1-3): 265-276.

[12] Leão V A, Ciminelli V S. Application of ion exchange resins in gold hydrometallurgy. A tool for cyanide recycling. Solvent Extraction and Ion Exchange, 2000, 18(3): 567-582.

[13] Jha M K, Kumar V, Singh R J. Review of hydrometallurgical recovery of zinc from industrial wastes. Resources Conservation and Recycling, 2001, 33(1): 1-22.

[14] Kumar A, Haddad R, Sastre A M. Integrated membrane process for gold recovery from hydrometallurgical solutions. AIChE Journal, 2001, 47(2): 328-340.

[15] Miltzarek G L, Sampaio C H, Cortina J L. Cyanide recovery in hydrometallurgical plants: Use of synthetic solutions constituted by metallic cyanide complexes. Minerals Engineering, 2002, 15(1): 75-82.

[16] 刘炎, 常玉清, 王福利, 等. 基于多单元均值轨迹的氰化浸出过程浸出率预测. 仪器仪表学报, 2012, 33(10): 2220-2227.

[17] Liu Y, Wang F L, Chang Y Q. Reconstruction in integrating fault spaces for fault identification with kernel independent component analysis. Chemical Engineering Research and Design, 2013, 91(6): 1071-1084.

[18] Liu Y, Wang F L, Chang Y Q. Online fuzzy assessment of operating performance and cause identification of nonoptimal grades for industrial processes. Industrial & Engineering Chemistry Research, 2013, 52(50): 18022-18030.

[19] 王惠文. 偏最小二乘回归方法及其应用. 北京: 国防工业出版社, 1999.

[20] Zhao C H, Gao F R, Niu D P, et al. A two-step basis vector extraction strategy for multiset variable correlation analysis. Chemometrics & Intelligent Laboratory Systems, 2011, 107(1): 147-154.

[21] Bakshi B R. Multiscale PCA with application to multivariate statistical process monitoring. AIChE Journal, 2010, 44(7): 1596-1610.

[22] Kramer M A. Autoassociative neural networks. Computers & Chemical Engineering, 1992, 16(4): 313-328.

[23] Yu J, Qin S J. Multimode process monitoring with Bayesian inference-based finite Gaussian mixture models. AIChE Journal, 2010, 54(7): 1811-1829.

[24] Yu J, Qin S J. Multiway Gaussian mixture model based multiphase batch process monitoring. Industrial & Engineering Chemistry Research, 2009, 48(18): 8585-8594.

[25] Yu J. Online quality prediction of nonlinear and non-Gaussian chemical processes with shifting dynamics using finite mixture model based Gaussian process regression approach. Chemical Engineering Science, 2012, 82(1): 22-30.

[26] Yu J, Chen K, Rashid M M. A Bayesian model averaging based multi-kernel Gaussian process regression framework for nonlinear state estimation and quality prediction of multiphase batch processes with transient dynamics and uncertainty. Chemical Engineering Science, 2013, 93: 96-109.

第4章　变量间具有非线性相关关系的工业过程运行状态优性评价

4.1　引　　言

随着科技的发展，现代工业生产过程的自动化程度明显提高，为了优化生产操作，工艺设计中往往会设计多个环节或工序，使得工业生产过程日趋复杂化，进而导致大量的过程变量之间普遍呈现出较强的非线性相关关系。以湿法冶金过程为例，当仅考虑湿法冶金全流程中的某个工序时，如氰化浸出工序或压滤洗涤工序，由于过程变量个数相对较少，且操作范围较为有限，过程变量之间多会呈现近似线性的相关关系；当同时考虑多个工序的生产运行情况时，过程变量个数将显著增多，且由于多个工序之间存在着相互协调与匹配作用的影响，过程变量之间往往具有非线性相关关系。第 3 章介绍了如何通过提取过程数据中与过程运行状态密切相关的变异信息实现运行状态优性的实时评价。然而，由于 T-PLS 方法[1,2]和 ORVI 方法[3]都是以过程变量间具有线性或近似线性相关关系为前提的，因此基于 T-PLS 和 ORVI 的过程运行状态优性评价方法本质上都是针对线性生产过程而言，而无法确保对非线性生产过程获得同样满意的应用效果。

本章针对过程变量之间具有非线性相关关系的工业过程，介绍两种非线性过程运行状态优性评价方法。采用核技术，将 T-PLS 方法和 ORVI 方法拓展到非线性过程，分别称之为核全潜结构投影(kernel total projection to latent structure，KT-PLS)方法[4]和核优性相关变异信息(kernel optimality-related variations information，KORVI)方法[5]。类似基于 T-PLS 和 ORVI 的过程运行状态优性评价方法之间的区别，KT-PLS 方法与 KORVI 方法之间的本质区别是在提取过程数据中的优性相关变异信息时，是否在综合经济指标的辅助之下完成。两种方法面向不同的数据情况，为非线性过程运行状态优性评价提供了有效的手段。

4.2　基于 KT-PLS 的过程运行状态优性评价

4.2.1　基本思想

在非线性数据的特征提取中，核方法[6,7]是一种最常用且简单易行的方法。核方法在概念上将数据的原始输入空间非线性地变换到一个高维的核特征空间，使得变量之间的关系趋于线性，然后在核特征空间中使用线性数据处理方法，从而得到相对于原始空间的非线性方法。核方法通过将线性方法重写为只依赖于数据点积的形势，并将点积运算替换为非线性的正定核函数来实现(用不同的非线性核函数来解释不同的非线性)，不需要复杂的非线性优化计算，且可调参数少，已成为研究热点。在现有的数据处理方法中，很多方法都是利用核方法将原有的线性方法推广为其对应的非线性形式的方法，如核主成分分析(kernel principal component analysis，KPCA)[8,9]、核偏最小二乘(kernel partial least squares，KPLS)[10]、核高斯混合模型(kernel Gaussian mixture model，KGMM)[11]等。

利用核方法将已有的 T-PLS 算法拓展到其非线性形式，即 KT-PLS 算法，形成一种新的非线性数据特征提取工具。KT-PLS 算法的基本思想是将过程输入数据通过核函数映射到一个高维核特征空间，在特征空间再运用 T-PLS 算法。核函数是以内积的形式隐式存在的，模型建立过程中，不需要求解核函数的具体表达式，这使得算法的应用极为方便。然后，根据不同状态等级包含不同的过程变异信息的特点，利用 KT-PLS 算法分别建立各个状态等级的评价模型。在线评价时，根据在线数据与各个状态等级的评价指标实时评价过程的运行状态。当过程运行状态非优时，通过计算过程变量对评价指标的贡献，识别出导致过程运行状态非优的原因变量。

4.2.2 KT-PLS 评价模型的建立

将一个状态等级的建模数据记为 $\boldsymbol{X}=[\boldsymbol{x}_1,\boldsymbol{x}_2,\cdots,\boldsymbol{x}_N]^{\mathrm{T}}\in\Re^{N\times J_x}$ 和 $\boldsymbol{Y}\in\Re^{N\times J_y}$。引入非线性映射函数 $\Phi(\cdot)$，将过程数据由输入空间投影到特征空间 $\boldsymbol{F}$：$\boldsymbol{x}_n\in\Re^{J_x\times 1}\to\Phi(\boldsymbol{x}_n)\in\Re^{h\times 1}$，$n=1,2,\cdots,N$，该特征空间的维数 h 可以是任意大甚至无限大。$\boldsymbol{X}$ 经非线性映射后记为 $\Phi_{\mathrm{raw}}(\boldsymbol{X})=[\Phi_{\mathrm{raw}}(\boldsymbol{x}_1),\Phi_{\mathrm{raw}}(\boldsymbol{x}_2),\cdots,\Phi_{\mathrm{raw}}(\boldsymbol{x}_N)]^{\mathrm{T}}$。对 $\Phi_{\mathrm{raw}}(\boldsymbol{X})$ 进行均值中心化处理，即

$$\Phi(\boldsymbol{X})=\Phi_{\mathrm{raw}}(\boldsymbol{X})-\mathbf{1}_N\Phi(\bar{\boldsymbol{x}})^{\mathrm{T}} \tag{4.1}$$

式中，$\mathbf{1}_N=[1,1,\cdots,1]^{\mathrm{T}}\in\Re^{N\times 1}$；$\Phi(\bar{\boldsymbol{x}})=\sum_{n=1}^{N}\Phi_{\mathrm{raw}}(\boldsymbol{x}_n)\Big/N$ 是 $\Phi_{\mathrm{raw}}(\boldsymbol{X})$ 的均值向量。基于 $\Phi_{\mathrm{raw}}(\boldsymbol{X})$ 定义 Gram 矩阵 $\boldsymbol{K}_{\mathrm{raw}}=\Phi_{\mathrm{raw}}(\boldsymbol{X})\Phi_{\mathrm{raw}}(\boldsymbol{X})^{\mathrm{T}}$，其中 $K_{\mathrm{raw},mn}=k_{\mathrm{raw}}(\boldsymbol{x}_n,\boldsymbol{x}_m)=\Phi_{\mathrm{raw}}(\boldsymbol{x}_n)^{\mathrm{T}}\Phi_{\mathrm{raw}}(\boldsymbol{x}_m)$ 表示 $\boldsymbol{K}_{\mathrm{raw}}$ 的第 n 行第 m 列元素，核函数选为 RBF 核，即 $k_{\mathrm{raw}}(\boldsymbol{x}_n,\boldsymbol{x}_m)=\exp(-\|\boldsymbol{x}_n-\boldsymbol{x}_m\|^2/2\sigma)$。根据式(4.1)，均值中心化后的 $\boldsymbol{K}_{\mathrm{raw}}$ 可表示为

$$\boldsymbol{K}=\boldsymbol{K}_{\mathrm{raw}}-\tilde{\mathbf{1}}_N\boldsymbol{K}_{\mathrm{raw}}-\boldsymbol{K}_{\mathrm{raw}}\tilde{\mathbf{1}}_N+\tilde{\mathbf{1}}_N\boldsymbol{K}_{\mathrm{raw}}\tilde{\mathbf{1}}_N \tag{4.2}$$

式中，$\tilde{\mathbf{1}}_N = \frac{1}{N}\begin{bmatrix} 1 & \cdots & 1 \\ \vdots & & \vdots \\ 1 & \cdots & 1 \end{bmatrix} \in \Re^{N\times N}$。

设 $\boldsymbol{t} = \Phi(\boldsymbol{X})\boldsymbol{\alpha}_{\Phi}$，$\boldsymbol{u} = \boldsymbol{Y}\boldsymbol{v}$，且满足 $\boldsymbol{\alpha}_{\Phi}^{\mathrm{T}}\boldsymbol{\alpha}_{\Phi} = 1$，$\boldsymbol{v}^{\mathrm{T}}\boldsymbol{v} = 1$，则 KPLS 算法[10]的目标是求取参数 $\boldsymbol{\alpha}_{\Phi}$ 和 $\boldsymbol{v}$，使得下述目标函数取得最大值：

$$\max_{\boldsymbol{\alpha}_{\Phi}} \{r(\boldsymbol{t},\boldsymbol{u})\} = \boldsymbol{\alpha}_{\Phi}^{\mathrm{T}}\Phi(\boldsymbol{X})^{\mathrm{T}}\boldsymbol{Y}\boldsymbol{v} \tag{4.3}$$

存在 N 维列向量 $\boldsymbol{\alpha}$，使得

$$\boldsymbol{\alpha}_{\Phi} = \Phi(\boldsymbol{X})^{\mathrm{T}}\boldsymbol{\alpha} \tag{4.4}$$

将式(4.4)代入式(4.3)，可得

$$\max_{\boldsymbol{\alpha}} \{r(\boldsymbol{t},\boldsymbol{u})\} = \boldsymbol{\alpha}^{\mathrm{T}}\Phi(\boldsymbol{X})\Phi(\boldsymbol{X})^{\mathrm{T}}\boldsymbol{Y}\boldsymbol{v} = \boldsymbol{\alpha}^{\mathrm{T}}\boldsymbol{K}\boldsymbol{Y}\boldsymbol{v} \tag{4.5}$$

且有 $\boldsymbol{\alpha}_{\Phi}^{\mathrm{T}}\boldsymbol{\alpha}_{\Phi} = \boldsymbol{\alpha}^{\mathrm{T}}\boldsymbol{K}\boldsymbol{\alpha} = 1$ 和 $\boldsymbol{v}^{\mathrm{T}}\boldsymbol{v} = 1$。为了求取式(4.5)中的 $\boldsymbol{\alpha}$ 和 $\boldsymbol{v}$，构造拉格朗日函数：

$$L(\boldsymbol{\alpha},\boldsymbol{v},\lambda,\mu) = \boldsymbol{\alpha}^{\mathrm{T}}\boldsymbol{K}\boldsymbol{Y}\boldsymbol{v} - \frac{1}{2}\lambda(\boldsymbol{\alpha}^{\mathrm{T}}\boldsymbol{K}\boldsymbol{\alpha} - 1) - \frac{1}{2}\mu(\boldsymbol{v}^{\mathrm{T}}\boldsymbol{v} - 1) \tag{4.6}$$

式中，$\lambda/2$ 和 $\mu/2$ 是拉格朗日乘子。分别计算 $L(\boldsymbol{\alpha},\boldsymbol{v},\lambda,\mu)$ 对 $\boldsymbol{\alpha}$ 和 $\boldsymbol{v}$ 的偏导数并令其等于 0，可得

$$\frac{\partial L}{\partial \boldsymbol{\alpha}} = \boldsymbol{K}\boldsymbol{Y}\boldsymbol{v} - \lambda\boldsymbol{K}\boldsymbol{\alpha} = 0 \tag{4.7}$$

$$\frac{\partial L}{\partial \boldsymbol{v}} = \boldsymbol{Y}^{\mathrm{T}}\boldsymbol{K}\boldsymbol{\alpha} - \mu\boldsymbol{v} = 0 \tag{4.8}$$

由式(4.7)和式(4.8)可得

$$\boldsymbol{\alpha}^{\mathrm{T}}\boldsymbol{K}\boldsymbol{Y}\boldsymbol{v} = \lambda \tag{4.9}$$

$$\boldsymbol{v}^{\mathrm{T}}\boldsymbol{Y}^{\mathrm{T}}\boldsymbol{K}\boldsymbol{\alpha} = \mu \tag{4.10}$$

因此，有 $\lambda = \lambda^{\mathrm{T}} = \boldsymbol{v}^{\mathrm{T}}\boldsymbol{Y}^{\mathrm{T}}\boldsymbol{K}\boldsymbol{\alpha} = \mu$。那么，式(4.7)和式(4.8)可以进一步写为

$$\boldsymbol{K}\boldsymbol{Y}\boldsymbol{v} = \lambda\boldsymbol{K}\boldsymbol{\alpha} \tag{4.11}$$

$$\boldsymbol{Y}^{\mathrm{T}}\boldsymbol{K}\boldsymbol{\alpha} = \lambda\boldsymbol{v} \tag{4.12}$$

又由于 $\boldsymbol{K}$ 是正定矩阵，并结合式(4.11)和式(4.12)可得

$$\boldsymbol{Y}\boldsymbol{Y}^{\mathrm{T}}\boldsymbol{K}\boldsymbol{\alpha} = \lambda^2\boldsymbol{\alpha} \tag{4.13}$$

$$\boldsymbol{Y}^{\mathrm{T}}\boldsymbol{K}\boldsymbol{Y}\boldsymbol{v}=\lambda^2\boldsymbol{v} \tag{4.14}$$

由于 $\max\limits_{\boldsymbol{\alpha}}\{r(\boldsymbol{t},\boldsymbol{u})\}=\boldsymbol{\alpha}^{\mathrm{T}}\boldsymbol{K}\boldsymbol{Y}\boldsymbol{v}=\lambda$，因此求解构造性优化问题(4.5)可转变为求解如式(4.13)和式(4.14)所示的两个特征方程问题。当 $\boldsymbol{\alpha}$ 和 $\boldsymbol{v}$ 是两个特征方程中最大特征值所对应的特征向量时，$\boldsymbol{\alpha}^{\mathrm{T}}\boldsymbol{K}\boldsymbol{Y}\boldsymbol{v}$ 等于最大特征值 λ。

得到 $\boldsymbol{\alpha}$ 和 $\boldsymbol{v}$ 后，按照如下步骤计算得分向量 $\boldsymbol{t}$ 和 $\boldsymbol{u}$。

(1) $\Phi(\boldsymbol{X})$ 的得分向量：$\boldsymbol{t}=\Phi(\boldsymbol{X})\boldsymbol{\alpha}_{\Phi}=\Phi(\boldsymbol{X})\Phi(\boldsymbol{X})^{\mathrm{T}}\boldsymbol{\alpha}=\boldsymbol{K}\boldsymbol{\alpha},\boldsymbol{t}\leftarrow\boldsymbol{t}/\|\boldsymbol{t}\|$。

(2) $\boldsymbol{Y}$ 的得分向量：$\boldsymbol{u}=\boldsymbol{Y}\boldsymbol{v}$，$\boldsymbol{u}\leftarrow\boldsymbol{u}/\|\boldsymbol{u}\|$。

(3) $\Phi(\boldsymbol{X})$ 的权重向量：$\boldsymbol{w}=\Phi(\boldsymbol{X})^{\mathrm{T}}\boldsymbol{u}$。

(4) $\Phi(\boldsymbol{X})$ 的负载向量：$\boldsymbol{p}=\Phi(\boldsymbol{X})^{\mathrm{T}}\boldsymbol{t}$。

(5) $\boldsymbol{Y}$ 的负载向量：$\boldsymbol{q}=\boldsymbol{Y}^{\mathrm{T}}\boldsymbol{t}$。

按照如下方式更新 $\boldsymbol{K}$ 和 $\boldsymbol{Y}$：

$$\boldsymbol{K}\leftarrow(\boldsymbol{I}-\boldsymbol{t}\boldsymbol{t}^{\mathrm{T}})\boldsymbol{K}(\boldsymbol{I}-\boldsymbol{t}\boldsymbol{t}^{\mathrm{T}}) \tag{4.15}$$

$$\boldsymbol{Y}\leftarrow(\boldsymbol{I}-\boldsymbol{t}\boldsymbol{t}^{\mathrm{T}})\boldsymbol{Y} \tag{4.16}$$

当得分向量达到预先设定的个数，计算终止；否则，重复上述步骤计算下一个得分向量。

综上，利用 KPLS 算法[10]，实现对 $(\Phi(\boldsymbol{X}),\boldsymbol{Y})$ 在高维特征空间的分解：

$$\begin{cases}\boldsymbol{\Phi}(\boldsymbol{X})=\boldsymbol{T}\boldsymbol{P}^{\mathrm{T}}+\boldsymbol{E}=\hat{\Phi}(\boldsymbol{X})+\tilde{\Phi}(\boldsymbol{X})\\ \boldsymbol{Y}=\boldsymbol{T}\boldsymbol{Q}^{\mathrm{T}}+\boldsymbol{F}\end{cases} \tag{4.17}$$

式中，$\boldsymbol{T}\in\Re^{N\times A}$ 为 $\boldsymbol{\Phi}(\boldsymbol{X})$ 的得分矩阵；$\boldsymbol{P}\in\Re^{h\times A}$ 为 $\boldsymbol{\Phi}(\boldsymbol{X})$ 的负载矩阵；$\boldsymbol{Q}\in\Re^{J_y\times A}$ 为 $\boldsymbol{Y}$ 的负载矩阵；$\hat{\Phi}(\boldsymbol{X})$ 和 $\tilde{\Phi}(\boldsymbol{X})$ 分别为 $\Phi(\boldsymbol{X})$ 的主要过程变异信息以及残差信息；A 为保留的主成分个数；$\hat{\Phi}(\boldsymbol{X})=\boldsymbol{T}\boldsymbol{T}^{\mathrm{T}}\Phi(\boldsymbol{X})$；$\tilde{\Phi}(\boldsymbol{X})=(\boldsymbol{I}-\boldsymbol{T}\boldsymbol{T}^{\mathrm{T}})\Phi(\boldsymbol{X})$。

类似于 T-PLS 算法，KT-PLS 算法的本质是在式(4.17)的基础上，首先对 $\hat{\boldsymbol{Y}}=\boldsymbol{T}\boldsymbol{Q}^{\mathrm{T}}$ 部分进行 PCA 分解，即

$$\hat{\boldsymbol{Y}}=\boldsymbol{T}\boldsymbol{Q}^{\mathrm{T}}=\boldsymbol{T}_y\boldsymbol{Q}_y^{\mathrm{T}}+\tilde{\boldsymbol{F}} \tag{4.18}$$

式中，$\boldsymbol{T}_y\in\Re^{N\times A_y}$；$\boldsymbol{Q}_y\in\Re^{J_y\times A_y}$，$A_y=\mathrm{rank}(\boldsymbol{Q}_y)$；$\tilde{\boldsymbol{F}}\in\Re^{N\times J_y}$。

然后，定义 $\hat{\Phi}_y(\boldsymbol{X})=\boldsymbol{T}_y\boldsymbol{P}_y^{\mathrm{T}}$，表示 $\hat{\Phi}(\boldsymbol{X})$ 中与 $\boldsymbol{Y}$ 直接相关的过程变异信息，$\boldsymbol{P}_y^{\mathrm{T}}=(\boldsymbol{T}_y^{\mathrm{T}}\boldsymbol{T}_y)^{-1}\boldsymbol{T}_y^{\mathrm{T}}\hat{\Phi}(\boldsymbol{X})$。

那么，利用上述 KT-PLS 算法，$(\Phi(\boldsymbol{X}),\boldsymbol{Y})$ 最终被分解为如下形式：

$$\begin{cases}\boldsymbol{\Phi}(\boldsymbol{X})=\boldsymbol{T}_y\boldsymbol{P}_y^{\mathrm{T}}+\hat{\boldsymbol{\Phi}}(\boldsymbol{X})\\ \boldsymbol{Y}=\boldsymbol{T}_y\boldsymbol{Q}_y^{\mathrm{T}}+\hat{\boldsymbol{F}}\end{cases}\tag{4.19}$$

式中，得分矩阵 $\boldsymbol{T}_y$ 表示原始得分矩阵 $\boldsymbol{T}$ 中与 $\boldsymbol{Y}$ 直接相关的变异信息，同时也是过程运行状态优性评价中起着主导作用的信息；而 $\hat{\boldsymbol{\Phi}}(\boldsymbol{X})=\hat{\boldsymbol{\Phi}}(\boldsymbol{X})-\hat{\boldsymbol{\Phi}}_y(\boldsymbol{X})+\tilde{\boldsymbol{\Phi}}(\boldsymbol{X})=(\boldsymbol{I}-\boldsymbol{T}_y(\boldsymbol{T}_y^{\mathrm{T}}\boldsymbol{T}_y)^{-1}\boldsymbol{T}_y^{\mathrm{T}})\hat{\boldsymbol{\Phi}}(\boldsymbol{X})+\tilde{\boldsymbol{\Phi}}(\boldsymbol{X})$ 则表示原始过程数据 $\boldsymbol{\Phi}(\boldsymbol{X})$ 中与 $\boldsymbol{Y}$ 关系甚微的变异信息，不适合用于过程运行状态优性评价；$\hat{\boldsymbol{F}}=\boldsymbol{F}+\tilde{\boldsymbol{F}}$ 为 $\boldsymbol{Y}$ 的残差矩阵。

对于新样本 $\boldsymbol{x}_{\text{new}}$，经映射后的原始向量为 $\boldsymbol{\Phi}_{\text{raw}}(\boldsymbol{x}_{\text{new}})$，其均值中心化形式及相应的核向量分别为

$$\boldsymbol{\Phi}(\boldsymbol{x}_{\text{new}})=\boldsymbol{\Phi}_{\text{raw}}(\boldsymbol{x}_{\text{new}})-\boldsymbol{\Phi}(\overline{\boldsymbol{x}})\tag{4.20}$$

$$\boldsymbol{k}_{\text{raw,new}}=\boldsymbol{\Phi}_{\text{raw}}(\boldsymbol{X})\boldsymbol{\Phi}_{\text{raw}}(\boldsymbol{x}_{\text{new}})=[k_{\text{raw}}(\boldsymbol{x}_1,\boldsymbol{x}_{\text{new}}),\cdots,k_{\text{raw}}(\boldsymbol{x}_N,\boldsymbol{x}_{\text{new}})]^{\mathrm{T}}\tag{4.21}$$

由式(4.20)和式(4.21)可知，$\boldsymbol{k}_{\text{raw,new}}$ 的均值中心化形式为

$$\boldsymbol{k}_{\text{new}}=\boldsymbol{k}_{\text{raw,new}}-\boldsymbol{K}_{\text{raw}}\mathbf{1}_N-(1/N)\cdot\tilde{\mathbf{1}}_N\boldsymbol{k}_{\text{raw,new}}+(1/N)\cdot\tilde{\mathbf{1}}_N\boldsymbol{K}_{\text{raw}}\mathbf{1}_N\tag{4.22}$$

由 KT-PLS 算法可知，权重矩阵 $\boldsymbol{R}$ 由如下方式计算：

$$\begin{aligned}\boldsymbol{R}&=\boldsymbol{W}(\boldsymbol{P}^{\mathrm{T}}\boldsymbol{W})^{-1}\\&=\boldsymbol{\Phi}(\boldsymbol{X})^{\mathrm{T}}\boldsymbol{U}\left[(\boldsymbol{\Phi}(\boldsymbol{X})^{\mathrm{T}}\boldsymbol{T})^{\mathrm{T}}\boldsymbol{\Phi}(\boldsymbol{X})^{\mathrm{T}}\boldsymbol{U}\right]^{-1}\\&=\boldsymbol{\Phi}(\boldsymbol{X})^{\mathrm{T}}\boldsymbol{U}\left[\boldsymbol{T}^{\mathrm{T}}\boldsymbol{\Phi}(\boldsymbol{X})\boldsymbol{\Phi}(\boldsymbol{X})^{\mathrm{T}}\boldsymbol{U}\right]^{-1}\\&=\boldsymbol{\Phi}(\boldsymbol{X})^{\mathrm{T}}\boldsymbol{U}(\boldsymbol{T}^{\mathrm{T}}\boldsymbol{K}\boldsymbol{U})^{-1}\end{aligned}\tag{4.23}$$

式中，$\boldsymbol{U}$ 为 $\boldsymbol{Y}$ 的得分矩阵。因此，$\boldsymbol{\Phi}(\boldsymbol{x}_{\text{new}})$ 的得分向量可按如下方式计算：

$$\begin{aligned}\boldsymbol{t}_y&=\boldsymbol{Q}_y^{\mathrm{T}}\boldsymbol{Q}\boldsymbol{R}^{\mathrm{T}}\boldsymbol{\Phi}(\boldsymbol{x}_{\text{new}})\\&=\boldsymbol{Q}_y^{\mathrm{T}}\boldsymbol{Q}\left[\boldsymbol{\Phi}(\boldsymbol{X})^{\mathrm{T}}\boldsymbol{U}(\boldsymbol{T}^{\mathrm{T}}\boldsymbol{K}\boldsymbol{U})^{-1}\right]^{\mathrm{T}}\boldsymbol{\Phi}(\boldsymbol{x}_{\text{new}})\\&=\boldsymbol{Q}_y^{\mathrm{T}}\boldsymbol{Q}(\boldsymbol{U}^{\mathrm{T}}\boldsymbol{K}\boldsymbol{T})^{-1}\boldsymbol{U}^{\mathrm{T}}\boldsymbol{\Phi}(\boldsymbol{X})\boldsymbol{\Phi}(\boldsymbol{x}_{\text{new}})\\&=\boldsymbol{Q}_y^{\mathrm{T}}\boldsymbol{Q}(\boldsymbol{U}^{\mathrm{T}}\boldsymbol{K}\boldsymbol{T})^{-1}\boldsymbol{U}^{\mathrm{T}}\boldsymbol{k}_{\text{new}}\\&=\boldsymbol{G}_y\boldsymbol{k}_{\text{new}}\end{aligned}\tag{4.24}$$

式中，$\boldsymbol{G}_y=\boldsymbol{Q}_y^{\mathrm{T}}\boldsymbol{Q}(\boldsymbol{U}^{\mathrm{T}}\boldsymbol{K}\boldsymbol{T})^{-1}\boldsymbol{U}^{\mathrm{T}}$。

对于单输出情况，参照 T-PLS 算法，令 $\boldsymbol{t}_y=\boldsymbol{T}\boldsymbol{q}^{\mathrm{T}}$，并记 $\hat{\boldsymbol{\Phi}}_y(\boldsymbol{X})=\boldsymbol{t}_y\boldsymbol{p}_y^{\mathrm{T}}$ 表示 $\hat{\boldsymbol{\Phi}}(\boldsymbol{X})$

与 $\boldsymbol{y}$ 直接相关的过程变异信息，则 $(\boldsymbol{\Phi}(\boldsymbol{X}), \boldsymbol{y})$ 可被分解为

$$\begin{cases} \boldsymbol{\Phi}(\boldsymbol{X}) = \boldsymbol{t}_y \boldsymbol{p}_y^{\mathrm{T}} + \hat{\boldsymbol{\Phi}}(\boldsymbol{X}) \\ \boldsymbol{y} = \boldsymbol{t}_y + \boldsymbol{f} \end{cases} \tag{4.25}$$

式中，$\boldsymbol{p}_y^{\mathrm{T}} = \boldsymbol{t}_y^{\mathrm{T}} \hat{\boldsymbol{\Phi}}(\boldsymbol{X}) / \boldsymbol{t}_y^{\mathrm{T}} \boldsymbol{t}_y$；$\boldsymbol{t}_y$ 表示原始得分矩阵 $\boldsymbol{T}$ 中与 $\boldsymbol{y}$ 直接相关的变异信息，用于运行状态优性评价；$\hat{\boldsymbol{\Phi}}(\boldsymbol{X})$ 表示原始过程数据 $\boldsymbol{\Phi}(\boldsymbol{X})$ 中与 $\boldsymbol{y}$ 关系甚微的变异信息，不适合用于过程运行状态优性评价。

此时，新样本 $\boldsymbol{x}_{\mathrm{new}}$ 的得分可按如下方式计算：

$$t_y = \boldsymbol{q}\boldsymbol{R}^{\mathrm{T}} \boldsymbol{\Phi}(\boldsymbol{x}_{\mathrm{new}}) = \boldsymbol{q}(\boldsymbol{U}^{\mathrm{T}} \boldsymbol{K}\boldsymbol{T})^{-1} \boldsymbol{U}^{\mathrm{T}} \overline{\boldsymbol{k}}_{\mathrm{new}} = \boldsymbol{G}_y \boldsymbol{k}_{\mathrm{new}} \tag{4.26}$$

根据专家经验和过程知识将历史正常生产数据划分为 C 个状态等级，每个状态等级的建模数据记为 $(\boldsymbol{X}^c, \boldsymbol{Y}^c)$，$c = 1, 2, \cdots, C$。利用 KT-PLS 算法建立各个状态等级的评价模型 $\boldsymbol{G}_y^c$ 并计算得分矩阵 $\boldsymbol{T}_y^c$。

4.2.3 基于 KT-PLS 的过程运行状态优性在线评价

在线评价时，将 k 时刻的滑动数据窗口记为 $\boldsymbol{X}_k = [\boldsymbol{x}_{k-H+1}, \cdots, \boldsymbol{x}_k]^{\mathrm{T}}$，并用 $\overline{\boldsymbol{x}}_k$ 表示其均值向量。

首先，计算 $\overline{\boldsymbol{x}}_k$ 的核向量 $\boldsymbol{k}_{\mathrm{raw},k}^c = [k_{\mathrm{raw}}(\boldsymbol{x}_1^c, \overline{\boldsymbol{x}}_k), \cdots, k_{\mathrm{raw}}(\boldsymbol{x}_{N^c}^c, \overline{\boldsymbol{x}}_k)]^{\mathrm{T}}$，并将均值中心化后的 $\boldsymbol{k}_{\mathrm{raw},k}^c$ 记为 $\boldsymbol{k}_k^c$。

其次，计算 $\overline{\boldsymbol{x}}_k^c$ 的得分向量：

$$\boldsymbol{t}_{y,k}^c = \boldsymbol{G}_y^c \boldsymbol{k}_k^c \tag{4.27}$$

再次，可以得到在线数据 $\overline{\boldsymbol{x}}_k^c$ 与状态等级 c 之间的距离：

$$d_k^c = \left\| \boldsymbol{t}_{y,k}^c - \overline{\boldsymbol{t}}_y^c \right\|^2 \tag{4.28}$$

式中，$\overline{\boldsymbol{t}}_y^c$ 为 $\boldsymbol{T}_y^c$ 的均值向量。由于 $\overline{\boldsymbol{t}}_y^c = 0$，式(4.28)被进一步简化为 $d_k^c = \left\| \boldsymbol{t}_{y,k}^c \right\|^2$。

计算在线数据 $\overline{\boldsymbol{x}}_k^c$ 相对于状态等级 c 的评价指标如下：

$$\gamma_k^c = \begin{cases} \dfrac{1/d_k^c}{\sum\limits_{c=1}^{C} 1/d_k^c}, & d_k^c \neq 0 \\ 1, \text{且} \gamma_k^q = 0(q = 1, 2, \cdots, C; q \neq c), & d_k^c = 0 \end{cases} \tag{4.29}$$

式中，$\sum_{c=1}^{C}\gamma_k^c=1$，$0\leqslant\gamma_k^c\leqslant 1$。

最后，利用 3.2.3 小节所介绍的在线评价规则，根据评价指标的大小及变化趋势，实时评价过程所处的状态等级或状态等级之间的转换过程。

4.2.4　基于变量贡献的非线性过程非优原因追溯

线性过程中，可以通过对评价指标的分解来获得过程变量对其的贡献。然而，在基于核方法的非线性模型中，由于无法对评价指标进行分解，难以构造过程变量对评价指标的贡献。Peng 等[12]提出了非线性模型的贡献求解方法，其本质思想是计算监测统计量对变量比例因子的变化率或梯度，并将该变化率定义为相应变量对统计量的贡献。本节中利用类似的概念实现非线性过程的非优原因追溯。

由于计算评价指标 γ_k^{opt} 相对于各个过程变量的变化率等价于计算 d_k^{opt} 对各个过程变量的变化率，因此这里仍以 d_k^{opt} 作为分析对象。在线数据与状态等级“优”的建模数据之间的距离 d_k^{opt} 可表示为

$$d_k^{\text{opt}}=\boldsymbol{t}_k^{\text{optT}}\boldsymbol{t}_k^{\text{opt}}=\boldsymbol{k}_k^{\text{optT}}\boldsymbol{G}_k^{\text{optT}}\boldsymbol{G}_k^{\text{opt}}\boldsymbol{k}_k^{\text{opt}}=\text{tr}(\boldsymbol{G}_k^{\text{opt}}\boldsymbol{k}_k^{\text{opt}}\boldsymbol{k}_k^{\text{optT}}\boldsymbol{G}_k^{\text{optT}}) \tag{4.30}$$

那么，将第 j 个变量对 d_k^{opt} 的贡献定义为

$$\begin{aligned}\text{Contr}_j^{\text{raw}}&=\left|\frac{\partial d_k^{\text{opt}}}{\partial \overline{x}_{k,j}^{\text{opt}}}\cdot\Delta\overline{x}_{k,j}^{\text{opt}}\right|=\left|\left(\frac{\partial}{\partial \overline{x}_{k,j}^{\text{opt}}}\text{tr}(\boldsymbol{G}_k^{\text{opt}}\boldsymbol{k}_k^{\text{opt}}\boldsymbol{k}_k^{\text{optT}}\boldsymbol{G}_k^{\text{optT}})\right)\cdot\Delta\overline{x}_{k,j}^{\text{opt}}\right|\\&=\left|\text{tr}\left[\boldsymbol{G}_k^{\text{opt}}\left(\frac{\partial \boldsymbol{k}_k^{\text{opt}}\boldsymbol{k}_k^{\text{optT}}}{\partial \overline{x}_{k,j}^{\text{opt}}}\right)\boldsymbol{G}_k^{\text{optT}}\right]\cdot\Delta\overline{x}_{k,j}^{\text{opt}}\right|,\quad j=1,2,\cdots,J_x\end{aligned} \tag{4.31}$$

式中，$\Delta\overline{x}_{k,j}^{\text{opt}}$ 为 $\Delta\overline{\boldsymbol{x}}_k^{\text{opt}}=\overline{\boldsymbol{x}}_k^{\text{opt}}-\overline{\boldsymbol{x}}^{\text{opt}}$ 的第 j 个变量；$\overline{\boldsymbol{x}}^{\text{opt}}$ 是状态等级“优”建模数据的均值向量；$\text{tr}(\cdot)$ 表示矩阵的迹。

为了获得贡献 Contr_j 的精确解析形式，需要分别求解 $\boldsymbol{k}_k^{\text{opt}}\boldsymbol{k}_k^{\text{optT}}$ 和 $\boldsymbol{k}_n^{\text{opt}}\boldsymbol{k}_n^{\text{optT}}$ 对过程变量 $\overline{x}_{k,j}^{\text{opt}}$ 和 $x_{n,j}^{\text{opt}}$ 的偏导数。以求解 $\boldsymbol{k}_k^{\text{opt}}\boldsymbol{k}_k^{\text{optT}}$ 对 $\overline{x}_{k,j}^{\text{opt}}$ 的偏导数为例，进行如下准备工作。

(1) 计算核函数对 $\overline{x}_{k,j}^{\text{opt}}$ 的偏导数：

$$\frac{\partial k_{\text{raw}}(x_n,\overline{x}_k^{\text{opt}})}{\partial \overline{x}_{k,j}^{\text{opt}}}=\frac{1}{\sigma}(x_{n,j}-\overline{x}_{k,j}^{\text{opt}})k_{\text{raw}}(x_n,\overline{x}_k^{\text{opt}}) \tag{4.32}$$

(2) 计算两个核函数乘积对 $\overline{x}_{k,j}^{\text{opt}}$ 的偏导数：

$$\begin{aligned}\frac{\partial k_{\text{raw}}(\boldsymbol{x}_n,\overline{\boldsymbol{x}}_k^{\text{opt}})k_{\text{raw}}(\boldsymbol{x}_q,\overline{\boldsymbol{x}}_k^{\text{opt}})}{\partial \overline{x}_{k,j}^{\text{opt}}}&=\frac{\partial k_{\text{raw}}(\boldsymbol{x}_n,\overline{\boldsymbol{x}}_k^{\text{opt}})}{\partial \overline{x}_{k,j}^{\text{opt}}}k_{\text{raw}}(\boldsymbol{x}_q,\overline{\boldsymbol{x}}_k^{\text{opt}})\\&\quad+k_{\text{raw}}(\boldsymbol{x}_n,\overline{\boldsymbol{x}}_k^{\text{opt}})\frac{\partial k_{\text{raw}}(\boldsymbol{x}_q,\overline{\boldsymbol{x}}_k^{\text{opt}})}{\partial \overline{x}_{k,j}^{\text{opt}}}\\&=\frac{1}{\sigma}(x_{n,j}+x_{q,j}-2\overline{x}_{k,j}^{\text{opt}})k_{\text{raw}}(\boldsymbol{x}_n,\overline{\boldsymbol{x}}_k^{\text{opt}})k_{\text{raw}}(\boldsymbol{x}_q,\overline{\boldsymbol{x}}_k^{\text{opt}})\end{aligned}\tag{4.33}$$

(3) 计算 $\boldsymbol{k}_k^{\text{opt}}\boldsymbol{k}_k^{\text{optT}}$ 中第 p 行第 q 列元素对 $\overline{x}_{k,j}^{\text{opt}}$ 的偏导数：

$$\begin{aligned}\frac{\partial(\boldsymbol{k}_k^{\text{opt}}\boldsymbol{k}_k^{\text{optT}})_{pq}}{\partial \overline{x}_{k,j}^{\text{opt}}}&=\frac{\partial k_{\text{raw}}(\boldsymbol{x}_p,\overline{\boldsymbol{x}}_k^{\text{opt}})k_{\text{raw}}(\boldsymbol{x}_q,\overline{\boldsymbol{x}}_k^{\text{opt}})}{\partial \overline{x}_{k,j}^{\text{opt}}}+(\tilde{a}-a_q)\frac{\partial k_{\text{raw}}(\boldsymbol{x}_p,\overline{\boldsymbol{x}}_k^{\text{opt}})}{\partial \overline{x}_{k,j}^{\text{opt}}}\\&\quad+(\tilde{a}-a_p)\frac{\partial k_{\text{raw}}(\boldsymbol{x}_q,\overline{\boldsymbol{x}}_k^{\text{opt}})}{\partial \overline{x}_{k,j}^{\text{opt}}}-\frac{1}{N^{\text{opt}}}\sum_{n=1}^{N^{\text{opt}}}\frac{\partial k_{\text{raw}}(\boldsymbol{x}_n,\overline{\boldsymbol{x}}_k^{\text{opt}})k_{\text{raw}}(\boldsymbol{x}_p,\overline{\boldsymbol{x}}_k^{\text{opt}})}{\partial \overline{x}_{k,j}^{\text{opt}}}\\&\quad-\frac{1}{N^{\text{opt}}}\sum_{n=1}^{N^{\text{opt}}}\frac{\partial k_{\text{raw}}(\boldsymbol{x}_n,\overline{\boldsymbol{x}}_k^{\text{opt}})k_{\text{raw}}(\boldsymbol{x}_q,\overline{\boldsymbol{x}}_k^{\text{opt}})}{\partial \overline{x}_{k,j}^{\text{opt}}}\\&\quad+\frac{(a_p+a_q-2\tilde{a})}{N^{\text{opt}}}\sum_{n=1}^{N^{\text{opt}}}\frac{\partial k_{\text{raw}}(\boldsymbol{x}_n,\overline{\boldsymbol{x}}_k^{\text{opt}})}{\partial \overline{x}_{k,j}^{\text{opt}}}\\&\quad+\frac{1}{(N^{\text{opt}})^2}\sum_{n=1}^{N^{\text{opt}}}\sum_{n'=1}^{N^{\text{opt}}}\frac{\partial k_{\text{raw}}(\boldsymbol{x}_n,\overline{\boldsymbol{x}}_k^{\text{opt}})k_{\text{raw}}(\boldsymbol{x}_{n'},\overline{\boldsymbol{x}}_k^{\text{opt}})}{\partial \overline{x}_{k,j}^{\text{opt}}}\\&=\frac{1}{\sigma}(x_{p,j}+x_{q,j}-2\overline{x}_{k,j}^{\text{opt}})k_{\text{raw}}(\boldsymbol{x}_p,\overline{\boldsymbol{x}}_k^{\text{opt}})k_{\text{raw}}(\boldsymbol{x}_q,\overline{\boldsymbol{x}}_k^{\text{opt}})\\&\quad+\frac{(\tilde{a}-a_q)}{\sigma}(x_{p,j}-\overline{x}_{k,j}^{\text{opt}})k_{\text{raw}}(\boldsymbol{x}_p,\overline{\boldsymbol{x}}_k^{\text{opt}})+\frac{(\tilde{a}-a_p)}{\sigma}(x_{q,j}-\overline{x}_{k,j}^{\text{opt}})k_{\text{raw}}(\boldsymbol{x}_q,\overline{\boldsymbol{x}}_k^{\text{opt}})\\&\quad-\frac{1}{\sigma N^{\text{opt}}}\sum_{n=1}^{N^{\text{opt}}}(x_{n,j}+x_{p,j}-2\overline{x}_{k,j}^{\text{opt}})k_{\text{raw}}(\boldsymbol{x}_n,\overline{\boldsymbol{x}}_k^{\text{opt}})k_{\text{raw}}(\boldsymbol{x}_p,\overline{\boldsymbol{x}}_k^{\text{opt}})\\&\quad-\frac{1}{\sigma N^{\text{opt}}}\sum_{i=1}^{N^{\text{opt}}}(x_{n,j}+x_{q,j}-2\overline{x}_{k,j}^{\text{opt}})k_{\text{raw}}(\boldsymbol{x}_n,\overline{\boldsymbol{x}}_k^{\text{opt}})k_{\text{raw}}(\boldsymbol{x}_q,\overline{\boldsymbol{x}}_k^{\text{opt}})\\&\quad+\frac{(a_p+a_q-2\tilde{a})}{\sigma N^{\text{opt}}}\sum_{n=1}^{N^{\text{opt}}}(x_{n,j}-\overline{x}_{k,j}^{\text{opt}})k_{\text{raw}}(\boldsymbol{x}_n,\overline{\boldsymbol{x}}_k^{\text{opt}})\\&\quad+\frac{1}{\sigma(N^{\text{opt}})^2}\sum_{n=1}^{N^{\text{opt}}}\sum_{n'=1}^{N^{\text{opt}}}(x_{n,j}+x_{n',j}-2\overline{x}_{k,j}^{\text{opt}})k_{\text{raw}}(\boldsymbol{x}_n,\overline{\boldsymbol{x}}_k^{\text{opt}})k_{\text{raw}}(\boldsymbol{x}_{n'},\overline{\boldsymbol{x}}_k^{\text{opt}})\end{aligned}\tag{4.34}$$

式中，$a_p = \frac{1}{N^{\text{opt}}} \sum_{n=1}^{N^{\text{opt}}} k_{\text{raw}}(\boldsymbol{x}_p, \boldsymbol{x}_n)$；$a_q = \frac{1}{N^{\text{opt}}} \sum_{n=1}^{N^{\text{opt}}} k_{\text{raw}}(\boldsymbol{x}_q, \boldsymbol{x}_n)$；$\tilde{a} = \frac{1}{(N^{\text{opt}})^2} \sum_{n=1}^{N^{\text{opt}}} \sum_{n'=1}^{N^{\text{opt}}} k_{\text{raw}} \times (\boldsymbol{x}_n, \boldsymbol{x}_{n'})$。类似地，$\boldsymbol{k}_n^{\text{opt}} \boldsymbol{k}_n^{\text{optT}}$ 对 $x_{k,j}^{\text{opt}}$ 的偏导数最终也能表示成类似于式(4.34)的形式，这里不再赘述。将式(4.34)代入式(4.31)，可得变量 $\bar{x}_{k,j}^{\text{opt}}$ 对 d_k^{opt} 的贡献 Contr_j 的解析解。在非优原因追溯中，贡献较大的过程变量即为导致运行状态非优的原因变量。

4.2.5　湿法冶金过程中的应用研究

1. 过程描述

湿法冶金过程是现代工业生产中金属富集、分离与提取的重要手段和技术。如第 3 章所述，黄金湿法冶金全流程由若干个工序构成，而其中的氰化浸出、压滤洗涤和锌粉置换工序是决定最终黄金产量的重中之重。实际生产中，除了关心每个工序自身运行状态优劣之外，更加关心多个重要工序在相互影响、协调和匹配作用下所构成的整体的运行状态是否令人满意。在同时考虑多个工序的运行状态时，由于过程变量众多，且彼此之间的影响关系更为复杂，过程变量之间呈现出较强的非线性相关关系，这为基于 KT-PLS 的过程运行状态优性评价方法提供了一个合适的应用平台。

实际生产中，为了提高黄金的回收率，避免金流失，该工厂将生产工艺设计成两次氰化浸出、两次压滤洗涤和一次锌粉置换流程，工艺流程如图 4.1 所示。每个氰化浸出工序均由 4 级浸出槽构成，每个压滤洗涤工序中都采用全自动立式压滤机进行固液分离，锌粉置换工序则采用板框压滤机以确保较大的处理量。

浮选后的矿浆首先送往第一次氰化浸出工序，氰化浸出过程的详细工艺流程可参见 3.2.5 小节，这里不做重复介绍。浸出后的矿浆被送往第一次压滤洗涤工序，其主要任务是利用具有固液分离功能的立式压滤机将含有高浓度金氰络合物的贵液从矿浆中分离出来。该工序以追求最大固液分离效率为目标，而压滤机的进料压力、挤压压力和液压压力则是影响固液分离效率的关键参数。分离出来的含金贵液从立式压滤机的溢流口处流出并被送往锌粉置换工序，压滤后的滤饼通过贫液调浆后送往第二次氰化浸出工序，该工序的过程机理与第一次氰化浸出完全相同，设置目的是尽可能将矿浆中剩余的黄金浸取出来。从第二次氰化浸出工序出来的矿浆流经第二次压滤洗涤工序，含金贵液与第一次压滤洗涤溢流合流，被一同送往锌粉置换工序，而滤饼则因含有较多的铜、铅、锌等金属需要进一步进行多金属回收处理。含金贵液在与锌粉发生置换反应之前，需要经脱氧塔进行脱氧处理，因为贵液中的氧气会严重消耗锌粉而影响黄金的置换率。向脱氧后的贵液

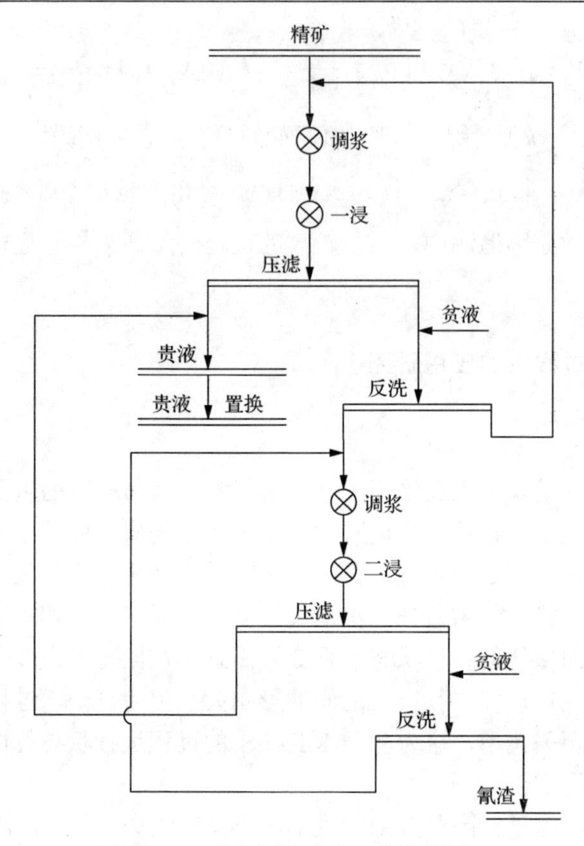

图 4.1 黄金湿法冶金工艺流程图

中添加适量锌粉，用于置换贵液中的金，该反应以板框压滤机为载体。充分反应后，通过板框挤压将贫液排出，金留在滤饼中。最后，达到一定重量的滤饼被送往精炼工序以回收金。通过对黄金湿法冶金全流程的生产工艺和机理的深入分析，从实际过程中选取 35 个过程变量用于过程运行状态优性在线评价和非优原因追溯方法的验证，如表 4.1 所示。另外，以综合考虑浸出率、洗涤率、置换率、物料消耗以及能源消耗等多项指标的加权综合作为本实验中的综合经济指标。

2. 实验设计和建模数据

从历史数据中选取 2600 个样本作为离线建模数据，其中包含“差”、“中”和“优”3 个状态等级，分别将各个状态等级建模数据构成的集合记为 $(\boldsymbol{X}^1,\boldsymbol{y}^1)$，$(\boldsymbol{X}^2,\boldsymbol{y}^2)$ 和 $(\boldsymbol{X}^3,\boldsymbol{y}^3)$。另外，这里的状态等级“差”和“中”分别是第一次氰化浸出工序中浸出槽 1、2 以及第二次氰化浸出工序中浸出槽 1、2、4 的氰化钠流量设定值低于最优设定值所致。设参数 σ 等于 1000。利用 KT-PLS 算法建立各个状态等级的评价模型。

表 4.1　用于黄金湿法冶金过程运行状态优性评价的过程变量

工序	序号	变量名称
第一次氰化浸出	1	浸出槽 1 矿浆浓度(%)
	2	浸出槽 1 氰化钠流量(mL/min)
	3	浸出槽 2 氰化钠流量(mL/min)
	4	浸出槽 4 氰化钠流量(mL/min)
	5	浸出槽 1 空气流量(m^3/h)
	6	浸出槽 2 空气流量(m^3/h)
	7	浸出槽 3 空气流量(m^3/h)
	8	浸出槽 4 空气流量(m^3/h)
	9	浸出槽 1 氰根离子浓度(mg/L)
	10	浸出槽 4 氰根离子浓度(mg/L)
	11	浸出槽 1 溶解氧浓度(mg/L)
	12	氰化氢气体浓度(mg/L)
第二次氰化浸出	13	浸出槽 1 矿浆浓度(%)
	14	浸出槽 1 氰化钠流量(mL/min)
	15	浸出槽 2 氰化钠流量(mL/min)
	16	浸出槽 4 氰化钠流量(mL/min)
	17	浸出槽 1 空气流量(m^3/h)
	18	浸出槽 2 空气流量(m^3/h)
	19	浸出槽 3 空气流量(m^3/h)
	20	浸出槽 4 空气流量(m^3/h)
	21	浸出槽 1 溶解氧浓度(mg/L)
	22	浸出槽 1 氰根离子浓度(mg/L)
	23	浸出槽 4 氰根离子浓度(mg/L)
	24	氰化氢气体浓度(mg/L)
第一次压滤洗涤	25	立式压滤机进料压力(MPa)
	26	立式压滤机挤压压力(MPa)
	27	立式压滤机液压压力(MPa)
第二次压滤洗涤	28	立式压滤机进料压力(MPa)
	29	立式压滤机挤压压力(MPa)
	30	立式压滤机液压压力(MPa)
锌粉置换	31	脱氧塔压力(kPa)
	32	贵液中金氰络合物浓度(mg/L)
	33	贫液中金氰络合物浓度(mg/L)
	34	锌粉添加量(kg/h)
	35	板框压滤机液压压力(MPa)

3. 算法验证及讨论

从实际生产过程中选取 1400 个样本作为在线测试数据，其中包含 3 个状态等级，顺次经历了“差”(1～400)、“差”向“中”转换(401～621)、“中”(622～925)、“中”向“优”转换(926～1121)，并最终达到状态等级“优”(1122～1400)。相关参数设置如下：H=35，W=5，δ=0.8。图 4.2 为在线测试数据相对于各个状态等级的评价指标值。从中可以看出，评价指标的变化趋势与实际过程运行状态基本相符。作为比较，将基于 T-PLS 的评价方法同样应用于湿法冶金全流程中，其在线评价结果如图 4.3 所示。表 4.2 给出了两种评价方法在线评价结果的准确率对比。准确率的定义为：$\beta=(N_r/N_t)\times100\%$，其中 N_r 和 N_t 分别表示测试数据中评价结果与实际情况一致的样本数和总的测试样本数。基于 KT-PLS 的评价方法评价出现误评价的原因是，在线评价过程中为了表征一段时间内过程的运行状态且

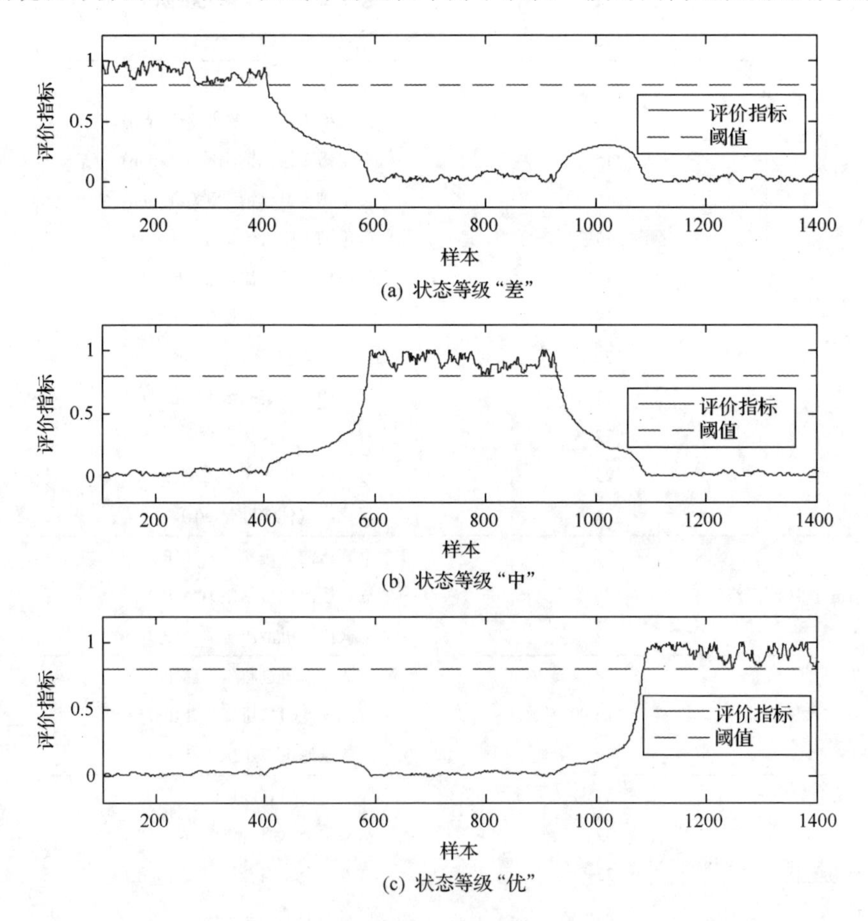

(a) 状态等级“差”

(b) 状态等级“中”

(c) 状态等级“优”

图 4.2　基于 KT-PLS 的在线评价结果

降低过程噪声对评价结果的影响，采用了宽度为 H 的滑动窗口数据，使得在线评价结果相比于实际过程运行状态有一定的延迟。根据图 4.2、图 4.3 以及表 4.2 可知，针对过程变量之间具有非线性相关关系的工业生产过程，基于 KT-PLS 的评价方法比基于 T-PLS 的评价方法得到的评价结果准确性更高、出现误判的情况更少，确保了在线评价结果的准确性和可靠性。

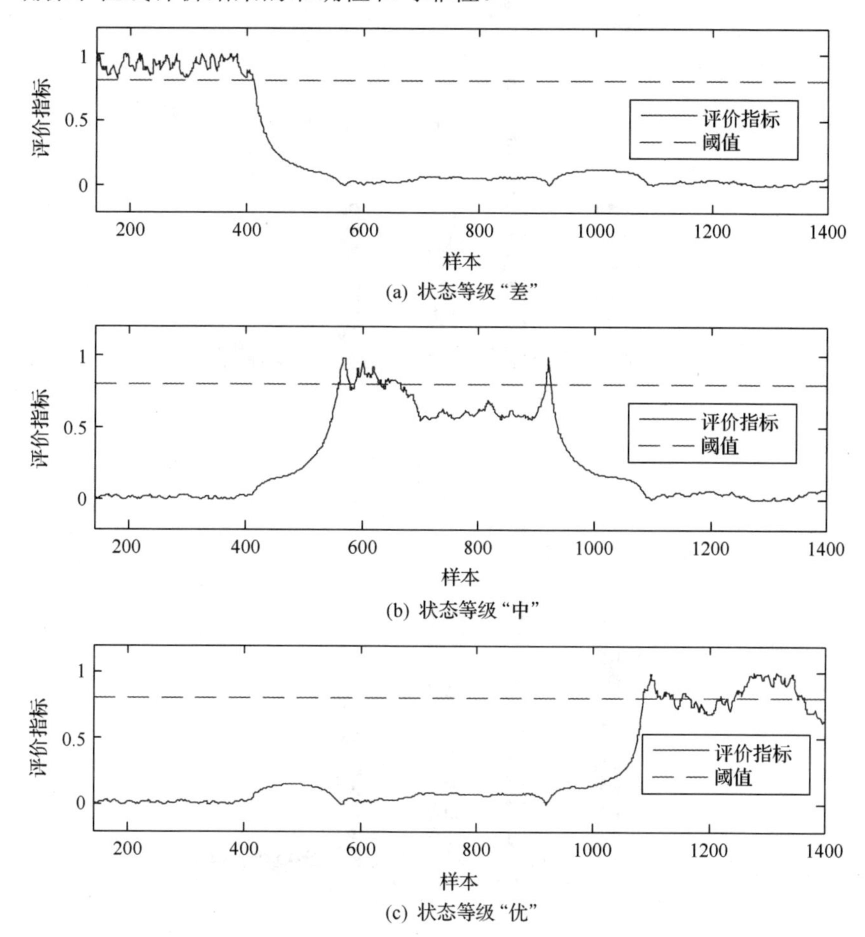

(a) 状态等级“差”

(b) 状态等级“中”

(c) 状态等级“优”

图 4.3　基于 T-PLS 的在线评价结果

表 4.2　基于 T-PLS 和 KT-PLS 评价方法的准确率

方法	N_r	β/%
KT-PLS	1342	95.86
T-PLS	1097	78.36

当过程运行状态非优时，需要进一步识别导致非优的原因变量，基于 KT-PLS 和 T-PLS 的非优原因追溯结果如图 4.4 和图 4.5 所示。从图 4.4 和图 4.5 可以看出，

两种评价方法下的非优原因追溯结果一致，即氰化钠流量(变量 2、变量 3、变量 14、变量 15、变量 16)和氰根离子浓度(变量 9、变量 10、变量 22、变量 23)的贡献较大。结合过程知识可知，由于氰根离子浓度由操作变量氰化钠流量决定，因此实际的非优原因为氰化钠流量偏离最优设定值。

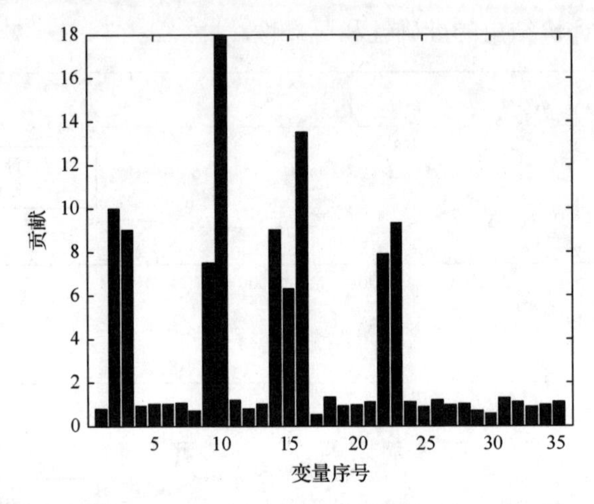

图 4.4　基于 KT-PLS 的非优原因追溯结果(第 1 个采样时刻)

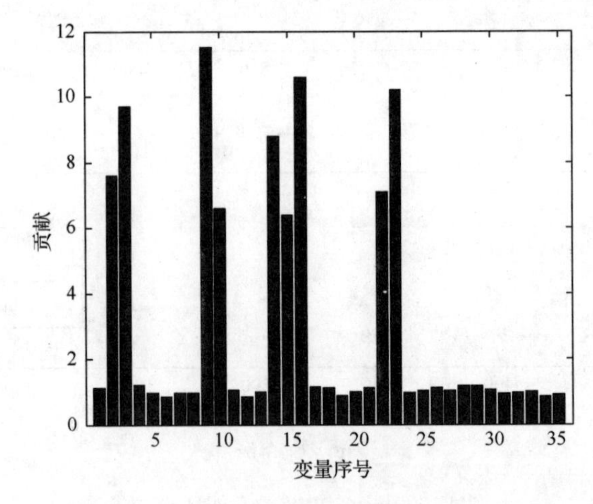

图 4.5　基于 T-PLS 的非优原因追溯结果(第 1 个采样时刻)

4.3　基于 KORVI 的过程运行状态优性评价

4.3.1　基本思想

KORVI 是在没有综合经济指标的监督下，以分析不同状态等级过程数据之间共有和特有信息的方式，提取各个等级中与过程运行状态优性密切相关的变异信息。通过这种方式，既可以避免数据对整的预处理工作，又因剔除了那些与过程运行状态无关的信息而增强评价方法对过程运行状态改变的敏感性，以及对无关信息的抗干扰能力。离线提取不同状态等级 KORVI 的过程实质上就是建立各个等级运行状态优性评价模型的过程。在线评价时，将在线数据分别向每个状态等级空间做投影，从而提取在线数据中的 KORVI，进一步计算其与离线建模数据中 KORVI 的相似性，构造评价指标，实时评价过程运行状态的优劣。对于非优的运行状态，构造过程变量相对于评价指标的贡献，并确定非优原因变量。

4.3.2　KORVI 的提取及评价模型的建立

假设一个生产过程包含 C 个状态等级，将状态等级 c 的建模数据记为 $\boldsymbol{X}^c=[\boldsymbol{x}_1^c,\boldsymbol{x}_2^c,\cdots,\boldsymbol{x}_{N^c}^c]^{\mathrm{T}}\in\Re^{N^c\times J}$，$c=1,2,\cdots,C$，其中 N^c 为建模样本个数，J 是过程变量个数。引入非线性映射函数 $\boldsymbol{\Phi}(\cdot)$，将过程数据由输入空间投影到 h 维特征空间 $\boldsymbol{F}:\boldsymbol{x}_n^c\in\Re^{J\times 1}\to\boldsymbol{\Phi}(\boldsymbol{x}_n^c)\in\Re^{h\times 1}$，$n=1,2,\cdots,N^c$。原始数据矩阵 $\boldsymbol{X}^c$ 经非线性映射后记为 $\boldsymbol{\Phi}(\boldsymbol{X}^c)=[\boldsymbol{\Phi}(\boldsymbol{x}_1^c),\cdots,\boldsymbol{\Phi}(\boldsymbol{x}_{N^c}^c)]^{\mathrm{T}}\in\Re^{N^c\times h}$。在每个状态等级下，一个基向量实际上可以表示为特征空间 $\boldsymbol{F}$ 中样本的线性组合。将 $\boldsymbol{\Phi}(\boldsymbol{X}^c)$ 的第 j 个子基向量记为 $\overline{\boldsymbol{p}}_j^c\in\Re^{h\times 1}$，$j$=1,2,…,$h$，则存在线性组合系数 $\overline{\boldsymbol{\alpha}}_j^c=[\overline{\alpha}_{j,1}^c,\cdots,\overline{\alpha}_{j,N^c}^c]^{\mathrm{T}}$，使得

$$\overline{\boldsymbol{p}}=\sum_{n=1}^{N^c}\overline{\alpha}_{j,n}^c\boldsymbol{\Phi}(\boldsymbol{x}_n^c)=\boldsymbol{\Phi}(\boldsymbol{X}^c)^{\mathrm{T}}\overline{\boldsymbol{\alpha}}_j^c \tag{4.35}$$

类似于线性 ORVI 方法，在提取各个状态等级的 KORVI 时，也需要经历两步：①引入共同基向量 $\boldsymbol{p}_g$ 的概念，并借此提取各个状态等级之间共同的变量相关关系，构造共同变量相关关系子空间；②在共同变量相关关系子空间中，进一步识别出使各个状态等级建模数据中，变异信息幅值相同的共同基向量，构成最终的共同子空间。

线性 ORVI 方法中，利用 Zhao 等[13]提出的组间共性分析算法实现了共同变量相关关系子空间的提取。本书中，将该算法推广到非线性过程，用于完成 KORVI 提取的第一步，并将共同变量相关关系子空间记为 $\boldsymbol{P}_g=[\boldsymbol{p}_{g,1},\boldsymbol{p}_{g,2},\cdots,\boldsymbol{p}_{g,\overline{R}}]$。第二步中，分别将各个状态等级的建模数据向共同变量相关关系子空间 $\boldsymbol{P}_g$ 中的每个基向量做投影，依次计算它们沿各个方向的变异信息幅值大小。依据变异信息幅值的情况，共同变量相关关系子空间 $\boldsymbol{P}_g$ 被进一步划分为两个子空间，一个是由 $\boldsymbol{P}_g$ 中使得各个状态等级变异信息幅值均相同的基向量构成的，也是同时蕴含所有状态等级共同变量相关关系和相同变异信息幅值的共同子空间；另一个由 $\boldsymbol{P}_g$ 中其余携带各个状态等级变异信息幅值不同的基向量所构成。KORVI 提取的详细步骤可

参见附录A。

根据KORVI 方法，原始过程数据$\boldsymbol{\Phi}(\boldsymbol{X}^c)$被划分为$\breve{\boldsymbol{\Phi}}(\boldsymbol{X}^c)$和$\dot{\boldsymbol{\Phi}}(\boldsymbol{X}^c)$两部分：

$$\begin{aligned}\boldsymbol{\Phi}(\boldsymbol{X}^c) &= \boldsymbol{\Phi}(\boldsymbol{X}^c)\breve{\boldsymbol{P}}_g\breve{\boldsymbol{P}}_g^{\mathrm{T}} + \boldsymbol{\Phi}(\boldsymbol{X}^c)\hat{\boldsymbol{P}}_g\hat{\boldsymbol{P}}_g^{\mathrm{T}} + \boldsymbol{\Phi}(\boldsymbol{X}^c)(\boldsymbol{I} - \boldsymbol{P}_g\boldsymbol{P}_g^{\mathrm{T}}) \\ &= \breve{\boldsymbol{\Phi}}(\boldsymbol{X}^c) + \dot{\boldsymbol{\Phi}}(\boldsymbol{X}^c)\end{aligned} \tag{4.36}$$

式中，$\breve{\boldsymbol{\Phi}}(\boldsymbol{X}^c) = \boldsymbol{\Phi}(\boldsymbol{X}^c)\breve{\boldsymbol{P}}_g\breve{\boldsymbol{P}}_g^{\mathrm{T}}$是所有状态等级的共同变异信息，不能起到区分运行状态优劣的作用；$\dot{\boldsymbol{\Phi}}(\boldsymbol{X}^c) = \boldsymbol{\Phi}(\boldsymbol{X}^c)(\hat{\boldsymbol{P}}_g\hat{\boldsymbol{P}}_g^{\mathrm{T}} + \boldsymbol{I} - \boldsymbol{P}_g\boldsymbol{P}_g^{\mathrm{T}}) = \boldsymbol{\Phi}(\boldsymbol{X}^c)(\boldsymbol{I} - \breve{\boldsymbol{P}}_g\breve{\boldsymbol{P}}_g^{\mathrm{T}})$是状态等级$c$特有的变异信息，在过程运行状态优性评价中起主导作用。

在已经提取的各个状态等级特有变异信息$\dot{\boldsymbol{\Phi}}(\boldsymbol{X}^c)(c = 1,2,\cdots,C)$的基础上，通过实施PCA以获得其中的主要过程变异信息，去除过程噪声的影响。具体表示如下：

$$\dot{\boldsymbol{\Phi}}(\boldsymbol{X}^c) = \dot{\boldsymbol{T}}^c\dot{\boldsymbol{P}}^{c\mathrm{T}} + \dot{\boldsymbol{E}}^c \tag{4.37}$$

式中，$\dot{\boldsymbol{T}}^c$、$\dot{\boldsymbol{P}}^c$和$\dot{\boldsymbol{E}}^c$分别为$\dot{\boldsymbol{\Phi}}(\boldsymbol{X}^c)$的负载矩阵、得分矩阵和残差矩阵。$\dot{\boldsymbol{P}}^1$, $\dot{\boldsymbol{P}}^2,\cdots,\dot{\boldsymbol{P}}^C$为各个状态等级评价模型的参数。对$\dot{\boldsymbol{\Phi}}(\boldsymbol{X}^c)$进行PCA分解的详细步骤可参见附录B。

4.3.3 基于KORVI的过程运行状态优性在线评价

在线评价中，构造当前时刻k的滑动数据窗口$\boldsymbol{X}_k = [\boldsymbol{x}_{k-H+1},\cdots,\boldsymbol{x}_k]^{\mathrm{T}}$，并以此作为在线评价的基本分析单元。

将$\boldsymbol{X}_k$的均值记为$\bar{\boldsymbol{x}}_k$，提取在线数据$\boldsymbol{\Phi}(\bar{\boldsymbol{x}}_k)$的KORVI：

$$\dot{\boldsymbol{\Phi}}(\bar{\boldsymbol{x}}_k) = \boldsymbol{\Phi}(\bar{\boldsymbol{x}}_k)^{\mathrm{T}}(\boldsymbol{I} - \breve{\boldsymbol{P}}_g\breve{\boldsymbol{P}}_g^{\mathrm{T}}) \tag{4.38}$$

计算$\dot{\boldsymbol{\Phi}}(\bar{\boldsymbol{x}}_k)$在状态等级$c$中的得分向量：

$$\begin{aligned}\boldsymbol{t}_k^c &= \dot{\boldsymbol{\Phi}}(\bar{\boldsymbol{x}}_k)\dot{\boldsymbol{P}}^c = \dot{\boldsymbol{\Phi}}(\bar{\boldsymbol{x}}_k)\dot{\boldsymbol{\Phi}}(\boldsymbol{X}^c)^{\mathrm{T}}\boldsymbol{Q}^c = \boldsymbol{\Phi}(\bar{\boldsymbol{x}}_k)(\boldsymbol{I} - \breve{\boldsymbol{P}}_g\breve{\boldsymbol{P}}_g^{\mathrm{T}})(\boldsymbol{I} - \breve{\boldsymbol{P}}_g\breve{\boldsymbol{P}}_g^{\mathrm{T}})^{\mathrm{T}}\boldsymbol{\Phi}(\boldsymbol{X}^c)^{\mathrm{T}}\boldsymbol{Q}^c \\ &= (\boldsymbol{k}_k^c - \boldsymbol{k}_k\boldsymbol{W}^c)\boldsymbol{Q}^c,\quad c = 1,2,\cdots,C\end{aligned} \tag{4.39}$$

式中，$\boldsymbol{k}_k = [k(\boldsymbol{x}_1,\bar{\boldsymbol{x}}_k),\cdots,k(\boldsymbol{x}_N,\bar{\boldsymbol{x}}_k)]$和$\boldsymbol{k}_k^c = [k(\boldsymbol{x}_1^c,\bar{\boldsymbol{x}}_k),\cdots,k(\boldsymbol{x}_{N^c}^c,\bar{\boldsymbol{x}}_k)]$分别是$\boldsymbol{\Phi}(\bar{\boldsymbol{x}}_k)$相对于$\boldsymbol{\Phi}(\boldsymbol{X})$和$\boldsymbol{\Phi}(\boldsymbol{X}^c)$的核向量；$k(\boldsymbol{x}_n,\bar{\boldsymbol{x}}_k) = \boldsymbol{\Phi}(\boldsymbol{x}_n)\boldsymbol{\Phi}(\bar{\boldsymbol{x}}_k)^{\mathrm{T}}$，$n = 1,2,\cdots,N$；$k(\boldsymbol{x}_{n^c}^c,\bar{\boldsymbol{x}}_k) = \boldsymbol{\Phi}(\boldsymbol{x}_{n^c}^c)\boldsymbol{\Phi}(\bar{\boldsymbol{x}}_k)^{\mathrm{T}}$，$n^c = 1,2,\cdots,N^c$；$\boldsymbol{Q}^c$是由$\dot{\boldsymbol{\Phi}}(\boldsymbol{X}^c)\dot{\boldsymbol{\Phi}}(\boldsymbol{X}^c)^{\mathrm{T}}$的前$M^c$特征向量构成的矩阵；$\boldsymbol{W}^c = \tilde{\boldsymbol{K}}\tilde{\boldsymbol{B}}\boldsymbol{\Lambda}^{-\frac{1}{2}}\breve{\boldsymbol{D}}\breve{\boldsymbol{D}}^{\mathrm{T}}\boldsymbol{\Lambda}^{-\frac{1}{2}}\tilde{\boldsymbol{B}}^{\mathrm{T}}\tilde{\boldsymbol{K}}^{\mathrm{T}}\boldsymbol{K}^c$。

计算在线数据$\boldsymbol{\Phi}(\bar{\boldsymbol{x}}_k)$与各个状态等级建模数据中KORVI的距离：

$$d_k^c = \left\| \boldsymbol{t}_k^c - \bar{\boldsymbol{t}}^c \right\|^2 \tag{4.40}$$

式中，$\bar{\boldsymbol{t}}^c$ 是 $\dot{\boldsymbol{T}}^c$ 的均值向量。由于建模数据 $\boldsymbol{\Phi}(\boldsymbol{X}^c)$ 经过中心化处理，所以 $\bar{\boldsymbol{t}}^c = \boldsymbol{0}$，因此有

$$d_k^c = \left\| \boldsymbol{t}_k^c \right\|^2 \tag{4.41}$$

值得注意的是，在计算得分向量 $\boldsymbol{t}_k^c$ 之前，核向量 $\boldsymbol{k}_k^c$ 和 $\boldsymbol{k}_k$ 同样需要进行中心化处理，即

$$\bar{\boldsymbol{k}}_k^c = \boldsymbol{k}_k^c - \boldsymbol{1}_{N^c}^k \boldsymbol{K}^{c,c} - \boldsymbol{k}_k^c \boldsymbol{1}_{N^c} + \boldsymbol{1}_{N^c}^k \boldsymbol{K}^{c,c} \boldsymbol{1}_{N^c} \tag{4.42}$$

$$\bar{\boldsymbol{k}}_k = \boldsymbol{k}_k - \boldsymbol{1}_{N^c}^k \boldsymbol{K}^{c\mathrm{T}} - \boldsymbol{k}_k \boldsymbol{1}_N + \boldsymbol{1}_{N^c}^k \boldsymbol{K}^{c\mathrm{T}} \boldsymbol{1}_N \tag{4.43}$$

式中，$\boldsymbol{1}_{N^c}^k$ 是元素全为 $1/N^c$ 的 N^c 维行向量。

构造如下评价指标：

$$\gamma_k^c = \begin{cases} (1/d_k^c) \Big/ \left(1 \Big/ \sum_{q=1}^{C} d_k^q \right), & d_k^c \neq 0 \\ \gamma_k^c = 1 \text{ 且 } \gamma_k^q = 0(q = 1,2,\cdots,C; q \neq c), & d_k^c = 0 \end{cases} \tag{4.44}$$

式中，γ_k^c 满足条件 $\sum_{c=1}^{C} \gamma_k^c = 1$ 且 $0 \leqslant \gamma_k^c \leqslant 1$。

利用 3.2.3 小节所介绍的在线评价规则，根据评价指标的大小及变化趋势，实时评价过程所处的状态等级或状态等级之间的转换过程。

4.3.4　基于变量贡献的非线性过程非优原因追溯

由于计算评价指标 γ_k^{opt} 相对于各个过程变量的变化率等价于计算 d_k^{opt} 对各个过程变量的变化率，因此这里仍以 d_k^{opt} 作为分析对象。在线数据与状态等级“优”的建模数据之间的距离 d_k^{opt} 可表示为如下形式：

$$\begin{aligned} d_k^{\mathrm{opt}} &= \left\| \boldsymbol{t}_k^{\mathrm{opt}} \right\|^2 = \boldsymbol{t}_k^{\mathrm{opt}} \boldsymbol{t}_k^{\mathrm{optT}} = \mathrm{tr}\left\{ \boldsymbol{t}_k^{\mathrm{optT}} \boldsymbol{t}_k^{\mathrm{opt}} \right\} \\ &= \mathrm{tr}\left\{ \left[(\bar{\boldsymbol{k}}_k^{\mathrm{opt}} - \bar{\boldsymbol{k}}_k \boldsymbol{W}^{\mathrm{opt}}) \boldsymbol{Q}^{\mathrm{opt}} \right]^{\mathrm{T}} \left[(\bar{\boldsymbol{k}}_k^{\mathrm{opt}} - \bar{\boldsymbol{k}}_k \boldsymbol{W}^{\mathrm{opt}}) \boldsymbol{Q}^{\mathrm{opt}} \right] \right\} \\ &= \mathrm{tr}\left\{ \boldsymbol{Q}^{\mathrm{optT}} (\boldsymbol{W}^{\mathrm{optT}} \bar{\boldsymbol{k}}_k^{\mathrm{T}} \bar{\boldsymbol{k}}_k \boldsymbol{W}^{\mathrm{opt}} - \boldsymbol{W}^{\mathrm{optT}} \bar{\boldsymbol{k}}_k^{\mathrm{T}} \bar{\boldsymbol{k}}_k^{\mathrm{opt}} - \bar{\boldsymbol{k}}_k^{\mathrm{optT}} \bar{\boldsymbol{k}}_k \boldsymbol{W}^{\mathrm{opt}} + \bar{\boldsymbol{k}}_k^{\mathrm{optT}} \bar{\boldsymbol{k}}_k^{\mathrm{opt}}) \boldsymbol{Q}^{\mathrm{opt}} \right\} \end{aligned} \tag{4.45}$$

将第 j 个变量对 d_k^{opt} 的贡献定义为

$$\begin{aligned}\mathrm{Contr}_j^{\mathrm{raw}} &= \left|\frac{\partial d_k^{\mathrm{opt}}}{\partial \overline{x}_{k,j}} \cdot \Delta \overline{x}_{k,j}\right| \\ &= \left|\mathrm{tr}\left\{\boldsymbol{Q}^{\mathrm{optT}}\left[\boldsymbol{W}^{\mathrm{optT}}\frac{\partial\left(\overline{\boldsymbol{k}}_k^{\mathrm{T}}\overline{\boldsymbol{k}}_k\right)}{\partial \overline{x}_{k,j}}\boldsymbol{W}^{\mathrm{opt}} - \boldsymbol{W}^{\mathrm{optT}}\frac{\partial\left(\overline{\boldsymbol{k}}_k^{\mathrm{T}}\overline{\boldsymbol{k}}_k^{\mathrm{opt}}\right)}{\partial \overline{x}_{k,j}} - \frac{\partial\left(\overline{\boldsymbol{k}}_k^{\mathrm{optT}}\overline{\boldsymbol{k}}_k\right)}{\partial \overline{x}_{k,j}}\boldsymbol{W}^{\mathrm{opt}}\right.\right.\right. \\ &\quad \left.\left.\left. + \frac{\partial\left(\overline{\boldsymbol{k}}_k^{\mathrm{optT}}\overline{\boldsymbol{k}}_k^{\mathrm{opt}}\right)}{\partial \overline{x}_{k,j}}\right]\boldsymbol{Q}^{\mathrm{opt}}\right\} \cdot \Delta \overline{x}_{k,j}\right|\end{aligned} \tag{4.46}$$

式中，$\Delta \overline{x}_{k,j} = \overline{x}_{k,j} - \overline{x}^{\mathrm{opt}}$； $\overline{x}_{k,j}$ 和 $\overline{x}^{\mathrm{opt}}$ 分别为 $\overline{\boldsymbol{x}}_k$ 和 $\overline{\boldsymbol{x}}^{\mathrm{opt}}$ 的第 j 个变量；$\overline{\boldsymbol{x}}^{\mathrm{opt}}$ 是 $\boldsymbol{X}^{\mathrm{opt}}$ 的均值向量。

为了获得贡献 Contr_j 的精确解析形式，首先需要求解如下问题。

(1) 计算核函数对 $\overline{x}_{k,j}$ 的偏导数：

$$\frac{\partial k(\boldsymbol{x}_n, \overline{\boldsymbol{x}}_k)}{\partial \overline{x}_{k,j}} = \frac{1}{\sigma}(x_{n,j} - \overline{x}_{k,j})k(\boldsymbol{x}_n, \overline{\boldsymbol{x}}_k) \tag{4.47}$$

(2) 计算两个核函数乘积对 $\overline{x}_{k,j}$ 的偏导数：

$$\frac{\partial k(\boldsymbol{x}_n, \overline{\boldsymbol{x}}_k)k(\boldsymbol{x}_m, \overline{\boldsymbol{x}}_k)}{\partial \overline{x}_{k,j}} = \frac{1}{\sigma}(x_{n,j} + x_{m,j} - 2\overline{x}_{k,j})k(\boldsymbol{x}_n, \overline{\boldsymbol{x}}_k)k(\boldsymbol{x}_m, \overline{\boldsymbol{x}}_k) \tag{4.48}$$

(3) 计算 $\overline{\boldsymbol{k}}_k^{\mathrm{T}}\overline{\boldsymbol{k}}_k$、$\overline{\boldsymbol{k}}_k^{\mathrm{optT}}\overline{\boldsymbol{k}}_k^{\mathrm{opt}}$ 和 $\overline{\boldsymbol{k}}_k^{\mathrm{T}}\overline{\boldsymbol{k}}_k^{\mathrm{opt}}$ 中第 p 行第 q 列元素对 $\overline{x}_{k,j}$ 的偏导数。

① $\overline{\boldsymbol{k}}_k^{\mathrm{T}}$ 的第 p 行为

$$\overline{\boldsymbol{k}}_k^{\mathrm{T}}\Big|_p = k(\boldsymbol{x}_p, \overline{\boldsymbol{x}}_k) - e_p - \frac{1}{N}\sum_{m=1}^{N} k(\boldsymbol{x}_m, \overline{\boldsymbol{x}}_k) + E^{\mathrm{opt}} \tag{4.49}$$

式中，$e_p = \sum_{n=1}^{N^{\mathrm{opt}}} k(\boldsymbol{x}_n^{\mathrm{opt}}, \boldsymbol{x}_p) \Big/ N^{\mathrm{opt}}$ 和 $E^{\mathrm{opt}} = \sum_{n=1}^{N^{\mathrm{opt}}}\sum_{m=1}^{N} k(\boldsymbol{x}_n^{\mathrm{opt}}, \boldsymbol{x}_m) \Big/ (NN^{\mathrm{opt}})$ 均为常数。

因此，$\overline{\boldsymbol{k}}_k^{\mathrm{T}}\overline{\boldsymbol{k}}_k$ 的第 p 行第 q 列元素为

$$(\bar{\boldsymbol{k}}_k^{\mathrm{T}}\bar{\boldsymbol{k}}_k)_{pq} = k(\boldsymbol{x}_p,\bar{\boldsymbol{x}}_k)k(\boldsymbol{x}_q,\bar{\boldsymbol{x}}_k) + (E^{\mathrm{opt}} - e_p)k(\boldsymbol{x}_q,\bar{\boldsymbol{x}}_k) + (E^{\mathrm{opt}} - e_q)k(\boldsymbol{x}_p,\bar{\boldsymbol{x}}_k)$$
$$-\frac{1}{N}\sum_{m=1}^{N}k(\boldsymbol{x}_m,\bar{\boldsymbol{x}}_k)[k(\boldsymbol{x}_q,\bar{\boldsymbol{x}}_k) + k(\boldsymbol{x}_p,\bar{\boldsymbol{x}}_k)]$$
$$+\frac{1}{N}(e_p + e_q - 2E^{\mathrm{opt}})\sum_{m=1}^{N}k(\boldsymbol{x}_m,\bar{\boldsymbol{x}}_k) + \frac{1}{N^2}\sum_{m=1}^{N}\sum_{m'=1}^{N}k(\boldsymbol{x}_m,\bar{\boldsymbol{x}}_k)k(\boldsymbol{x}_{m'},\bar{\boldsymbol{x}}_k) + E \tag{4.50}$$

式中，$E = e_p e_q - E^{\mathrm{opt}}e_p - E^{\mathrm{opt}}e_q + E^{\mathrm{opt}2}$ 是一个常数。

进而，$(\bar{\boldsymbol{k}}_k^{\mathrm{T}}\bar{\boldsymbol{k}}_k)_{pq}$ 对 $\bar{x}_{k,j}$ 的偏导数为

$$\frac{\partial(\bar{\boldsymbol{k}}_k^{\mathrm{T}}\bar{\boldsymbol{k}}_k)_{pq}}{\partial\bar{x}_{k,j}} = \frac{1}{\sigma}(x_{p,j} + x_{q,j} - 2\bar{x}_{k,j})k(\boldsymbol{x}_p,\bar{\boldsymbol{x}}_k)k(\boldsymbol{x}_q,\bar{\boldsymbol{x}}_k)$$
$$+\frac{(E^{\mathrm{opt}} - e_q)}{\sigma}(x_{p,j} - \bar{x}_{k,j})k(\boldsymbol{x}_p,\bar{\boldsymbol{x}}_k)$$
$$+\frac{(E^{\mathrm{opt}} - e_p)}{\sigma}(x_{q,j} - \bar{x}_{k,j})k(\boldsymbol{x}_q,\bar{\boldsymbol{x}}_k)$$
$$-\frac{1}{\sigma N}\sum_{m=1}^{N}(x_{m,j} + x_{p,j} - 2\bar{x}_{k,j})k(\boldsymbol{x}_m,\bar{\boldsymbol{x}}_k)k(\boldsymbol{x}_p,\bar{\boldsymbol{x}}_k)$$
$$-\frac{1}{\sigma N}\sum_{m=1}^{N}(x_{m,j} + x_{q,j} - 2\bar{x}_{k,j})k(\boldsymbol{x}_m,\bar{\boldsymbol{x}}_k)k(\boldsymbol{x}_q,\bar{\boldsymbol{x}}_k)$$
$$+\frac{(e_p + e_q - 2E^{\mathrm{opt}})}{\sigma N}\sum_{m=1}^{N}(x_{m,j} - \bar{x}_{k,j})k(\boldsymbol{x}_m,\bar{\boldsymbol{x}}_k)$$
$$+\frac{1}{\sigma N^2}\sum_{m=1}^{N}\sum_{m'=1}^{N}(x_{m,j} + x_{m',j} - 2\bar{x}_{k,j})k(\boldsymbol{x}_m,\bar{\boldsymbol{x}}_k)k(\boldsymbol{x}_{m'},\bar{\boldsymbol{x}}_k) \tag{4.51}$$

② $\bar{\boldsymbol{k}}_k^{\mathrm{optT}}$ 的第 p 行为

$$\bar{\boldsymbol{k}}_k^{\mathrm{optT}}\Big|_p = k(\boldsymbol{x}_p^{\mathrm{opt}},\bar{\boldsymbol{x}}_k) - e_p^{\mathrm{opt}} - \frac{1}{N^{\mathrm{opt}}}\sum_{n=1}^{N^{\mathrm{opt}}}k(\boldsymbol{x}_n^{\mathrm{opt}},\bar{\boldsymbol{x}}_k) + E^{\mathrm{opt,opt}} \tag{4.52}$$

式中，$e_p^{\mathrm{opt}} = \sum_{n=1}^{N^{\mathrm{opt}}}k(\boldsymbol{x}_n^{\mathrm{opt}},\boldsymbol{x}_p^{\mathrm{opt}})\Big/N^{\mathrm{opt}}$ 和 $E^{\mathrm{opt,opt}} = \sum_{n=1}^{N^{\mathrm{opt}}}\sum_{n'=1}^{N^{\mathrm{opt}}}k(\boldsymbol{x}_n^{\mathrm{opt}},\boldsymbol{x}_{n'}^{\mathrm{opt}})\Big/N^{\mathrm{opt}2}$ 是常数。

那么，$\bar{\boldsymbol{k}}_k^{\mathrm{optT}}\bar{\boldsymbol{k}}_k^{\mathrm{opt}}$ 的第 p 行第 q 列元素为

$$
\begin{aligned}
(\bar{\boldsymbol{k}}_k^{\text{optT}}\bar{\boldsymbol{k}}_k^{\text{opt}})_{pq} = & k(\boldsymbol{x}_p^{\text{opt}},\bar{\boldsymbol{x}}_k)k(\boldsymbol{x}_q^{\text{opt}},\bar{\boldsymbol{x}}_k)+(E^{\text{opt,opt}}-e_p^{\text{opt}})k(\boldsymbol{x}_q^{\text{opt}},\bar{\boldsymbol{x}}_k) \\
& +(E^{\text{opt,opt}}-e_q^{\text{opt}})k(\boldsymbol{x}_p^{\text{opt}},\bar{\boldsymbol{x}}_k) \\
& -\frac{1}{N^{\text{opt}}}\sum_{n=1}^{N^{\text{opt}}}k(\boldsymbol{x}_n^{\text{opt}},\bar{\boldsymbol{x}}_k)\left[k(\boldsymbol{x}_q^{\text{opt}},\bar{\boldsymbol{x}}_k)+k(\boldsymbol{x}_p^{\text{opt}},\bar{\boldsymbol{x}}_k)\right] \\
& +\frac{1}{N^{\text{opt}}}(e_p^{\text{opt}}+e_q^{\text{opt}}-2E^{\text{opt,opt}})\sum_{n=1}^{N^{\text{opt}}}k(\boldsymbol{x}_n^{\text{opt}},\bar{\boldsymbol{x}}_k) \\
& +\frac{1}{N^{\text{opt2}}}\sum_{n=1}^{N^{\text{opt}}}\sum_{n'=1}^{N^{\text{opt}}}k(\boldsymbol{x}_n^{\text{opt}},\bar{\boldsymbol{x}}_k)k(\boldsymbol{x}_{n'}^{\text{opt}},\bar{\boldsymbol{x}}_k)+E'
\end{aligned}
\tag{4.53}
$$

式中，$E'=e_p^{\text{opt}}e_p^{\text{opt}}-E^{\text{opt,opt}}e_p^{\text{opt}}-E^{\text{opt,opt}}e_p^{\text{opt}}+E^{\text{opt,opt2}}$ 是常数。

因此，$(\bar{\boldsymbol{k}}_k^{\text{optT}}\bar{\boldsymbol{k}}_k^{\text{opt}})_{pq}$ 对 $\bar{x}_{k,j}$ 的偏导数可表示为

$$
\begin{aligned}
\frac{\partial(\bar{\boldsymbol{k}}_k^{\text{optT}}\bar{\boldsymbol{k}}_k^{\text{opt}})_{pq}}{\partial\bar{x}_{k,j}} = & \frac{1}{\sigma}(x_{p,j}^{\text{opt}}+x_{q,j}^{\text{opt}}-2\bar{x}_{k,j})k(\boldsymbol{x}_p^{\text{opt}},\bar{\boldsymbol{x}}_k)k(\boldsymbol{x}_q^{\text{opt}},\bar{\boldsymbol{x}}_k) \\
& +\frac{(E^{\text{opt,opt}}-e_q^{\text{opt}})}{\sigma}(x_{p,j}^{\text{opt}}-\bar{x}_{k,j})k(\boldsymbol{x}_p^{\text{opt}},\bar{\boldsymbol{x}}_k) \\
& +\frac{(E^{\text{opt,opt}}-e_p^{\text{opt}})}{\sigma}(x_{q,j}^{\text{opt}}-\bar{x}_{k,j})k(\boldsymbol{x}_q^{\text{opt}},\bar{\boldsymbol{x}}_k) \\
& -\frac{1}{\sigma N^{\text{opt}}}\sum_{n=1}^{N^{\text{opt}}}(x_{n,j}^{\text{opt}}+x_{p,j}^{\text{opt}}-2\bar{x}_{k,j})k(\boldsymbol{x}_n^{\text{opt}},\bar{\boldsymbol{x}}_k)k(\boldsymbol{x}_p^{\text{opt}},\bar{\boldsymbol{x}}_k) \\
& -\frac{1}{\sigma N^{\text{opt}}}\sum_{n=1}^{N^{\text{opt}}}(x_{n,j}^{\text{opt}}+x_{q,j}^{\text{opt}}-2\bar{x}_{k,j})k(\boldsymbol{x}_n^{\text{opt}},\bar{\boldsymbol{x}}_k)k(\boldsymbol{x}_q^{\text{opt}},\bar{\boldsymbol{x}}_k) \\
& +\frac{(e_p^{\text{opt}}+e_q^{\text{opt}}-2E^{\text{opt,opt}})}{\sigma N^{\text{opt}}}\sum_{n=1}^{N^{\text{opt}}}(x_{n,j}^{\text{opt}}-\bar{x}_{k,j})k(\boldsymbol{x}_n^{\text{opt}},\bar{\boldsymbol{x}}_k) \\
& +\frac{1}{\sigma N^{\text{opt2}}}\sum_{n=1}^{N^{\text{opt}}}\sum_{n'=1}^{N^{\text{opt}}}(x_{n,j}^{\text{opt}}+x_{n',j}^{\text{opt}}-2\bar{x}_{k,j})k(\boldsymbol{x}_n^{\text{opt}},\bar{\boldsymbol{x}}_k)k(\boldsymbol{x}_n^{\text{opt}},\bar{\boldsymbol{x}}_k)
\end{aligned}
\tag{4.54}
$$

③ 根据式(4.50)和式(4.53)，$\bar{\boldsymbol{k}}_k^{\text{T}}\bar{\boldsymbol{k}}_k^{\text{opt}}$ 第 p 行第 q 列元素为

$$
\begin{aligned}
(\bar{\boldsymbol{k}}_k^{\text{T}}\bar{\boldsymbol{k}}_k^{\text{opt}})_{pq} = & k(\boldsymbol{x}_p,\bar{\boldsymbol{x}}_k)k(\boldsymbol{x}_q^{\text{opt}},\bar{\boldsymbol{x}}_k)+(E^{\text{opt}}-e_p)k(\boldsymbol{x}_q^{\text{opt}},\bar{\boldsymbol{x}}_k)+(E^{\text{opt,opt}}-e_q^{\text{opt}})k(\boldsymbol{x}_p,\bar{\boldsymbol{x}}_k) \\
& -\frac{1}{N^{\text{opt}}}\sum_{n=1}^{N^{\text{opt}}}k(\boldsymbol{x}_n^{\text{opt}},\bar{\boldsymbol{x}}_k)k(\boldsymbol{x}_p,\bar{\boldsymbol{x}}_k)-\frac{1}{N}\sum_{m=1}^{N}k(\boldsymbol{x}_m,\bar{\boldsymbol{x}}_k)k(\boldsymbol{x}_q^{\text{opt}},\bar{\boldsymbol{x}}_k)
\end{aligned}
$$

$$+\frac{1}{N^{\text{opt}}}(e_p - E^{\text{opt}})\sum_{n=1}^{N^{\text{opt}}} k(\boldsymbol{x}_n^{\text{opt}}, \overline{\boldsymbol{x}}_k) + \frac{1}{N}(e_q^{\text{opt}} - E^{\text{opt,opt}})\sum_{m=1}^{N} k(\boldsymbol{x}_m, \overline{\boldsymbol{x}}_k)$$
$$+\frac{1}{N^{\text{opt}}}\frac{1}{N}\sum_{m=1}^{N}\sum_{n=1}^{N^{\text{opt}}} k(\boldsymbol{x}_m, \overline{\boldsymbol{x}}_k)k(\boldsymbol{x}_n^{\text{opt}}, \overline{\boldsymbol{x}}_k) + E'' \tag{4.55}$$

式中，$E'' = e_p e_q^{\text{opt}} - E^{\text{opt,opt}} e_p - E^{\text{opt}} e_q^{\text{opt}} + E^{\text{opt,opt}} E^{\text{opt}}$ 为常数。

那么，$(\overline{\boldsymbol{k}}_k^{\text{T}} \overline{\boldsymbol{k}}_k^{\text{opt}})_{pq}$ 对 $\overline{x}_{k,j}$ 的偏导数为

$$\frac{\partial(\overline{\boldsymbol{k}}_k^{\text{T}} \overline{\boldsymbol{k}}_k^{\text{opt}})_{pq}}{\partial \overline{x}_{k,j}} = \frac{1}{\sigma}(x_{p,j} + x_{q,j}^{\text{opt}} - 2\overline{x}_{k,j})k(\boldsymbol{x}_p, \overline{\boldsymbol{x}}_k)k(\boldsymbol{x}_q^{\text{opt}}, \overline{\boldsymbol{x}}_k)$$
$$+\frac{(E^{\text{opt}} - e_p)}{\sigma}(x_{q,j}^{\text{opt}} - \overline{x}_{k,j})k(\boldsymbol{x}_q^{\text{opt}}, \overline{\boldsymbol{x}}_k)$$
$$+\frac{(E^{\text{opt,opt}} - e_q^{\text{opt}})}{\sigma}(x_{p,j} - \overline{x}_{k,j})k(\boldsymbol{x}_p, \overline{\boldsymbol{x}}_k)$$
$$-\frac{1}{\sigma N^{\text{opt}}}\sum_{n=1}^{N^{\text{opt}}}(x_{n,j}^{\text{opt}} + x_{p,j} - 2\overline{x}_{k,j})k(\boldsymbol{x}_n^{\text{opt}}, \overline{\boldsymbol{x}}_k)k(\boldsymbol{x}_p, \overline{\boldsymbol{x}}_k)$$
$$-\frac{1}{\sigma N}\sum_{m=1}^{N}(x_{m,j} + x_{q,j}^{\text{opt}} - 2\overline{x}_{k,j})k(\boldsymbol{x}_m, \overline{\boldsymbol{x}}_k)k(\boldsymbol{x}_q^{\text{opt}}, \overline{\boldsymbol{x}}_k)$$
$$+\frac{(e_p - E^{\text{opt}})}{\sigma N^{\text{opt}}}\sum_{n=1}^{N^{\text{opt}}}(x_{n,j}^{\text{opt}} - \overline{x}_{k,j})k(\boldsymbol{x}_n^{\text{opt}}, \overline{\boldsymbol{x}}_k)$$
$$+\frac{(e_q^{\text{opt}} - E^{\text{opt,opt}})}{\sigma N}\sum_{m=1}^{N}(x_{m,j} - \overline{x}_{k,j})k(\boldsymbol{x}_m, \overline{\boldsymbol{x}}_k)$$
$$+\frac{1}{\sigma N^{\text{opt}} N}\sum_{n=1}^{N^{\text{opt}}}\sum_{m=1}^{N}(x_{n,j}^{\text{opt}} + x_{m,j} - 2\overline{x}_{k,j})k(\boldsymbol{x}_n^{\text{opt}}, \overline{\boldsymbol{x}}_k)k(\boldsymbol{x}_m, \overline{\boldsymbol{x}}_k) \tag{4.56}$$

将式(4.51)、式(4.54)和式(4.56)代入式(4.46)，得到变量贡献的解析解。

4.3.5　湿法冶金过程中的应用研究

1. 实验设计和建模数据

本节中，基于 KORVI 的过程运行状态优性评价方法仍然通过湿法冶金过程加以验证。湿法冶金过程的基本原理可参见 4.2.5 小节。过程变量如表 4.3 所示。

表 4.3　用于过程运行状态优性评价的过程变量

序号	变量名称
1	浸出槽矿浆浓度(%)
2	浸出槽 1 氰化钠流量(mL/min)
3	浸出槽 1 氰根离子浓度(mg/L)
4	空气流量(m^3/h)
5	溶解氧浓度(mg/L)
6	锌粉添加量(kg/h)
7	贫液中金氰络合物浓度(mg/L)
8	浸出槽 1 液位(m)
9	浸出槽 2 液位(m)
10	浸出槽 3 液位(m)

由过程知识可知，变量 1～7 与过程运行状态的发展变化密切相关；同时，为了引入与过程运行状态优性无关的变异信息，增加了各个浸出槽的液位。根据专家知识，生产过程可划分为 3 个状态等级，即“差”、“中”和“优”。从历史生产数据中分别选取 2000 个样本构成各个状态等级的建模数据，采样间隔为 1min。相关参数分别设置如下：$\varphi = 0.1$，$\sigma = 1000$。利用 KORVI 方法建立各个状态等级的评价模型。

2. 算法验证及讨论

本节针对实际过程中存在的两种不同情况，分别验证基于 KORVI 的评价方法的有效性。第一种情况是，当过程运行状态为“优”时，浸出槽 1 液位(变量 8)在安全生产范围内逐渐增加。由于液位的正常波动并不会影响过程运行状态的优劣，因此，我们可以认为这种情况下过程变异信息的变化属于非线性优性无关变异信息的改变。第二种情况是，当过程运行状态为“优”时，锌粉添加量(变量 6)逐渐减少并偏离其最优设定范围。因为锌粉添加量的准确与否直接影响黄金的置换率并最终影响企业的综合经济效益，所以有理由认为因锌粉添加量减少导致的过程变异信息的变化属于 KORVI 的改变，而这种改变使得过程运行状态转变为非优。上述两种情况中，过程运行状态的发展趋势均为由“差”转换到“中”、再由“中”转换到“优”等级，且在发生上述两种情况之前的非优原因均为浸出槽 1 氰化钠流量(变量 2)低于最优设定范围。从历史生产数据中选取 1800 个样本作为测试数据，且每种情况均发生于第 1501 个采样时刻之后直至仿真结束。在线评价中所需的相关参数设置如下：$H=35$，$\delta=0.85$。

作为比较，将基于 ORVI 的评价方法同样应用于上述两种情况中。图 4.6 和图 4.7 分别展示了第一种情况下基于 ORVI 和 KORVI 的在线评价结果。从中可以看到，在基于 ORVI 的评价方法中出现了明显的误报。表 4.4 中给出了两种方法针对第一种情况的评价结果的准确率。其中，基于 KORVI 的评价结果的准确率高达 95.72%，而基于 ORVI 的评价结果只有 89.28%的准确率。另外，表 4.5 中还展示了基于 KORVI 的在线评价结果与实际情况的对比，从中可知，评价结果与实际情况基本相符。通过上述实验，可以得出结论：针对生产过程中非线性优性无关变异信息的改变，基于 KORVI 的评价方法比基于 ORVI 的评价方法具有更强的鲁棒性。

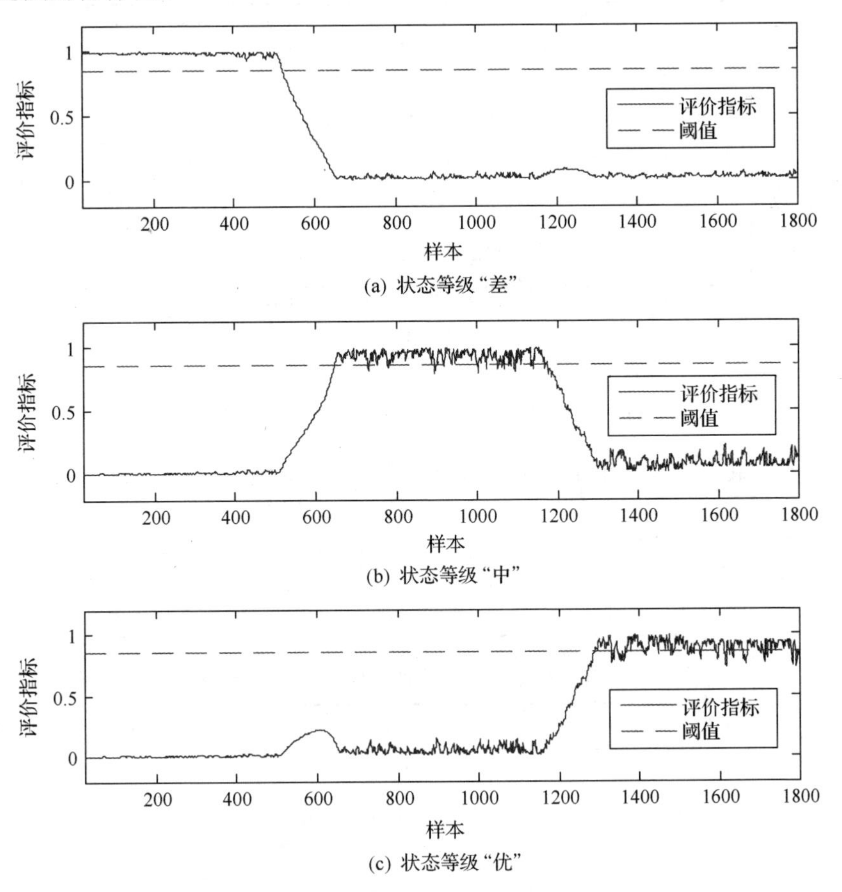

(a) 状态等级“差”

(b) 状态等级“中”

(c) 状态等级“优”

图 4.6 第一种情况下基于 ORVI 的在线评价结果

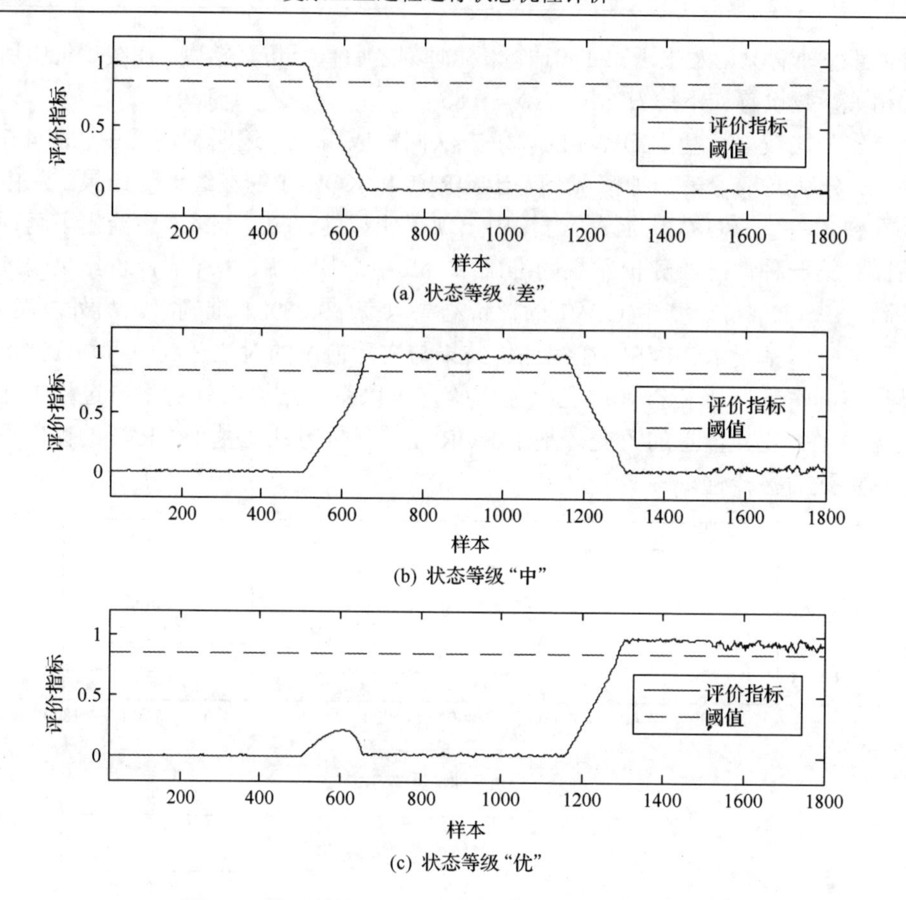

(a) 状态等级"差"

(b) 状态等级"中"

(c) 状态等级"优"

图 4.7 第一种情况下基于 KORVI 的在线评价结果

表 4.4 第一种情况下基于 ORVI 和 KORVI 的评价结果准确率

方法	N_r	β / %
ORVI	1607	89.28
KORVI	1723	95.72

表 4.5 基于 KORVI 的在线评价结果与实际情况的对比

运行状态	实际情况	基于 KORVI 的评价
"差"	1～500	1～520
"差"向"中"的转换	501～650	521～660
"中"	651～1150	661～1173
"中"向"优"的转换	1151～1300	1174～1324
"优"	1301～1800	1325～1800

对于过程运行状态“差”的情况，两种评价方法的非优原因追溯结果如图 4.8 和图 4.9 所示。从中可以看出，浸出槽 1 氰化钠流量(变量 2)和浸出槽 1 氰根离子浓度(变量 3)的贡献明显大于其他变量的贡献。又因为氰化钠流量为实际可操作变量，所以可以断定浸出槽 1 氰化钠流量为实际的非优原因变量，追溯结果与实际情况相符。

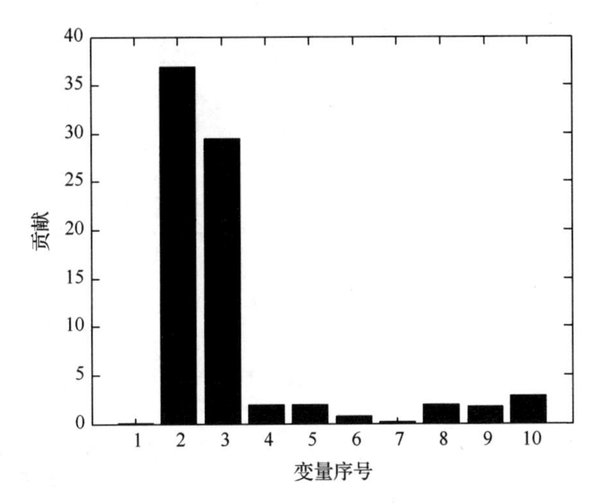

图 4.8　第一种情况下基于 ORVI 的非优原因追溯结果(第 1 个采样时刻)

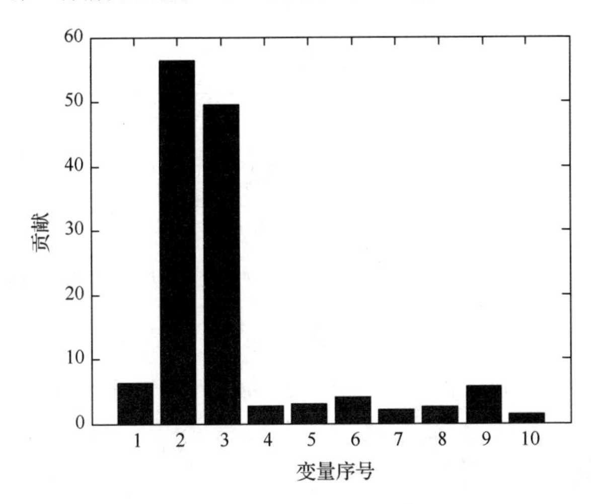

图 4.9　第一种情况下基于 KORVI 的非优原因追溯结果(第 1 个采样时刻)

针对第二种情况，图 4.10 和图 4.11 分别展示了基于 ORVI 和 KORVI 的在线评价结果。两种评价方法中，过程运行状态从优转变为非优的转折点分别为第 1640 和 1585 个采样时刻，可见针对 KORVI 的改变，基于 KORVI 的评价方法比基于 ORVI 的评价方法能够更及时地发现和捕捉到过程运行状态的变化。究其原因，可以归结为：基于 KORVI 的评价方法中采用核技术处理变量之间的非线性相关关系，使其能够更准确地提取过程数据中与运行状态优性相关的非线性变异信息。基于上述两种评价方法得到的评价结果准确率如表 4.6 所示。通过上述实验，可以得出结论：针对生产过程中 KORVI 的改变，基于 KORVI 的评价方法比基于 ORVI 的评价方法具有更高的敏感性。

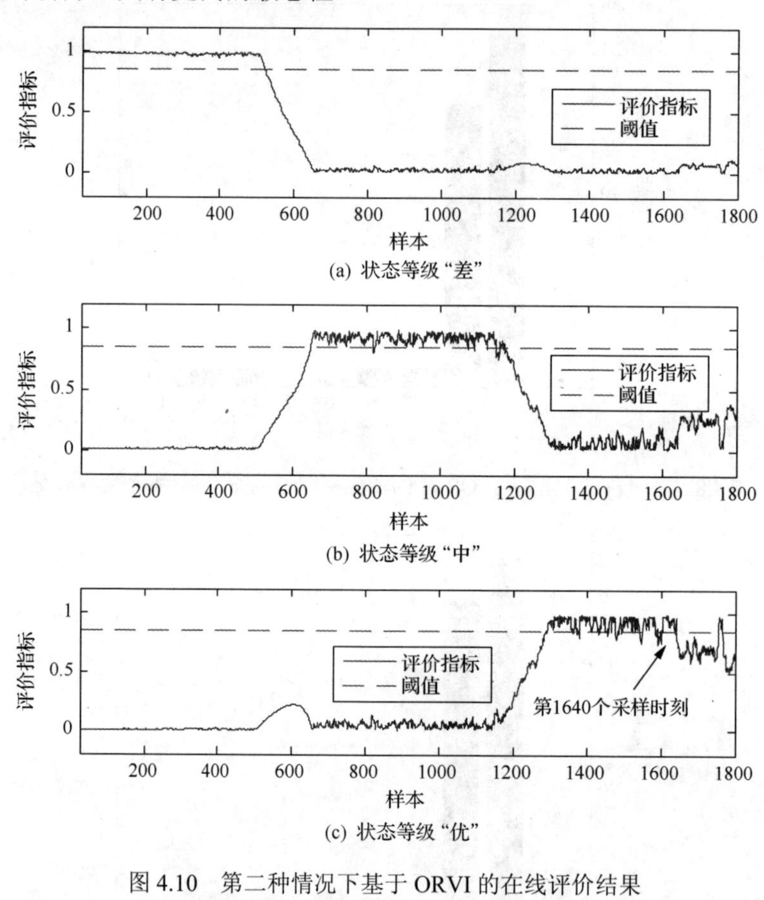

(a) 状态等级“差”

(b) 状态等级“中”

(c) 状态等级“优”

图 4.10　第二种情况下基于 ORVI 的在线评价结果

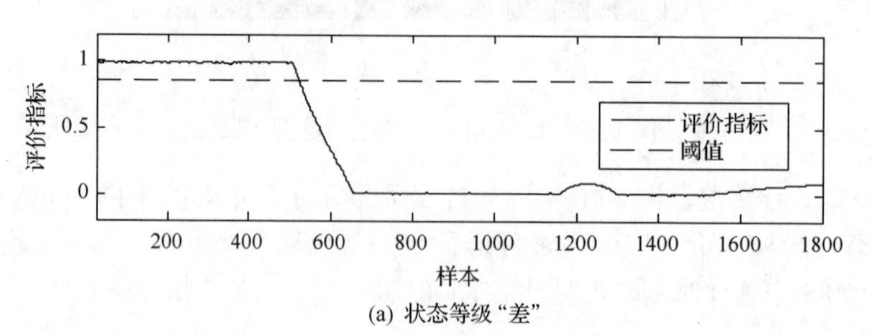

(a) 状态等级“差”

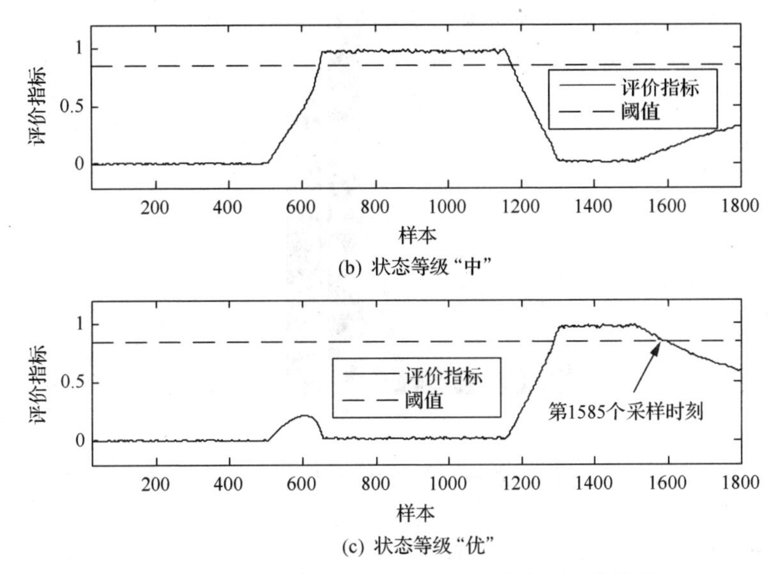

(b) 状态等级“中”

(c) 状态等级“优”

图 4.11　第二种情况下基于 KORVI 的在线评价结果

表 4.6　第二种情况下基于 ORVI 和 KORVI 的评价结果准确率

方法	N_r	β / %
ORVI	1594	88.56
KORVI	1670	92.78

因锌粉添加量减少而导致的非优运行状态的原因追溯结果如图 4.12 和图 4.13 所示。在基于 ORVI 和 KORVI 的评价方法中，锌粉添加量(变量 6)和贫液中金氰络合物浓度(变量 7)的贡献明显大于其他变量。由于锌粉添加量是可操作变量，因此认为锌粉添加量为真正的非优原因变量，识别结果与实际情况相符。

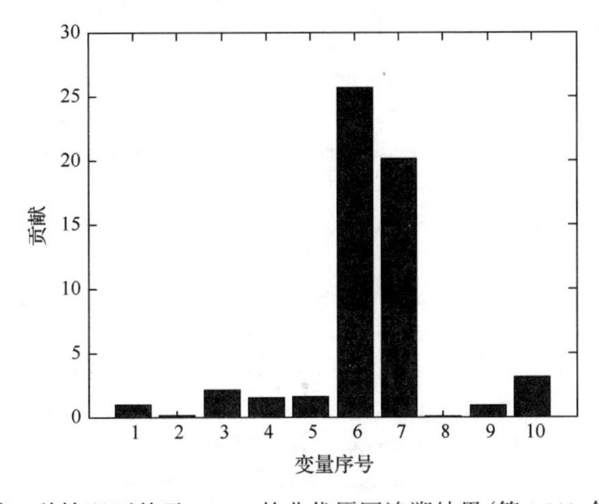

图 4.12　第二种情况下基于 ORVI 的非优原因追溯结果(第 1640 个采样时刻)

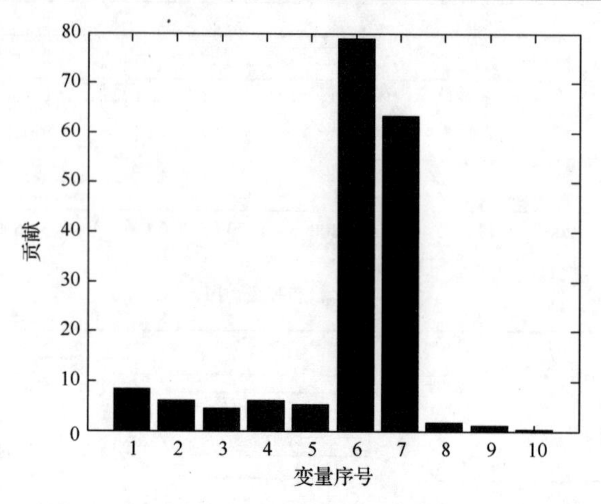

图 4.13　第二种情况下基于 KORVI 的非优原因追溯结果(第 1585 个采样时刻)

参 考 文 献

[1] Liu Y, Chang Y Q, Wang F L. Online process operating performance assessment and nonoptimal cause identification for industrial processes. Journal of Process Control, 2014, 24(10):1548-1555.

[2] Zhou D H, Li G, Qin S J. Total projection to latent structures for process monitoring. AIChE Journal, 2010, 56(1):168-178.

[3] Liu Y, Wang F L, Chang Y Q. Operating optimality assessment based on optimality related variations and nonoptimal cause identification for industrial processes. Journal of Process Control, 2016, 39:11-20.

[4] Liu Y, Chang Y Q, Wang F L, et al. Complex process operating optimality assessment and nonoptimal cause identification using modified total kernel PLS. Proceedings of the 26th Control & Decision Conference, Changsha, 2014: 1221-1227.

[5] Liu Y, Wang F L, Chang Y Q. Operating optimality assessment and cause identification for nonlinear industrial processes. Chemical Engineering Research and Design, 2017, 117:472-487.

[6] Schölkopf B. Learning with Kernels: Support Vector Machines, Regularization, Optimization, and Beyond. Cambridge: MIT Press, 2003.

[7] Breneman J. Kernel methods for pattern analysis. John Shawe-Taylor and Nello Cristianini. Journal of the American Statistical Association, 2006, 101:1730-1730.

[8] Choi S W, Lee C, Lee J M, et al. Fault detection and identification of nonlinear processes based on kernel PCA. Chemometrics & Intelligent Laboratory Systems, 2005, 75(1):55-67.

[9] Zhang Y W, Teng Y D. Process data modeling using modified kernel partial least squares. Chemical Engineering Science, 2010, 65(24):6353-6361.

[10] Yu J. A nonlinear kernel Gaussian mixture model based inferential monitoring approach for fault detection and diagnosis of chemical processes. Chemical Engineering Science, 2012, 68(1):506-519.

[11] Smola A. Nonlinear Component Analysis as a Kernel Eigenvalue Problem. Cambridge: MIT Press, 1998.

[12] Peng K X, Zhang K, Li G, et al. Contribution rate plot for nonlinear quality-related fault diagnosis with application to the hot strip mill process. Control Engineering Practice, 2013, 21(4):360-369.

[13] Zhao C H, Gao F R, Niu D P, et al. A two-step basis vector extraction strategy for multiset variable correlation analysis. Chemometrics & Intelligent Laboratory Systems, 2011, 107(1):147-154.

第 5 章　定量与定性信息共存的流程工业过程运行状态优性评价

5.1　引　　言

过程运行状态优性评价在过程安全运行的前提下，综合考虑了产品质量、物耗、能耗、经济收益等因素，对过程运行性能优劣程度进行评价，包括过程运行状态在线评价和非优运行状态原因变量追溯两部分。在线评价实时判断运行性能优劣程度，非优原因追溯诊断导致非优运行状态的原因，指导操作人员进行生产调整。优运行状态使综合经济效益大、生产效率高、生产成本低。因此，对过程运行性能优劣评价的研究具有重要的理论意义和应用价值。

传统的状态评价方法按照所用信息属性的不同，可分为两类：基于定量信息的评价方法和基于定性信息的评价方法。基于定量信息的评价方法处理以定量信息为主的状态评价问题，定量信息指用数值大小描述的变量信息。多元统计方法是一种应用最广泛的定量评价方法，适用于过程先验知识较少的过程，第 3 章和第 4 章以多元统计方法为基础，进行运行状态评价。概率框架下的状态评价方法，如基于 GMM[1]和贝叶斯理论(Bayesian theory)[2,3]的评价方法，已广泛应用于状态评价中。基于概率理论的评价方法需要先验知识辅助确定概率密度函数。不同于经典方法过于严苛的要求，智能评价方法，如基于人工神经网络(artificial neural network，ANN)的评价方法，由于学习能力和非线性处理能力强，受到研究者的青睐[4,5]。但是，此类方法容易陷入局部最优值，可能出现过拟合现象。基于定性信息的评价方法处理以定性信息为主的过程性能评价问题，定性信息指定性描述的变量信息，主要通过语义变量来描述。最常用的处理定性信息的方法有贝叶斯网(Bayesian network，BN)、模糊理论(fuzzy theory)和 RS 理论。BN 通过建立表示因果关系的网络和概率表来进行状态评价，BN 的构建通常需要大量过程因果知识[6,7]。模糊理论通过隶属度函数进行评价，但隶属度函数和判定阈值的选取尚无严格的理论指导[8,9]。RS 在保持分类能力不变的前提下，对数据表进行约简，去除冗余信息，提取启发式规则，进行评价[10]。但经典 RS 并未考虑数据与目标概念之间的覆盖关系，因此，概率粗糙集(probabilistic rough set，PRS)应运而生[11-13]。PRS 定义了等价类与目标概念的隶属程度，以后验概率的形式量化数据与目标概念之间的覆盖关系。PRS 提高了经典 RS 的决策能力，然而对于连续型变量，RS

和 PRS 离散化的过程中会损失有效信息。此外，RS 和 PRS 只能对曾经出现过的情况进行推理。为解决这两个问题，Yang 等[14]提出了模糊概率粗糙集(fuzzy probabilistic rough set，FPFS)。总而言之，定量方法精度高，能够提取变量之间的相关性，预测性能较好；定性方法解释性强，可以处理不精确的信息。但是，若过程定量与定性变量共存，传统定量技术难以直接应用，定性方法可能由于定量变量离散化损失信息，降低评价精度。

实际工业过程还面临一个巨大的挑战，即流程工业特性。流程工业过程生产流程长，规模庞大，变量数据巨大，变量相关性复杂。一个流程工业生产过程通常包含若干生产单元，同一个生产单元内，变量强耦合，不同生产单元间，变量弱耦合。生产过程从前至后，依序进行，每一个生产单元的生产时间不尽相同。因此，将传统的评价方法直接应用于流程工业过程，常常难以得到令人满意的准确率。流程工业过程生产周期长、变量众多、机理复杂，难以建立准确的全局模型。最常用的处理流程工业特性的方法就是将过程根据物理特性划分层次和子块，这种措施已广泛应用于过程运行状态安全性评价中[15,16]。MacGregor 等[17]和 Jiang 等[18]分别提出了分块的多元统计方法和分块的概率论方法，来处理流程工业过程的运行状态安全性评价问题。相比于分块方法，分层方法更注重子块之间的相关性[19]。在分层或分块的基础上，研究者在质量预测[20]、自适应[21]、间歇过程[22]等方向进行了进一步探索。但目前面向流程工业过程运行状态优性评价的研究鲜有报道。传统的评价方法难以直接应用于实际流程工业过程运行状态优性评价中，主要原因如下：①全流程的评价问题难以分解为子块的状态评价问题；②难以定义子块的运行状态优性等级；③未考虑定量、定性变量共存问题。

本章针对定性和定量信息共存的情况，介绍一种基于两层分块混合模型的流程工业过程运行状态优性评价方法。

5.2　两层分块评价模型的建立

5.2.1　两层分块评价模型结构

传统评价方法对过程变量 $\boldsymbol{x}$ 和评价指标 CEI 可建立一个单模型：

$$\mathrm{CEI} = f(\boldsymbol{x}) \tag{5.1}$$

然而，对于一个同时包含定量和定性信息的流程工业过程，$f(\cdot)$ 难以准确获得。

为了降低流程工业过程运行状态优性评价问题的规模、提高模型解释性，本章介绍一种两层分块混合模型，如图 5.1 所示。横向上，将流程工业过程，根据其物理特性划分子块。将联系紧密的设备或生产环节划分至同一子块内，将联系相对较弱的设备或生产环节划分至不同子块。纵向上，形成两个评价层次——子块层和全流程层。子块层以评价子块运行状态优劣为目的，全流程层以评价整个流程工业过程综合运行状态的优劣为目的。在子块层，子块内变量相关性强，子块间变量相关性弱。在全流程层，提取各子块间的交叉信息。因此，两层分块结构增强了模型解释性，减少了问题规模，降低了建模难度，削弱了与子块运行状态优性无关变量的影响，放大了对子块运行状态优性相关变量的作用。

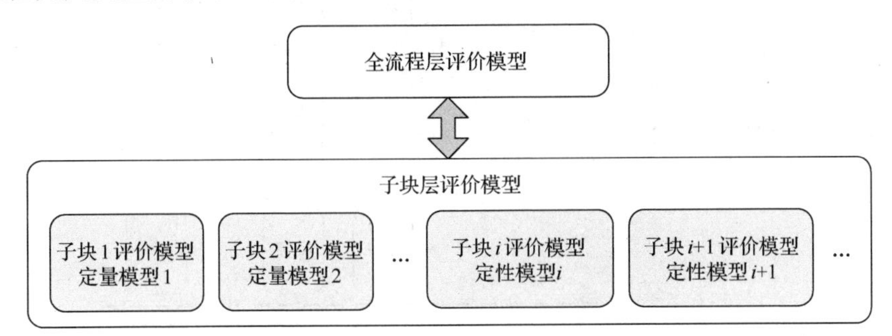

图 5.1 两层分块混合模型结构示意图

5.2.2 全流程层和子块层建模数据处理

针对一个复杂的流程工业过程，在划分单元子块之后，如果各子块存在独立的评价指标，那么可以对每个子块建立以子块生产指标为评价标准的模型，再在子块生产指标的基础上，进行全流程的运行状态评价。但是，本章旨在解决子块没有评价指标的流程工业过程运行状态优性评价问题。本章利用唯一的评价指标——全流程综合经济指标，作为子块运行状态等级划分标准。根据全流程综合经济指标的高低，过程运行状态被划分为若干状态等级。假设全流程综合经济指标包含 C 个状态等级，对应的全流程状态等级由 1 至 C，依次降低。在划分子块后，就一个子块的一类运行情况而言，定义此类运行情况下所能达到的最好全流程状态等级为这种运行情况下该子块的状态等级。从另一个角度看，该运行情况下，当其他子块都处于最好匹配状态时，该子块使全流程所能达到的最好状态等级代表了该子块所处运行情况的极限最好情况，是子块所处运行情况固有特性的一种体现。如图 5.2 所示，预处理后的建模数据处理包括以下三个步骤。

(1) 数据块划分。令建模数据为 $\boldsymbol{X} \in \Re^{N \times J}$，$N$ 表示样本个数，J 表示变量个数。假设全流程被划分为 I 个子块，根据变量和子块之间的对应关系，建模数据 $\boldsymbol{X}$ 也相应被分割为 I 个子块，用 $\boldsymbol{X}^i \in \Re^{N \times J^i}$ $(i=1,2,\cdots,I)$ 表示第 i 个子块对应的建模数据，J^i 为第 i 个子块的变量个数，假设子块间的建模数据已经根据子块运行时间进行了时序对整。在本书中，定量变量以变量取值的形式存储，定性变量以变量状态等级序号的形式表示，如温度的高、中、低三种状态，分别对应状态等级 1、2、3。

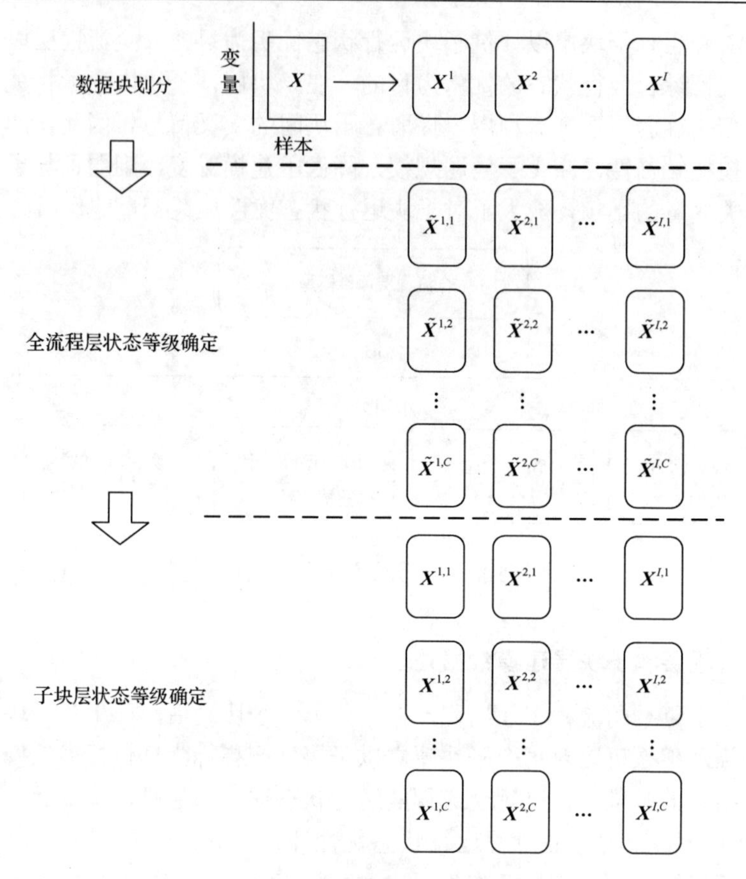

图 5.2　离线数据处理示意图

(2) 全流程层状态等级确定。本章仍采用综合经济指标为全流程运行状态评价指标。全流程综合经济指标的C个状态，对应全流程状态等级由 1 至C，且依次降低。那么，每一个子块数据$\boldsymbol{X}^i$，可以根据全流程综合经济指标的高低，相应划分为C个数据块，记为$\tilde{\boldsymbol{X}}^{i,1},\tilde{\boldsymbol{X}}^{i,2},\cdots,\tilde{\boldsymbol{X}}^{i,C}$，其中，$\tilde{\boldsymbol{X}}^{i,c}$表示子块$i$中全流程综合经济指标处于第$c$个状态的数据，$i=1,2,\cdots,I$，$c=1,2,\cdots,C$，$I$为子块个数。

(3) 子块层状态等级确定。针对子块i，$\tilde{\boldsymbol{X}}^{i,1},\tilde{\boldsymbol{X}}^{i,2},\cdots,\tilde{\boldsymbol{X}}^{i,C}$需要进行进一步的处理来得到各个状态等级的建模数据$\boldsymbol{X}^{i,1},\boldsymbol{X}^{i,2},\cdots,\boldsymbol{X}^{i,C}$，矩阵$\boldsymbol{X}^{i,c}$（$c=1,2,\cdots,C$）中包含所有能代表子块$i$对应状态等级$c$特性的数据。因此，$\boldsymbol{X}^{i,c}$可用于提取子块$i$对应状态等级$c$的特征信息。以$\boldsymbol{X}^{i,1}$为例，$\boldsymbol{X}^{i,1}$包含$\tilde{\boldsymbol{X}}^{i,1}$中所有的样本，以及数据$\tilde{\boldsymbol{X}}^{i,2},\tilde{\boldsymbol{X}}^{i,3},\cdots,\tilde{\boldsymbol{X}}^{i,C}$中与$\tilde{\boldsymbol{X}}^{i,1}$相似度大于阈值$\varepsilon$的数据，这些数据从$\tilde{\boldsymbol{X}}^{i,2},\tilde{\boldsymbol{X}}^{i,3},\cdots,\tilde{\boldsymbol{X}}^{i,C}$中转移至$\boldsymbol{X}^{i,1}$中。类似地，再依次确定$\boldsymbol{X}^{i,2},\boldsymbol{X}^{i,3},\cdots,\boldsymbol{X}^{i,C}$。如图 5.3 所示，确定子块层状态等级$c$中数据$\boldsymbol{X}^{i,c}$的具体做法为：首先，$\boldsymbol{X}^{i,c}$包含了$\tilde{\boldsymbol{X}}^{i,c}$中剩余的数据；再以全流程层状态等级$c+1,c+2,\cdots,C$中数据矩阵$\tilde{\boldsymbol{X}}^{i,c+1},\tilde{\boldsymbol{X}}^{i,c+2},\cdots,\tilde{\boldsymbol{X}}^{i,C}$为

基础，将 $\tilde{\boldsymbol{X}}^{i,c+1},\tilde{\boldsymbol{X}}^{i,c+2},\cdots,\tilde{\boldsymbol{X}}^{i,C}$ 中与 $\tilde{\boldsymbol{X}}^{i,c}$ 中数据相似度大于阈值 ε 的数据，从原来的矩阵 $\tilde{\boldsymbol{X}}^{i,c+1},\tilde{\boldsymbol{X}}^{i,c+2},\cdots,\tilde{\boldsymbol{X}}^{i,C}$ 中转移至矩阵 $\boldsymbol{X}^{i,c}$ 中；更新后的数据 $\boldsymbol{X}^{i,c}$ 为子块层状态等级为 c 的数据；状态等级 $c+1,c+2,\cdots,C$ 的数据 $\tilde{\boldsymbol{X}}^{i,c+1},\tilde{\boldsymbol{X}}^{i,c+2},\cdots,\tilde{\boldsymbol{X}}^{i,C}$ 也进行了相应更新，成为确定下一状态等级数据 $\boldsymbol{X}^{i,c+1}$ 的基础。两条数据的相似度定义如下：

$$\mathrm{sim}(\boldsymbol{x}_1,\boldsymbol{x}_2)=1-\frac{1}{J'}\sum_{j=1}^{J'}d(x_{1,j},x_{2,j}) \tag{5.2}$$

式中，

$$d(x_{1,j},x_{2,j})=\begin{cases}\left|\dfrac{x_{1,j}-x_{2,j}}{x_j^{\max}-x_j^{\min}}\right|, & \text{第}\,j\,\text{个变量为定量变量}\\ \dfrac{\left|x_{1,j}-x_{2,j}\right|}{A_j-1}, & \text{第}\,j\,\text{个变量为定性变量}\end{cases} \tag{5.3}$$

$x_{1,j}$ 和 $x_{2,j}$ 分别是 $\boldsymbol{x}_1$ 和 $\boldsymbol{x}_2$ 的第 j 个变量；若第 j 个变量为定量变量，$x_j^{\max}$ 和 $x_j^{\min}$ 是该变量的工艺最大值和最小值；若第 j 个变量为定性变量，$\left|x_{1,j}-x_{2,j}\right|$ 是 $x_{1,j}$ 和 $x_{2,j}$ 的状态等级差；A_j 是第 j 个变量的状态等级数；J' 为变量数。

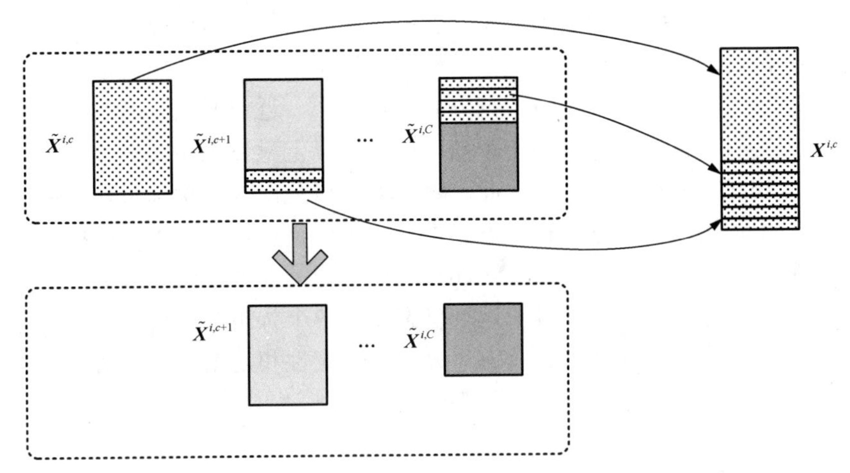

图 5.3　子块 i 状态等级 c 的建模数据构建示意图

根据上述三个步骤，可确定子块数据的全流程层状态等级和子块层状态等级。基于上述状态等级划分规则，不需建立显式的全流程层模型，全流程层状态等级可直接由子块层中最劣的子块状态等级决定，原因将在 5.5.2 小节的过程运行状态优性在线评价方法中阐述。

在一个子块内，综合考虑评价精度需求、定量和定性变量的比例、模型建立的复杂度，来选择定量或者定性方法进行建模和评价。根据子块内数据的特性，选取更有效的建模方法：针对以定量信息为主的子块，本章介绍一种基于 GMM 的建模方法，获取定量与定性变量的联合分布；针对以定性信息为主的子块，本章介绍一种基于改进模糊概率粗糙集(MFPRS)的建模方法，得到子块内各状态等级的推理规则。在 5.3 节和 5.4 节中，分别介绍基于 GMM 和基于 MFPRS 的过程运行状态优性评价方法，这两种方法既可以作为流程工业过程的子块评价方法，也可作为独立的评价方法分别对以定量和定性信息为主的过程进行状态评价。5.5 节介绍了基于 GMM-MFPRS 的流程工业过程运行状态优性评价方法。

5.3　基于 GMM 的过程运行状态优性评价

同一状态等级下的过程数据波动不会超过一定范围，可以用数据分布来描述过程特性，并拟合过程数据概率密度函数。基于数据分布特性的评价方法，已广泛应用于运行状态安全性评价中，但此类方法通常完全基于定量的过程数据。实际工业生产过程中，由于生产环境恶劣、测量技术落后、检测成本高等，定量变量与定性变量共存现象普遍存在。由于定性变量的存在，传统的基于数据分布的优性评价方法不能直接应用于这样的过程中。

高斯分布是一种常见的数据分布，若高维空间点的分布近似为椭球体，则可用单一高斯密度函数来描述这些数据的概率密度函数。针对以定量信息为主的单模态过程，同一状态等级的定量数据分布特性相似，近似服从单高斯分布，可视为所有状态等级定量数据分布的一个高斯成分。以定量变量为主的过程中，定性变量的个数和状态种类都较少，因此，定性变量可能出现的状态组合种类不会很多，其分布可以用历史数据进行学习。本节针对以定量信息为主的过程运行状态优性评价问题，介绍一种基于 GMM 和贝叶斯理论的评价方法，求取定量和定性变量的联合概率分布，并在线推算运行状态属于各个状态等级的后验概率，建立相应在线评价策略。对非优运行状态，分别针对定性和定量变量，给出相应的非优原因追溯方法。

5.3.1　GMM 的离线建立

原始历史数据构成二维矩阵 $\boldsymbol{X} \in \Re^{N \times J}$，$N$ 为样本数，J 为过程变量数，其中，第 n 个样本表示为 $\boldsymbol{x}_n \in \Re^{1 \times J}$。$\boldsymbol{X}$ 包含定量和定性两类数据，分别表示为 $\boldsymbol{X}_{QN}$ 和 $\boldsymbol{X}_{QL}$，$\boldsymbol{X}$ 中第 n 个样本表示为定量和定性两部分，即 $\boldsymbol{x}_n = \left[(\boldsymbol{x}_n)_{QN}, (\boldsymbol{x}_n)_{QL} \right]$。在

本书中，定量变量以变量取值的形式存储，定性变量以变量状态等级序号的形式表示，如温度的高、中、低三种状态，分别对应状态等级 1、2、3。其中，定性变量状态等级只与变量幅值或趋势大小相关，与状态优劣无关。

以定量信息为主的过程，通常具有以下特点：①同一运行状态等级的数据特性相似，不同状态等级的数据特性差别相对较大；②定性变量的个数和状态种类较少。因此，针对所有定性变量，可能出现的定性状态组合种类不会很多，其分布可以通过历史数据进行学习；针对定量变量，可以利用数据分布特性，对定量过程数据建立 GMM，其中，每一个状态等级的定量数据分别对应一个高斯成分。在此基础上，可以进一步求取定量变量和定性变量在每一种状态等级下的联合分布。

数据 $\boldsymbol{X}$ 可以分解为定性数据和定量数据两部分，即 $\boldsymbol{X}=\left[\boldsymbol{X}_{QN},\boldsymbol{X}_{QL}\right]$。用 $\boldsymbol{x}_{QL}^{l}$ 表示 $\boldsymbol{X}_{QL}$ 中第 l 种定性变量的组合形式，其中，$l=1,2,\cdots,L$，L 为对应定性组合种类总数。如果用 A_j 表示第 j 个定性变量的状态等级个数，$j=1,2,\cdots,J_{QL}$，J_{QL} 为定性变量个数，那么有 $L\leqslant\prod_{j=1}^{J_{QL}}A_j$。$\boldsymbol{X}_{QN}$ 中，与 $\boldsymbol{x}_{QL}^{l}$ 对应的所有定量数据构成矩阵 $\boldsymbol{X}_{QN}^{l}$。以综合经济指标为过程运行状态优性评价指标，根据该指标的定性状态大小，过程运行状态被划分为若干状态等级。假设综合经济指标包含 C 个状态，对应运行状态等级也为 C 个状态等级。相应地，可将数据 $\boldsymbol{X}_{QN}^{l}$ 划分为 C 个子块，对应 C 个运行状态等级，记为 $\boldsymbol{X}_{QN}^{l,1},\boldsymbol{X}_{QN}^{l,2},\cdots,\boldsymbol{X}_{QN}^{l,C}$。数据矩阵之间的划分关系如图 5.4 所示。

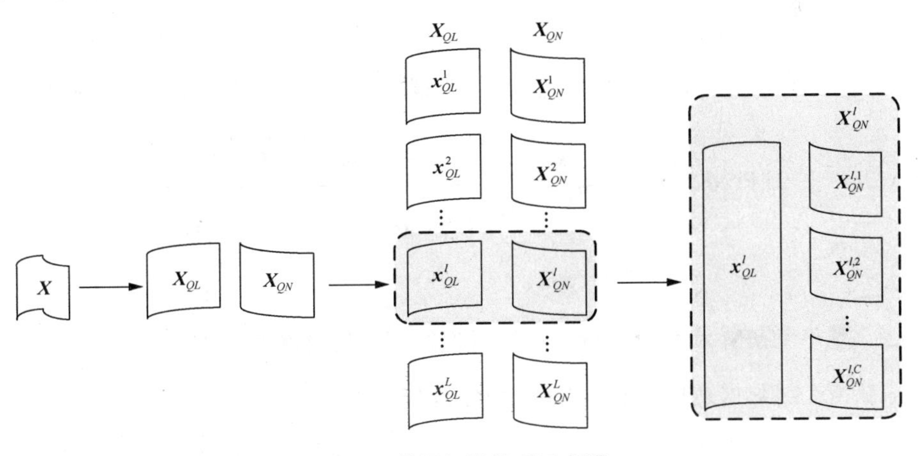

图 5.4　数据矩阵关系示意图

假设定量向量 $\boldsymbol{x}_{QN}$ 来自于 $\boldsymbol{X}_{QN}^{l,c}$，建模数据量充足。用 GMM 估计过程数据的概率密度函数，那么，在给定定性变量组合 $\boldsymbol{x}_{QL}^{l}$ 的前提下，每一个状态等级可视

作一个高斯成分。此时，第 c 个状态等级的概率密度函数可用高斯函数表示为

$$g\left\{\boldsymbol{x}_{QN}\left|\boldsymbol{\theta}^{l,c},\boldsymbol{x}_{QL}^{l}\right.\right\}=\frac{1}{(2\pi)^{J/2}\left|\boldsymbol{\Sigma}^{l,c}\right|^{1/2}}\exp\left[-\frac{1}{2}(\boldsymbol{x}_{QN}-\boldsymbol{\mu}^{l,c})(\boldsymbol{\Sigma}^{l,c})^{-1}(\boldsymbol{x}_{QN}-\boldsymbol{\mu}^{l,c})^{\mathrm{T}}\right] \tag{5.4}$$

式中，$\boldsymbol{\theta}^{l,c}=\left\{\boldsymbol{\mu}^{l,c},\boldsymbol{\Sigma}^{l,c}\right\}$；$\boldsymbol{\mu}^{l,c}$ 和 $\boldsymbol{\Sigma}^{l,c}$ 分别是 $\boldsymbol{X}_{QN}^{l,c}$ 的均值向量和协方差矩阵，$l=1,2,\cdots,L$，$c=1,2,\cdots,C$。相应地，在给定 $\boldsymbol{x}_{QL}^{l}$ 的前提下，过程运行状态等级为 c 的先验概率 $\Pr\left\{\boldsymbol{\theta}^{l,c}\left|\boldsymbol{x}_{QL}^{l}\right.\right\}$ 可以根据历史数据求得

$$\Pr\left\{\boldsymbol{\theta}^{l,c}\left|\boldsymbol{x}_{QL}^{l}\right.\right\}=\frac{\mathrm{Num}\left[\boldsymbol{X}_{QN}^{l,c}\right]}{\sum_{c'=1}^{C}\mathrm{Num}\left[\boldsymbol{X}_{QN}^{l,c'}\right]} \tag{5.5}$$

式中，$\mathrm{Num}[\boldsymbol{\varphi}]$ 表示矩阵 $\boldsymbol{\varphi}$ 中样本的个数。那么，在给定定性变量组合 $\boldsymbol{x}_{QL}^{l}$ 的前提下，所有状态等级数据分布的概率密度函数可以用 GMM 来表示，即

$$p\left\{\boldsymbol{x}_{QN}\left|\boldsymbol{\theta}^{l},\boldsymbol{x}_{QL}^{l}\right.\right\}=\sum_{c=1}^{C}g\left\{\boldsymbol{x}_{QN}\left|\boldsymbol{\theta}^{l,c},\boldsymbol{x}_{QL}^{l}\right.\right\}\Pr\left\{\boldsymbol{\theta}^{l,c}\left|\boldsymbol{x}_{QL}^{l}\right.\right\} \tag{5.6}$$

式中，$\boldsymbol{\theta}^{l}$ 表示参数的集合 $\left\{\boldsymbol{\theta}^{l,1},\boldsymbol{\theta}^{l,2},\cdots,\boldsymbol{\theta}^{l,C}\right\}$。

针对一个样本 $\boldsymbol{x}_{n}=\left[\boldsymbol{x}_{QN},\boldsymbol{x}_{QL}\right]$，若 $\boldsymbol{x}_{QL}$ 与定性变量组合 $\boldsymbol{x}_{QL}^{l}$ 相同，那么 $\boldsymbol{x}_{QN}$ 属于第 c 个高斯成分，即第 c 个状态等级的后验概率可以通过贝叶斯理论求取：

$$\Pr\left\{\boldsymbol{\theta}^{l,c}\left|\boldsymbol{x}_{QN},\boldsymbol{x}_{QL}^{l}\right.\right\}=\frac{g\left\{\boldsymbol{x}_{QN}\left|\boldsymbol{\theta}^{l,c},\boldsymbol{x}_{QL}^{l}\right.\right\}\Pr\left\{\boldsymbol{\theta}^{l,c}\left|\boldsymbol{x}_{QL}^{l}\right.\right\}}{\sum_{c'=1}^{C}g\left\{\boldsymbol{x}_{QN}\left|\boldsymbol{\theta}^{l,c'},\boldsymbol{x}_{QL}^{l}\right.\right\}\Pr\left\{\boldsymbol{\theta}^{l,c'}\left|\boldsymbol{x}_{QL}^{l}\right.\right\}} \tag{5.7}$$

5.3.2 基于 GMM 和贝叶斯理论的过程运行状态优性在线评价

获得在线数据之后，首先采用与离线建模时相同的方法进行预处理。假设 k 时刻的在线数据为 $\boldsymbol{x}_{k}=\left[(\boldsymbol{x}_{k})_{QN},(\boldsymbol{x}_{k})_{QL}\right]$，在建模数据充分的前提下，假设 $(\boldsymbol{x}_{k})_{QL}=\boldsymbol{x}_{QL}^{l}$。用 G^{c} 表示第 c 个运行状态等级，那么根据式(5.7)，可求得 $\boldsymbol{x}_{k}$ 处于 G^{c} 的概率：

$$\begin{aligned}
&\Pr\left\{G^c \middle| \boldsymbol{x}_k\right\} \\
&= \Pr\left\{\boldsymbol{\theta}^{l,c} \middle| (\boldsymbol{x}_k)_{QL}, (\boldsymbol{x}_k)_{QN}\right\} \\
&= \frac{g\left\{(\boldsymbol{x}_k)_{QN} \middle| \boldsymbol{\theta}^{l,c}, (\boldsymbol{x}_k)_{QL}^l\right\} \Pr\left\{\boldsymbol{\theta}^{l,c} \middle| (\boldsymbol{x}_k)_{QL}^l\right\}}{\sum_{c'=1}^{C} g\left\{(\boldsymbol{x}_k)_{QN} \middle| \boldsymbol{\theta}^{l,c'}, (\boldsymbol{x}_k)_{QL}^l\right\} \Pr\left\{\boldsymbol{\theta}^{l,c'} \middle| (\boldsymbol{x}_k)_{QL}^l\right\}}
\end{aligned} \tag{5.8}$$

式中，$c = 1, 2, \cdots, C$。

在获得 $\Pr\left\{G^1 \middle| \boldsymbol{x}_k\right\}, \Pr\left\{G^2 \middle| \boldsymbol{x}_k\right\}, \cdots, \Pr\left\{G^C \middle| \boldsymbol{x}_k\right\}$ 之后，最大后验概率对应的状态等级是

$$\tilde{G}_k^* = \arg\max_c \left\{\Pr\left\{G^c \middle| \boldsymbol{x}_k\right\}, c = 1, 2, \cdots, C\right\} \tag{5.9}$$

定义 k 时刻运行状态等级为连续 W 个样本点 $\tilde{G}_{k-W+1}^*, \tilde{G}_{k-W+2}^*, \cdots, \tilde{G}_k^*$ 中，频率最高的等级用 G_k^* 表示评价结果。针对前 W 个在线数据，计算每个时刻处于各状态等级的后验概率，并根据式(5.9)确定各时刻数据最大后验概率对应的等级。如果这 W 个在线数据存在频率最高的等级，那么将此等级作为过程初始状态等级；否则，继续计算下一时刻处于各状态等级的后验概率，直到目前累积的时刻里，最大后验概率对应的等级存在一个出现频率最高的等级，即为初始状态等级。一般情况下，最多 $\max\{W, C+1\}$ 个时刻之后，可以确定初始状态等级。在初始状态等级已知的情况下，具体运行状态评价步骤总结如下：

(1) 获取在线过程数据 $\boldsymbol{x}_k = \left[(\boldsymbol{x}_k)_{QN}, (\boldsymbol{x}_k)_{QL}\right]$；

(2) 根据式(5.8)，计算 $\boldsymbol{x}_k$ 处于各状态等级的后验概率 $\Pr\left\{G^1 \middle| \boldsymbol{x}_k\right\}, \Pr\left\{G^2 \middle| \boldsymbol{x}_k\right\}, \cdots, \Pr\left\{G^C \middle| \boldsymbol{x}_k\right\}$；

(3) 确定此时最大后验概率对应的等级 $\tilde{G}_k^* = \arg\max_c \left\{\Pr\left\{G^c \middle| \boldsymbol{x}_k\right\}, c = 1, 2, \cdots, C\right\}$；

(4) k 时刻运行状态等级 G_k^* 为 $\tilde{G}_{k-W+1}^*, \tilde{G}_{k-W+2}^*, \cdots, \tilde{G}_k^*$ 中频率最高的等级。

5.3.3 非优原因追溯

1. 非优原因追溯策略

针对定量变量和定性变量共存、定量信息为主的过程，当过程运行状态非优时，本节介绍一种非优原因追溯方法。对于以定量变量为主，含少数定性变量的过程，定性变量组合种类个数不会很多。首先判断非优运行状态原因变量是定性

变量还是定量变量，然后分别进行原因变量追溯。针对定量变量和定性变量，追溯方法分别在本小节第 2 部分和第 3 部分中介绍，非优原因追溯策略如图 5.5 所示，当前的非优运行状态数据 $\boldsymbol{x}_k=\left[(\boldsymbol{x}_k)_{QN},(\boldsymbol{x}_k)_{QL}\right]$，非优运行状态原因变量的类型判断结果存在以下情况。

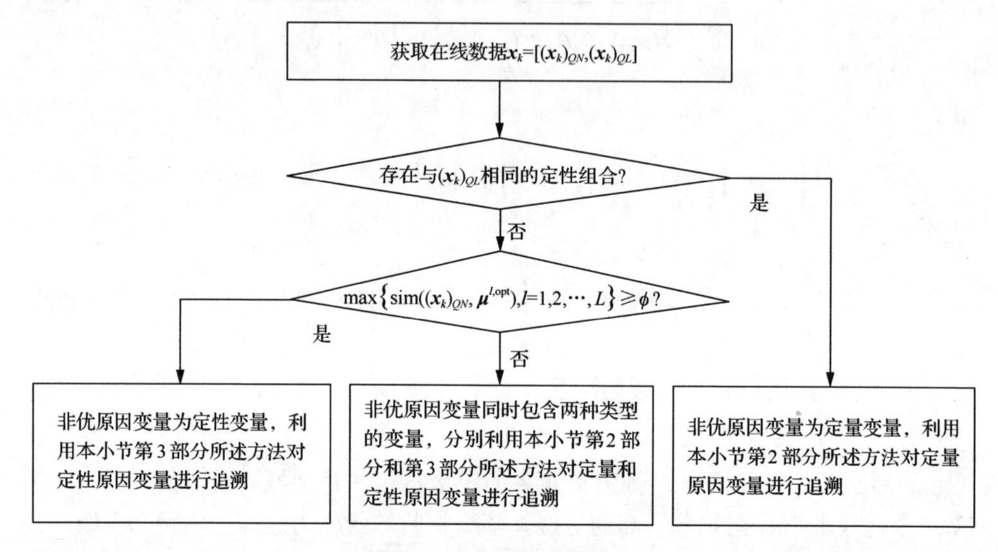

图 5.5　非优原因追溯策略

在历史优运行数据中，如果存在与当前数据定性部分 $(\boldsymbol{x}_k)_{QL}$ 相同的定性组合，那么非优原因变量是定量变量，采用本小节第 2 部分所述方法对定量原因变量进行追溯。

在历史优运行数据中，如果不存在与当前数据定性部分 $(\boldsymbol{x}_k)_{QL}$ 相同的定性组合，那么需要进一步判断非优原因变量只有定量变量还是同时包含两种类型的变量。计算当前数据定量部分 $(\boldsymbol{x}_k)_{QN}$ 与状态等级“优”下定量数据均值 $\boldsymbol{\mu}^{l,\text{opt}}$ 的相似度，其中，$l=1,2,\cdots,L$，$\boldsymbol{\mu}^{l,\text{opt}}$ 是第 l 种定性状态组合对应的状态等级“优”下定量数据 $\boldsymbol{X}_{QN}^{l,\text{opt}}$ 的均值，$(\boldsymbol{x}_k)_{QN}$ 和 $\boldsymbol{\mu}^{l,\text{opt}}$ 的相似度定义为 $\text{sim}\left[(\boldsymbol{x}_k)_{QN},\boldsymbol{\mu}^{l,\text{opt}}\right]=1-\dfrac{1}{J_{QN}}\sum_{j=1}^{J_{QN}}\left|\dfrac{(x_{k,j})_{QN}-\mu_j^{l,\text{opt}}}{x_j^{\max}-x_j^{\min}}\right|$，$(x_{k,j})_{QN}$ 和 $\mu_j^{l,\text{opt}}$ 分别是 $(\boldsymbol{x}_k)_{QN}$ 和 $\boldsymbol{\mu}^{l,\text{opt}}$ 的第 j 个变量，$x_j^{\max}$ 和 $x_j^{\min}$ 分别表示第 j 个变量的工艺最大值和最小值，J_{QN} 为定量变量总数。

在历史优运行数据中不存在与当前数据定性部分 $(\boldsymbol{x}_k)_{QL}$ 相同的定性组合：如果 $\max\left\{\text{sim}\left[(\boldsymbol{x}_k)_{QN},\boldsymbol{\mu}^{l,\text{opt}}\right],l=1,2,\cdots,L\right\}$ 大于等于相似度判定阈值 $\phi\,(0<\phi\leqslant 1)$，那么非优原因变量只存在于定性变量中，利用本小节第 3 部分所述方法对定性原因

变量进行追溯；如果 $\max\left\{\text{sim}\left[(\boldsymbol{x}_k)_{QN},\boldsymbol{\mu}^{l,\text{opt}}\right],l=1,2,\cdots,L\right\}$ 小于相似度判定阈值 ϕ，那么非优原因变量同时包含两种类型的变量，分别利用本小节第 2 部分和第 3 部分所述方法对定量和定性原因变量进行追溯。

2. 定量原因变量的追溯

将优运行状态的评价指标计算方法重写如下：

$$\Pr\left\{G^{\text{opt}}\left|\boldsymbol{x}_k\right.\right\}=\frac{g\left\{(\boldsymbol{x}_k)_{QN}\left|\boldsymbol{\theta}^{l,\text{opt}},(\boldsymbol{x}_k)_{QL}^l\right.\right\}\Pr\left\{\boldsymbol{\theta}^{l,\text{opt}}\left|(\boldsymbol{x}_k)_{QL}^l\right.\right\}}{\sum_{c'=1}^{C}g\left\{(\boldsymbol{x}_k)_{QN}\left|\boldsymbol{\theta}^{l,c'},(\boldsymbol{x}_k)_{QL}^l\right.\right\}\Pr\left\{\boldsymbol{\theta}^{l,c'}\left|(\boldsymbol{x}_k)_{QL}^l\right.\right\}} \tag{5.10}$$

式中，定性部分 $(\boldsymbol{x}_k)_{QL}$ 与第 l 种定性组合 $\boldsymbol{x}_{QL}^l$ 相同，G^{opt} 对应状态等级“优”，分母为归一化算子，是一个常数。显然，评价指标 $\Pr\left\{G^{\text{opt}}\left|\boldsymbol{x}_k\right.\right\}\propto g\left\{(\boldsymbol{x}_k)_{QN}\left|\boldsymbol{\theta}^{l,\text{opt}},(\boldsymbol{x}_k)_{QL}^l\right.\right\}\times\Pr\left\{\boldsymbol{\theta}^{l,\text{opt}}\left|(\boldsymbol{x}_k)_{QL}^l\right.\right\}$。在给定定性变量的前提下，$\Pr\left\{G^{\text{opt}}\left|\boldsymbol{x}_k\right.\right\}\propto g\left\{(\boldsymbol{x}_k)_{QN}\left|\boldsymbol{\theta}^{l,\text{opt}},(\boldsymbol{x}_k)_{QL}^l\right.\right\}$。其中，$g\left\{(\boldsymbol{x}_k)_{QN}\left|\boldsymbol{\theta}^{l,\text{opt}},(\boldsymbol{x}_k)_{QL}^l\right.\right\}$ 的取值和变化情况与式 (5.4) 中的马氏距离 $(\boldsymbol{x}_{QN}-\boldsymbol{\mu}^{l,c})(\boldsymbol{\Sigma}^{l,c})^{-1}(\boldsymbol{x}_{QN}-\boldsymbol{\mu}^{l,c})^{\text{T}}$ 直接相关。因此，定义第 j 个变量在时刻 k 对指标的贡献 $\text{Contr}_j^{\text{raw}}$ 为相应马氏距离对第 j 个变量的偏导数值。该偏导数的一种常用计算方法是，令 $(\boldsymbol{x}_k)_{QN}=\left[(x_{k,1})_{QN},(x_{k,2})_{QN},\cdots,(x_{k,J_{QN}})_{QN}\right]$，$\boldsymbol{v}=[v_1,v_2,\cdots,v_{J_{QN}}]$，$v_j=1$，$j=1,2,\cdots,J_{QN}$，$J_{QN}$ 是定量变量个数，定义算子 $\boldsymbol{x}_k\circ\boldsymbol{v}=[x_{k,1}v_1,\ x_{k,2}v_2,\cdots,x_{k,J_{QN}}v_{J_{QN}}]$，则有

$$\begin{aligned}
\text{Contr}_j^{\text{raw}}&=\frac{\partial}{\partial v_j}\left\{\left[(\boldsymbol{x}_k)_{QN}\circ\boldsymbol{v}-\boldsymbol{\mu}_{\text{opt}}^l\right](\boldsymbol{\Sigma}_{\text{opt}}^l)^{-1}\left[(\boldsymbol{x}_k)_{QN}\circ\boldsymbol{v}-\boldsymbol{\mu}_{\text{opt}}^l\right]^{\text{T}}\right\}\Bigg|_{\boldsymbol{v}=\mathbf{1}}\\
&=\left.\frac{\partial\left(\text{tr}\left\{\left[(\boldsymbol{x}_k)_{QN}\circ\boldsymbol{v}-\boldsymbol{\mu}^{l,\text{opt}}\right]^{\text{T}}\left[(\boldsymbol{x}_k)_{QN}\circ\boldsymbol{v}-\boldsymbol{\mu}^{l,\text{opt}}\right](\boldsymbol{\Sigma}^{l,\text{opt}})^{-1}\right\}\right)}{\partial v_j}\right|_{\boldsymbol{v}=\mathbf{1}}\\
&=\text{tr}\left\{\partial\frac{\left[(\boldsymbol{x}_k)_{QN}\circ\boldsymbol{v}-\boldsymbol{\mu}^{l,\text{opt}}\right]\left[(\boldsymbol{x}_k)_{QN}\circ\boldsymbol{v}-\boldsymbol{\mu}^{l,\text{opt}}\right]^{\text{T}}}{\partial v_j}(\boldsymbol{\Sigma}^{l,\text{opt}})^{-1}\right\}\Bigg|_{\boldsymbol{v}=\mathbf{1}}\\
&=2(x_{k,j})_{QN}\left[(\boldsymbol{x}_k)_{QN}-\boldsymbol{\mu}^{l,\text{opt}}\right](\boldsymbol{\beta}_j^{l,\text{opt}})^{\text{T}}
\end{aligned} \tag{5.11}$$

式中，$(x_{k,j})_{QN}$ 是 $(\boldsymbol{x}_k)_{QN}$ 的第 j 个变量；$\boldsymbol{\beta}_j^{l,\text{opt}}$ 为 $(\boldsymbol{\Sigma}^{l,\text{opt}})^{-1}$ 的第 j 行。同理，在 k 时刻，变量 j 的贡献为

$$\text{Contr}_j^{\text{raw}} = \left|2(x_{k,j})_{QN}\left[(\boldsymbol{x}_k)_{QN} - \boldsymbol{\mu}^{l,\text{opt}}\right](\boldsymbol{\beta}_j^{l,\text{opt}})^{\text{T}}\right| \tag{5.12}$$

用 $\text{Lim}_{j,\gamma}^{\text{opt}}$ 表示历史状态等级“优”中，置信度 γ 下，第 j 个变量贡献的控制限。$\text{Lim}_{j,\gamma}^{\text{opt}}$ 可以根据历史数据，通过核密度估计法来求取。定义第 j 个变量的贡献率 Contr_j 如下所示。

当 $\text{Contr}_j^{\text{raw}} \leqslant \text{Lim}_{j,\gamma}^{\text{opt}}$ 时，有

$$\text{Contr}_j = 0 \tag{5.13}$$

否则

$$\text{Contr}_j = \frac{\text{Contr}_j^{\text{raw}} - \text{Lim}_{j,\gamma}^{\text{opt}}}{\text{Lim}_{j,\gamma}^{\text{opt}}} \tag{5.14}$$

式中，$j=1,2,\cdots,J_{QN}$，Contr_j 较大的变量为非优运行状态原因变量。

3. 定性原因变量的追溯

针对定性非优原因变量的追溯，首先计算当前数据定量部分 $(\boldsymbol{x}_k)_{QN}$ 与状态等级“优”下定量数据均值 $\boldsymbol{\mu}^{l,\text{opt}}$ 的相似度 $\text{sim}\left[(\boldsymbol{x}_k)_{QN}, \boldsymbol{\mu}^{l,\text{opt}}\right]$，其中，$l=1,2,\cdots,L$。令 $l_{\text{ref}} = \underset{l}{\text{argmax}}\left\{\text{sim}\left[(\boldsymbol{x}_k)_{QN}, \boldsymbol{\mu}^{l,\text{opt}}\right], l=1,2,\cdots,L\right\}$，通过比较 $(\boldsymbol{x}_k)_{QL}$ 和 $\boldsymbol{x}_{QL}^{l_{\text{ref}}}$ 的差异来进行原因变量追溯。

$(\boldsymbol{x}_k)_{QL}$ 的第 j 个变量 $(x_{k,j})_{QL}$ 与 $\boldsymbol{x}_{QL}^{l_{\text{ref}}}$ 的第 j 个变量 $(x_j^{l_{\text{ref}}})_{QL}$ 之间的距离定义为

$$d\left[(x_{k,j})_{QL}, (x_j^{l_{\text{ref}}})_{QL}\right] = \frac{\left|(x_{k,j})_{QL} - (x_j^{l_{\text{ref}}})_{QL}\right|}{A_j} \tag{5.15}$$

式中，$\left|(x_{k,j})_{QL} - (x_j^{l_{\text{ref}}})_{QL}\right|$ 表示 $(x_{k,j})_{QL}$ 和 $(x_j^{l_{\text{ref}}})_{QL}$ 之间的等级差；A_j 是变量 j 总的状态等级个数。定性变量以变量状态等级序号的形式表示，定性变量状态等级只与变量幅值或趋势大小相关。$(x_{k,j})_{QL}$ 和 $(x_j^{l_{\text{ref}}})_{QL}$ 的等级差表示两个变量所处状态等级差值的绝对值。显然，$d\left[(x_{k,j})_{QL}, (x_j^{l_{\text{ref}}})_{QL}\right]$ 越大，变量 j 是非优运行状态原因变量的可能性越大。

定义第 j 个对非优运行状态的贡献率为

$$\text{Contr}_j = \frac{d\left[(x_{k,j})_{QL},(x_j^{l_{\text{ref}}})_{QL}\right]}{\sum_{j'}^{J_{QL}} d\left[(x_{k,j'})_{QL},(x_{j'}^{l_{\text{ref}}})_{QL}\right]} \tag{5.16}$$

式中，$j=1,2,\cdots,J_{QL}$，J_{QL} 是定性变量的个数；$\sum_{j'}^{J_{QL}} d\left[(x_{t,j'})_{QL},(x_{j'}^{l_{\text{ref}}})_{QL}\right]\neq 0$。贡献率大于 0 的变量为非优运行状态原因变量。$\sum_{j'}^{J_{QL}} d\left[(x_{t,j'})_{QL},(x_{j'}^{l_{\text{ref}}})_{QL}\right]=0$ 的情况表示定性变量不是导致运行状态非优的原因，但由于本小节第 1 部分的判断策略，一般不会出现这种情况。

5.4　基于 MFPRS 的过程运行状态优性评价

针对以定性信息为主的过程运行状态优性评价问题，为了充分利用定性和定量信息，减少有效信息的损失，保证评价精度，本节将传统 FPRS 方法进行了改进：一方面解决了定量变量和定性变量共存的问题，另一方面考虑了数据与目标概念之间的覆盖关系和等价程度，提高了判断精度，降低了判断结果对参数 λ 选取的依赖程度。将这种 MFPRS 方法应用于运行状态优性评价中。以样本属于各个状态等级的后验概率作为优性评价基础，建立相应评价策略，实现过程运行状态的在线评价。针对非优运行状态，介绍一种基于贡献率的原因追溯方法，识别导致运行状态非优的原因变量，指导生产调整。

5.4.1　一种改进的 FPRS 方法

FPRS 在经典 RS 的基础上，进行了以下两方面改进。

(1) 在经典 RS 中，由于离散化存在误差、变量数目庞大、条件属性无法全面反映决策属性的特性等问题，在决策推理中常常出现不一致规则，即在决策表中相同的条件属性对应不同的决策属性，这种不一致规则出现在目标概念的边界域中。针对这种规则，传统 RS 无法直接决策。而 FPRS 用概率表示分类结果，避免了不一致规则导致无法判断分类结果的问题。

(2) RS 的推理基于定性的状态变量，显然，将定量变量进行离散化会损失有效信息，从而降低决策精度。FPRS 最初提出是为解决定量变量的分类问题，也就是说，在用 FPRS 进行推理时不需要将定量变量进行离散化。因此，FPRS 相比于 RS 具有更高的精度。

FPRS 虽然改进了 RS 无法处理不一致规则和离散化导致信息损失的问题，但是 FPRS 无法处理定性变量与定量变量共存的问题。并且，如式 (2.111)，FPRS 虽然考虑到了等价类目标子集之间是否存在覆盖关系，却没有考虑到测试数据与等价类内元素之间的等价程度，可能导致分类结果不准确。针对这个问题，如果采取提高 λ 取值的方法，可能造成$[x_k]_{\tilde{R}_\lambda}$ 为空的问题，或者出现用个别离群数据代替整体特性的错误。从另一个角度看，FPRS 的准确性严重依赖于 λ 取值的合理性。因此，本节介绍 MFPRS 来解决上述问题。

实际生产过程中，定量变量和定性变量共存是一个普遍现象。假设论域 U 中包括所有过程历史数据，用 $\boldsymbol{x}_n=\left[(\boldsymbol{x}_n)_{QN},(\boldsymbol{x}_n)_{QL}\right]$ 表示论域中第 n 个元素，其中，$(\boldsymbol{x}_n)_{QN}$ 和 $(\boldsymbol{x}_n)_{QL}$ 分别表示定量部分和定性部分，$(x_{n,j})_{QN}$ 和 $(x_{n,j})_{QL}$ 分别表示 $(\boldsymbol{x}_n)_{QN}$ 和 $(\boldsymbol{x}_n)_{QL}$ 中的第 j 个变量，用 $x_{n,j}$ 代表 $(x_{n,j})_{QN}$ 和 $(x_{n,j})_{QL}$ 中的一种。为了充分利用定量与定性信息，定义测试数据 $\boldsymbol{x}_k$ 与任意 $\boldsymbol{x}_n \in U$ 的等价程度为

$$r_{kn}=1-D(\boldsymbol{x}_k,\boldsymbol{x}_n) \tag{5.17}$$

式中，$D(\boldsymbol{x}_k,\boldsymbol{x}_n)$ 表示向量 $\boldsymbol{x}_k$ 和 $\boldsymbol{x}_n$ 的距离，$D(\boldsymbol{x}_k,\boldsymbol{x}_n)=\frac{1}{J}\sum_{j=1}^{J}d(x_{k,j},x_{n,j})$，$d(x_{k,j},x_{n,j})$ 是变量 $x_{k,j}$ 和 $x_{n,j}$ 的距离。如果第 j 个变量是定量变量，那么定义 $d(x_{k,j},x_{n,j})$ 为

$$d(x_{k,j},x_{n,j})=\left|\frac{x_{k,j}-x_{n,j}}{x_j^{\max}-x_j^{\min}}\right| \tag{5.18}$$

式中，$x_j^{\max}$ 和 $x_j^{\min}$ 分别表示第 j 个变量的工艺最大值和最小值，可以通过历史中安全运行情况下的数据进行统计。如果第 j 个变量是定性变量，那么定义 $d(x_{k,j},x_{n,j})$ 为

$$d(x_{k,j},x_{n,j})=\frac{\left|x_{k,j}-x_{n,j}\right|}{A_j-1} \tag{5.19}$$

式中，$\left|x_{k,j}-x_{n,j}\right|$ 表示 $x_{k,j}$ 和 $x_{n,j}$ 的状态等级差；A_j 表示第 j 个变量总的状态等级个数。所以，如此定义的等价程度可以处理定性与定量变量共存的问题。

根据式 (5.17) ～ 式 (5.19)，计算 $\boldsymbol{x}_k$ 与论域中所有元素的等价程度 $r_{k1},r_{k2},\cdots,r_{kN}$，其中，$N$ 为论域 U 中元素的个数。然后，可以表示出 $\boldsymbol{x}_k$ 在模糊关系 $\tilde{R}$ 上的模糊等价类

$$[\boldsymbol{x}_k]_{\tilde{R}}=\left\{\frac{r_{k1}}{\boldsymbol{x}_1}+\frac{r_{k2}}{\boldsymbol{x}_2}+\cdots+\frac{r_{kN}}{\boldsymbol{x}_N}\right\} \tag{5.20}$$

如式(2.110)，在给定 λ 后，可以得到$[\boldsymbol{x}_k]_{\tilde{R}}$ 的 λ 割集：

$$[\boldsymbol{x}_k]_{\tilde{R}_\lambda}=\left\{\boldsymbol{x}_k\in[\boldsymbol{x}_k]_{\tilde{R}}\,\middle|\,r_{kn}\geqslant\lambda\right\} \tag{5.21}$$

给定目标概念 X ，X 是论域 U 的一个子集，判断 $\boldsymbol{x}_k$ 与 X 的隶属关系。为了兼顾 $[\boldsymbol{x}_k]_{\tilde{R}_\lambda}$ 与 X 的覆盖关系，以及 $\boldsymbol{x}_k$ 与 $[\boldsymbol{x}_k]_{\tilde{R}_\lambda}$ 内元素的等价程度，定义概率

$$\Pr\left\{X\mid\boldsymbol{x}_k\right\}=\frac{\sum\limits_{\boldsymbol{x}_n\in S_1}r_{kn}}{\sum\limits_{\boldsymbol{x}_n\in S_2}r_{kn}} \tag{5.22}$$

其中，集合

$$\begin{aligned}S_1&=\left\{\boldsymbol{x}_n\,\middle|\,\boldsymbol{x}_n\in\left([\boldsymbol{x}_k]_{\tilde{R}_\lambda}\cap X\right)\right\}\\S_2&=\left\{\boldsymbol{x}_n\,\middle|\,\boldsymbol{x}_n\in[\boldsymbol{x}_k]_{\tilde{R}_\lambda}\right\}\end{aligned} \tag{5.23}$$

MFPRS 兼顾了 $\boldsymbol{x}_k$ 与 $[\boldsymbol{x}_k]_{\tilde{R}_\lambda}$ 内元素的等价程度和其中每个元素的所属类别。

进一步，可以通过概率 $\Pr\left\{X\mid\boldsymbol{x}_k\right\}$ 定义 X 的下近似、上近似、正域、负域和边界域。针对 $0\leqslant\beta<\alpha\leqslant1$ 的情况，X 的上、下近似定义为

$$\begin{aligned}&\overline{\tilde{R}}_\beta(X)=\{\boldsymbol{x}_k\in U\mid 1\geqslant\Pr\{X\mid\boldsymbol{x}_k\}>\beta\}\\&\underline{\tilde{R}}_\alpha(X)=\{\boldsymbol{x}_k\in U\mid 1\geqslant\Pr\{X\mid\boldsymbol{x}_k\}\geqslant\alpha\}\end{aligned} \tag{5.24}$$

相应地，正域、负域、边界域为

$$\begin{aligned}&\mathrm{POS}_{\tilde{R}}(X)=\{\boldsymbol{x}_k\in U\mid 1\geqslant\Pr\{X\mid\boldsymbol{x}_k\}\geqslant\alpha\}\\&\mathrm{NEG}_{\tilde{R}}(X)=\{\boldsymbol{x}_k\in U\mid 0\leqslant\Pr\{X\mid\boldsymbol{x}_k\}\leqslant\beta\}\\&\mathrm{BND}_{\tilde{R}}(X)=\{\boldsymbol{x}_k\in U\mid \alpha>\Pr\{X\mid\boldsymbol{x}_k\}>\beta\}\end{aligned} \tag{5.25}$$

针对 $\alpha=\beta\neq0$ 的情况，X 的上、下近似定义为

$$\begin{aligned}&\overline{\tilde{R}}_\beta(X)=\{\boldsymbol{x}_k\in U\mid 1\geqslant\Pr\{X\mid\boldsymbol{x}_k\}\geqslant\alpha\}\\&\underline{\tilde{R}}_\alpha(X)=\{\boldsymbol{x}_k\in U\mid 1\geqslant\Pr\{X\mid\boldsymbol{x}_k\}>\alpha\}\end{aligned} \tag{5.26}$$

相应地，正域、负域、边界域为

$$\begin{aligned}&\mathrm{POS}_{\tilde{R}}(X)=\{\boldsymbol{x}_k\in U\mid 1\geqslant\Pr\{X\mid\boldsymbol{x}_k\}>\alpha\}\\&\mathrm{NEG}_{\tilde{R}}(X)=\{\boldsymbol{x}_k\in U\mid 0\leqslant\Pr\{X\mid\boldsymbol{x}_k\}<\alpha\}\\&\mathrm{BND}_{\tilde{R}}(X)=\{\boldsymbol{x}_k\in U\mid \Pr\{X\mid\boldsymbol{x}_k\}=\alpha\}\end{aligned} \tag{5.27}$$

5.4.2　决策表的离线组织

将 MFPRS 应用于过程运行状态优性评价，需要先建立决策表。决策表以其独有的形式保存了过程历史数据，基于 MFPRS 的过程运行状态优性评价以决策表为基础，进行推理。决策表的每一行表示论域 U 中的一个元素，对应一条历史数据，用 $\boldsymbol{x}_k$ 表示，所有历史数据构成矩阵 $\boldsymbol{X}$。决策表的每一列代表一个属性在各个元素中的取值，属性可分为条件属性和决策属性两类，条件属性对应过程变量，决策属性对应状态等级。

过程运行状态通常由综合经济指标反映，综合经济指标越大，对应运行状态越好。因此，将综合经济指标作为评价指标。确定每一个样本点的综合经济指标精确取值是非常困难的，但是，确定过程在一段时间内的综合经济指标定性状态，如大、中、小等，相对容易实现。因此，根据综合经济指标的定性状态，可将历史数据划分为不同的状态等级。如果综合经济指标包含 C 个定性状态，那么过程运行状态可相应划分为 C 个等级。于是，历史数据矩阵 $\boldsymbol{X}$，根据综合经济指标的 C 个定性状态可划分为 $\boldsymbol{X}^1,\boldsymbol{X}^2,\cdots,\boldsymbol{X}^C$，其中，$\boldsymbol{X}^c$ 包含第 c 个状态等级对应的数据，$c=1,2,\cdots,C$，C 为状态等级的总数。如果将 $\boldsymbol{X}^1,\boldsymbol{X}^2,\cdots,\boldsymbol{X}^C$ 视为论域上的 C 个子集，那么，有 $\boldsymbol{X}=\boldsymbol{X}^1\cup\boldsymbol{X}^2\cup\cdots\cup\boldsymbol{X}^C$，并且 $\boldsymbol{X}^1,\boldsymbol{X}^2,\cdots,\boldsymbol{X}^C$ 之间互斥。

5.4.3　基于 MFPRS 的过程运行状态优性在线评价

假设 k 时刻的在线数据为 $\boldsymbol{x}_k$。首先，根据式(5.17)～式(5.19)计算 $\boldsymbol{x}_k$ 与任意 $\boldsymbol{x}_n\in\boldsymbol{X}$ 的等价程度 r_{kn}。进一步，根据式(5.20)得到 $\boldsymbol{x}_k$ 在模糊关系 $\tilde{R}$ 上的模糊等价类 $[\boldsymbol{x}_k]_{\tilde{R}}$，这里的 $\tilde{R}$ 对应所有条件属性。然后，在给定 λ 的条件下，由式(5.21)得 $[\boldsymbol{x}_k]_{\tilde{R}}$ 的 λ 割集 $[\boldsymbol{x}_k]_{\tilde{R}_\lambda}$。

基于模糊等价类 λ 割集 $[\boldsymbol{x}_k]_{\tilde{R}_\lambda}$，用 G^c 表示第 c 个运行状态等级，如式(5.22)可计算 $\boldsymbol{x}_k$ 属于每一个状态等级的概率 $\Pr\left\{G^c\mid\boldsymbol{x}_k\right\}$，其中，$c=1,2,\cdots,C$。并且，由于 $\boldsymbol{X}^1,\boldsymbol{X}^2,\cdots,\boldsymbol{X}^C$ 之间互斥，$\sum_{c=1}^{C}\Pr\left\{G^c\mid\boldsymbol{x}_k\right\}=1$ 成立。定义 k 时刻最大概率对应的等级为

$$\tilde{G}_k^*=\arg\max_{c}\left\{\Pr\left\{G^c\left|\boldsymbol{x}_k\right.\right\},c=1,2,\cdots,C\right\}\tag{5.28}$$

将 k 时刻的状态等级评价结果表示为 G_k^*。当状态等级可能发生转换时，需根据 $\Pr\left\{G^c\left|\boldsymbol{x}_k\right.\right\}$ 的取值和选定的阈值 α、β，判定 $\boldsymbol{x}_k$ 属于 $\boldsymbol{X}^c$ 的正域、负域还是边

界域。根据区域判断结果，结合前述评价策略，进一步判定状态等级。若$0.5 \leqslant \alpha \leqslant 1$，那么$\boldsymbol{x}_k$最多属于一个等级的正域内，本书只考虑$0.5 \leqslant \alpha \leqslant 1$的情况。下面针对$0 \leqslant \beta < \alpha \leqslant 1$的情况，详细阐述发生运行状态转换时的等级判定方法。针对时刻k'，其中，$k' = k-W+1, k-W+2, \cdots, k$，在经典粗糙集理论中：如果$\boldsymbol{x}_{k'}$属于$\tilde{G}_{k'}^*$的正域，$\boldsymbol{x}_{k'}$一定属于等级$\tilde{G}_{k'}^*$中；如果$\boldsymbol{x}_{k'}$属于$\tilde{G}_{k'}^*$的边界域，$\boldsymbol{x}_{k'}$可能属于等级$\tilde{G}_{k'}^*$中；如果$\boldsymbol{x}_{k'}$属于$\tilde{G}_{k'}^*$的负域，$\boldsymbol{x}_{k'}$一定不属于等级$\tilde{G}_{k'}^*$中。但在实际应用中，由于测量噪声的存在和定性变量可能带来的误差，不能直接根据传统的方法进行判断。因此，介绍一种在上述W个样本点内，平衡相似程度和出现频率的等级判定方法。假设$\tilde{G}_{k-W+1}^*, \tilde{G}_{k-W+2}^*, \cdots, \tilde{G}_k^*$中对应$C'$种状态等级，定义其中第$c'$种状态等级发生的可能性为

$$\Pr\left\{\tilde{G}^{c'} \mid \boldsymbol{x}_k\right\} = \frac{\sum\limits_{\tilde{G}_{k'}^* \in S_1'} \Pr\left\{\tilde{G}_{k'}^* \mid \boldsymbol{x}_{k'}\right\}}{\sum\limits_{\tilde{G}_{k'}^* \in S_2'} \Pr\left\{\tilde{G}_{k'}^* \mid \boldsymbol{x}_{k'}\right\}} \tag{5.29}$$

式中，$c' = 1, 2, \cdots, C'$，$\tilde{G}^{c'}$表示第c'种状态等级，集合

$$\begin{aligned} S_1' &= \left\{\tilde{G}_{k'}^* \middle| k' = k-W+1, k-W+2, \cdots, k; \tilde{G}_{k'}^* = c'; \Pr\left\{G^{c'} \middle| \boldsymbol{x}_{k'}\right\} > \beta\right\} \\ S_2' &= \left\{\tilde{G}_{k'}^* \middle| k' = k-W+1, k-W+2, \cdots, k; \Pr\left\{G^{c'} \middle| \boldsymbol{x}_{k'}\right\} > \beta\right\} \end{aligned} \tag{5.30}$$

如果$S_1' = \varnothing$且$S_2' \neq \varnothing$，令$\Pr\left\{\tilde{G}^{c'} \mid \boldsymbol{x}_k\right\}=0$；如果$S_1' = \varnothing$且$S_2' = \varnothing$，过程进入未建模状态，并且该状态与所有历史运行状态都具有很大差异，本书不考虑这种情况。$\alpha = \beta \neq 0$的情况，除了区域判断条件不同，其他都与$0 \leqslant \beta < \alpha \leqslant 1$时类似，不再赘述。那么，定义$k$时刻运行状态等级$G_k^*$为$\Pr\left\{\tilde{G}^{c'} \middle| \boldsymbol{x}_k\right\}$($c' = 1, 2, \cdots, C'$)中概率最大的等级

$$G_k^* = \arg\max_{c'} \left\{\Pr\left\{\tilde{G}^{c'} \middle| \boldsymbol{x}_k\right\}, c' = 1, 2, \cdots, C'\right\} \tag{5.31}$$

假设初始状态等级已知，基于 MFPRS 的过程运行状态优性在线评价流程总结如下：

(1) 获取在线数据$\boldsymbol{x}_k$；

(2) 根据式(5.17)～式(5.20)，计算模糊等价类$[\boldsymbol{x}_k]_{\tilde{R}}$；

(3) 在给定λ的条件下，由式(5.21)得$[\boldsymbol{x}_k]_{\tilde{R}}$的$\lambda$割集$[\boldsymbol{x}_k]_{\tilde{R}_\lambda}$；

(4) 如式 (5.22)，计算 $\boldsymbol{x}_k$ 属于每一个状态等级的概率 $\Pr\left\{G^c\left|\boldsymbol{x}_k\right.\right\}$，其中，$c=1,2,\cdots,C$；

(5) 计算 $\tilde{G}_k^*=\arg\max\limits_{c}\left\{\Pr\left\{G^c\left|\boldsymbol{x}_k\right.\right\},c=1,2,\cdots,C\right\}$；

(6) 计算 $\Pr\left\{\tilde{G}^{c'}\mid\boldsymbol{x}_k\right\}$，其中，$c'=1,2,\cdots,C'$，代表 $\tilde{G}_{k-W+1}^*,\tilde{G}_{k-W+2}^*,\cdots,\tilde{G}_k^*$ 中对应 C' 种状态等级；

(7) k 时刻运行状态等级 G_k^* 为 $\Pr\left\{\tilde{G}^{c'}\left|\boldsymbol{x}_k\right.\right\}(c'=1,2,\cdots,C')$ 中概率最大的等级。

如果初始状态等级未知，可利用 5.3.2 小节中介绍的方法进行确定。

5.4.4　非优原因追溯

非优运行状态原因变量追溯的目的是在过程运行状态处于非优等级时，找到导致非优状态的原因，为操作人员提供生产指导。为查找真正的非优运行状态原因变量，提供使生产调整代价最小的优等级下生产条件作为参考，针对定量变量和定性变量共存、定性信息为主的过程，当过程运行状态非优时，本节介绍一种基于贡献率的非优原因追溯方法，查找非优原因，提供调整方向。

如图 5.6 所示，通过衡量当前非优数据与优运行状态规则库中数据的匹配程度，选取与当前非优数据匹配度最大的优规则作为参考，与此优参考数据差异较大的属性为非优的属性。其中，优运行状态规则库指离线建立的决策表中，状态等级“优”的元素所构成的集合，$\boldsymbol{x}_n^{\text{opt}}$ 表示决策属性为状态等级“优”的决策表中的第 n 个数据，$n=1,2,\cdots,N^{\text{opt}}$，$N^{\text{opt}}$ 为状态等级“优”所包含的数据总数。用匹配度衡量 $\boldsymbol{x}_k$ 和 $\boldsymbol{x}_n^{\text{opt}}$ 的匹配情况，匹配度公式选取的准则为：两个数据中属性等级的级差越小，匹配度越大。定义 $\boldsymbol{x}_k=\left[x_{k,1},x_{k,2},\cdots,x_{k,J}\right]^{\text{T}}$ 和第 n 条优规则

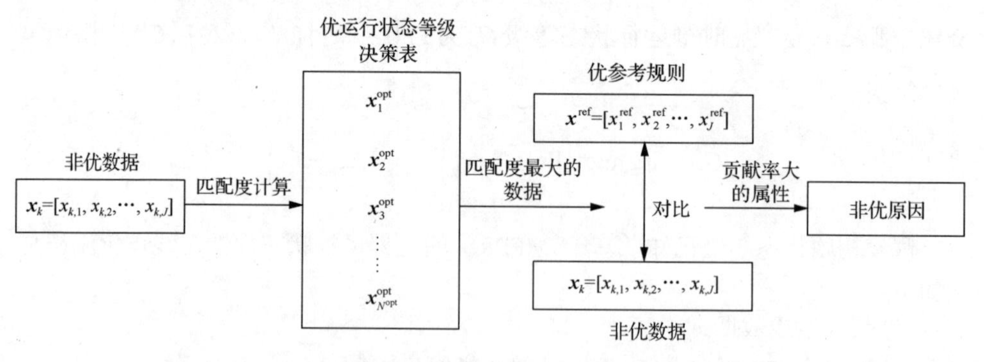

图 5.6　基于贡献率的非优运行状态原因变量追溯方法示意图

$\boldsymbol{x}_n^{\text{opt}} = \left[x_{n,1}^{\text{opt}}, x_{n,2}^{\text{opt}}, \cdots, x_{n,J}^{\text{opt}}\right]^{\text{T}}$ 的匹配度为

$$\text{md}\left[\boldsymbol{x}_k, \boldsymbol{x}_n^{\text{opt}}\right] = 1 - \sum_{j=1}^{J} d\left(x_{k,j}, x_{n,j}^{\text{opt}}\right) \tag{5.32}$$

其中，针对定量变量和定性变量，$d\left(x_{k,j}, x_{n,j}^{\text{opt}}\right)$ 的计算方法分别如式(5.18)和式(5.19)所示。利用上述公式，可在状态等级“优”对应的决策表中，找到与 $\boldsymbol{x}_k$ 匹配度最高的规则作为非优原因追溯的参考数据，记为 $\boldsymbol{x}^{\text{ref}}$。$x_{k,j}$ 和 x_j^{ref} 分别表示 $\boldsymbol{x}_k$ 和 $\boldsymbol{x}^{\text{ref}}$ 的第 j 个变量，$j=1,2,\cdots,J$，J 是过程变量个数。定义 $\boldsymbol{x}_k$ 中第 j 个属性对非优运行状态的贡献率为

$$\text{Contr}_j = \frac{d\left(x_{k,j}, x_j^{\text{ref}}\right)}{\sum_{j'=1}^{J} d\left(x_{k,j'}, x_{j'}^{\text{ref}}\right)} \tag{5.33}$$

显然，$\text{Contr}_j \in [0,1]$，$\sum_{j=1}^{J} \text{Contr}_j = 1$。$\text{Contr}_j$ 较大的属性被认定为导致非优运行状态的属性。

5.5　基于 GMM-MFPRS 的流程工业过程运行状态优性评价

5.5.1　子块评价模型的离线建立

在图 5.1 所示评价模型中，子块评价层以定量信息为主的子块利用 5.2 节所得建模数据和 5.3 节所提方法进行建模，以 GMM 为基础，建立定量变量与定性变量的联合分布，其中，每一个状态等级的数据对应一个高斯分量。

将子块 i 的数据 $\boldsymbol{X}^i$ 划分为定性和定量两部分，用 $\boldsymbol{x}_{QL}^{i,l}$ 表示子块 i 中第 l 种定性变量的组合形式，$\boldsymbol{x}_{QL}^{i,l}$ 对应的定量变量表示为 $\boldsymbol{X}_{QN}^{i,l}$，其中，$l=1,2,\cdots,L$，$L$ 为对应定性组合种类总数。那么，在给定 $\boldsymbol{x}_{QL}^{i,l}$ 的前提下，第 c 个状态等级定量数据的概率密度函数为

$$g\left\{\boldsymbol{x}_{QN} \middle| \boldsymbol{\theta}^{i,l,c}, \boldsymbol{x}_{QL}^{i,l}\right\} = \frac{1}{(2\pi)^{J/2}\left|\boldsymbol{\Sigma}^{i,l,c}\right|^{1/2}} \exp\left[-\frac{1}{2}(\boldsymbol{x}_{QN} - \boldsymbol{\mu}^{i,l,c})(\boldsymbol{\Sigma}^{i,l,c})^{-1}(\boldsymbol{x}_{QN} - \boldsymbol{\mu}^{i,l,c})^{\text{T}}\right] \tag{5.34}$$

参数$\boldsymbol{\theta}^{i,l,c}=\left\{\boldsymbol{\mu}^{i,l,c},\boldsymbol{\Sigma}^{i,l,c}\right\}$，$\boldsymbol{\mu}^{i,l,c}$和$\boldsymbol{\Sigma}^{i,l,c}$分别是$\boldsymbol{X}_{QN}^{i,l,c}$的均值向量和协方差矩阵，$l=1,2,\cdots,L$，$c=1,2,\cdots,C$。在给定$\boldsymbol{x}_{QL}^{i,l}$的前提下，过程运行状态等级为$c$的先验概率$\Pr\left\{\boldsymbol{\theta}^{i,l,c}\middle|\boldsymbol{x}_{QL}^{i,l}\right\}$可以根据历史数据求得

$$\Pr\left\{\boldsymbol{\theta}^{i,l,c}\middle|\boldsymbol{x}_{QL}^{i,l}\right\}=\frac{\mathrm{Num}\left[\boldsymbol{X}_{QN}^{i,l,c}\right]}{\sum_{c'=1}^{C}\mathrm{Num}\left[\boldsymbol{X}_{QN}^{i,l,c'}\right]} \tag{5.35}$$

式中，$\mathrm{Num}[\boldsymbol{\varphi}]$表示矩阵$\boldsymbol{\varphi}$中样本的个数。那么，在给定定性变量组合$\boldsymbol{x}_{QL}^{l}$的前提下，所有状态等级数据分布的概率密度函数可以用GMM来表示，即

$$p\left\{\boldsymbol{x}_{QN}\middle|\boldsymbol{\theta}^{i,l},\boldsymbol{x}_{QL}^{l}\right\}=\sum_{c=1}^{C}g\left\{\boldsymbol{x}_{QN}\middle|\boldsymbol{\theta}^{i,l,c},\boldsymbol{x}_{QL}^{l}\right\}\Pr\left\{\boldsymbol{\theta}^{i,l,c}\middle|\boldsymbol{x}_{QL}^{l}\right\} \tag{5.36}$$

式中，$\boldsymbol{\theta}^{i,l}$表示参数的集合$\left\{\boldsymbol{\theta}^{i,l,1},\boldsymbol{\theta}^{i,l,2},\cdots,\boldsymbol{\theta}^{i,l,C}\right\}$。

针对以定性信息为主的子块，利用5.4节所提的方法进行建模。决策表的每一列表示一个属性，每个属性的取值被划分为若干离散状态。通常，属性可分为条件属性和决策属性。决策表每一行代表论域中的一个元素和一种推理规则。以子块内过程变量为条件属性，以子块层状态等级为决策属性，分别建立各子块决策表。以表5.1所示的决策表为例，$\boldsymbol{x}^{i,c}$是$\boldsymbol{X}^{i,c}$中的一个样本，$x_j^{i,c}$是$\boldsymbol{x}^{i,c}$中的第j个变量，$j=1,2,\cdots,J^i$，J^i是子块i的变量个数。

表5.1　子块i决策表示例

论域	条件属性				决策属性
	变量1	变量2	…	变量J^i	子块状态等级
$\boldsymbol{x}^{i,c}$	$x_1^{i,c}$	$x_2^{i,c}$	…	$x_{J^i}^{i,c}$	c
⋮	⋮	⋮	⋮	⋮	⋮

5.5.2　基于GMM-MFPRS的流程工业过程运行状态优性在线评价

基于两层分块GMM-PRS的过程运行状态优性在线评价方法是先在子块层对各个子块分别进行评价，再在全流程层综合各子块信息得到最终评价结果。

1. 子块层的运行状态优性在线评价

用$\boldsymbol{x}_k^i$表示k时刻子块i的数据，下面分别对以定量变量和定性变量为主的子

块运行状态优性在线评价方法进行阐述。

若子块 i 为以定量变量为主的子块，$\boldsymbol{x}_k^i$ 可分解为定性与定量两部分，即 $\boldsymbol{x}_k^i=\left[(\boldsymbol{x}_k^i)_{QN},(\boldsymbol{x}_k^i)_{QL}\right]$。$\boldsymbol{x}_k^i$ 中的定性变量状态组合 $(\boldsymbol{x}_k^i)_{QL}$ 与建模数据中的 $\boldsymbol{x}_{QL}^{i,l}$ 一样，用 $G^{i,c}$ 表示子块 i 的第 c 个等级，那么，$\Pr\left\{G^{i,c}\left|\boldsymbol{x}_k^i\right.\right\}$ 可以根据贝叶斯理论获得

$$
\begin{aligned}
&\Pr\left\{G^{i,c}\left|\boldsymbol{x}_k^i\right.\right\}\\
&=\Pr\left\{\boldsymbol{\theta}^{i,l,c}\left|(\boldsymbol{x}_k^i)_{QL},(\boldsymbol{x}_k^i)_{QN}\right.\right\}\\
&=\frac{g\left\{(\boldsymbol{x}_k^i)_{QN}\left|\boldsymbol{\theta}^{i,l,c},\boldsymbol{x}_{QL}^{i,l}\right.\right\}\Pr\left\{\boldsymbol{\theta}^{i,l,c}\left|\boldsymbol{x}_{QL}^{i,l}\right.\right\}}{\sum_{c'=1}^{C}g\left\{(\boldsymbol{x}_k^i)_{QN}\left|\boldsymbol{\theta}^{i,l,c'},\boldsymbol{x}_{QL}^{i,l}\right.\right\}\Pr\left\{\boldsymbol{\theta}^{i,l,c'}\left|\boldsymbol{x}_{QL}^{i,l}\right.\right\}}
\end{aligned}
\tag{5.37}
$$

式中，$c=1,2,\cdots,C$，$i=1,2,\cdots,I$。

若子块 i 为以定性变量为主的子块，首先，计算 $\boldsymbol{x}_k^i$ 与 $\boldsymbol{X}^i$ 中各个样本的等价程度。$\boldsymbol{X}^i$ 中第 n 个样本表示为 $\boldsymbol{x}_n^i$，那么，$\boldsymbol{x}_k^i$ 与 $\boldsymbol{x}_n^i$ 的等价程度 r_{kn} 计算方法如式(5.17)～式(5.19)所示。然后，根据式(5.20)和式(5.21)，从历史数据中得到 $\boldsymbol{x}_k^i$ 的模糊等价类的 λ 割集 $[\boldsymbol{x}_k^i]_{\tilde{R}_\lambda}$，其中，$\tilde{R}$ 为条件属性集合，即子块 i 中的过程变量。那么，可以根据式(5.22)计算 $\boldsymbol{x}_k^i$ 属于子块层第 c 个状态等级的概率：

$$
\Pr\left\{G^{i,c}\mid\boldsymbol{x}_k\right\}=\frac{\sum_{\boldsymbol{x}_n^i\in S_1}r_{kn}}{\sum_{\boldsymbol{x}_n^i\in S_2}r_{kn}}\tag{5.38}
$$

式中，集合 $S_1=\left\{\boldsymbol{x}_n\left|\boldsymbol{x}_n\in\left([\boldsymbol{x}_k^i]_{\tilde{R}_\lambda}\cap\boldsymbol{X}^{i,c}\right)\right.\right\}$，$S_2=\left\{\boldsymbol{x}_n\left|\boldsymbol{x}_n\in[\boldsymbol{x}_k^i]_{\tilde{R}_\lambda}\right.\right\}$，$c=1,2,\cdots,C$，$i$=$1,2,\cdots,I$。

通过上述方法，可求得 k 时刻每个子块处于各个状态等级的概率。定义子块 i 在 k 时刻后验概率最大的状态等级为

$$
\tilde{G}_k^{i,*}=\arg\max_c\left\{\Pr\left\{G^{i,c}\left|\boldsymbol{x}_k^i\right.\right\},c=1,2,\cdots,C\right\}\tag{5.39}
$$

子块的运行状态等级评价方法，分别与 5.3.2 小节和 5.4.3 小节中类似，评价结果记为 $G_k^{i,*}$。

2. 全流程层的运行状态优性在线评价

在获得所有子块的子块层运行状态后，全流程层状态等级 $G_k^{i,*}$ 与子块层最劣的子块状态等级相同。假设全流程层状态等级 1 至 C，优性依次递减。那么全流程层状态等级 $G_k^{i,*}$ 表示为

$$G_k^* = \max\left\{G_k^{i,*}, i = 1, 2, \cdots, I\right\} \tag{5.40}$$

为了说明上述状态等级判定方法的合理性，需要分别说明以下两点。

(1)全流程层状态等级不会比子块层最劣的子块状态等级更优。

在历史数据充分并且覆盖各种运行情况的前提下，如 5.1 节中所述，由于从 $\tilde{\boldsymbol{X}}^{i,1}, \tilde{\boldsymbol{X}}^{i,2}, \cdots, \tilde{\boldsymbol{X}}^{i,C}$ 获取 $\boldsymbol{X}^{i,1}, \boldsymbol{X}^{i,2}, \cdots, \boldsymbol{X}^{i,C}$ 的特殊的建模数据组织方法，对于一个样本来说，各子块状态等级等价于与之相似度大于阈值 ε 的同类数据所能达到的历史最好全流程层等级，所以全流程层状态等级不可能比任何一个子块的状态等级更优。也就是说，全流程层状态等级不会比子块层最劣的子块状态等级更优。

(2)全流程层状态等级不会比子块层最劣的子块状态等级更劣。

在线测试数据的状态应与历史数据中与之相似的数据状态相似。在历史数据充分的前提下，在由 $\tilde{\boldsymbol{X}}^{i,1}, \tilde{\boldsymbol{X}}^{i,2}, \cdots, \tilde{\boldsymbol{X}}^{i,C}$ 获取 $\boldsymbol{X}^{i,1}, \boldsymbol{X}^{i,2}, \cdots, \boldsymbol{X}^{i,C}$ 时，$\tilde{\boldsymbol{X}}^{i,c}$ 中的数据全部转移至了其他等级 $\boldsymbol{X}^{i,c'}$ $(c' \neq c)$ 的可能性较小。如果第二点是错误的，就意味着全流程层状态等级比子块层最劣的子块状态等级更劣，即全流程层状态等级比所有子块状态等级更差。这说明存在 $\tilde{\boldsymbol{X}}^{i,c}$ 中的数据全部转移至了其他等级 $\boldsymbol{X}^{i,c'}$ $(c' \neq c)$ 的情况。然而，这种可能性非常小。所以一般情况下，第二点是正确的。

综上所述，定义全流程层状态等级为子块层最劣的子块状态等级是合理的。

5.5.3　基于两层分块 GMM-MFPRS 的非优运行状态原因变量追溯

如果全流程层状态等级 G_k^* 对应非优运行状态，那么需要在非优的子块内进行原因追溯。若子块 i 所处状态等级 $G_k^{i,*}$ 为非优等级，那么在该子块内追溯导致非优运行状态的原因变量。

若非优的子块 i 以定量信息为主，采用与 5.3.3 小节类似的追溯策略查找导致运行状态非优的原因变量。

在历史优运行数据中，如果存在与当前数据定性部分 $(\boldsymbol{x}_k^i)_{QL}$ 相同的定性组合，假设为 $\boldsymbol{x}_{QL}^{i,l}$，非优原因变量是定量变量。定义第 j 个定量变量对非优运行状态的贡献 $\mathrm{Contr}_j^{\mathrm{raw}}$ 为

$$\mathrm{Contr}_j^{\mathrm{raw}}=\left|2(x_{k,j}^i)_{QN}\left[(\boldsymbol{x}_k^i)_{QN}-\boldsymbol{\mu}^{i,l,\mathrm{opt}}\right](\boldsymbol{\beta}_j^{i,l,\mathrm{opt}})^{\mathrm{T}}\right| \tag{5.41}$$

式中，$(x_{k,j}^i)_{QN}$ 是 $(\boldsymbol{x}_k^i)_{QN}$ 的第 j 个变量，$j=1,2,\cdots,J_{QN}^i$，J_{QN}^i 是子块 i 中定量变量的个数；$\boldsymbol{\beta}_j^{i,l,\mathrm{opt}}$ 为 $(\boldsymbol{\Sigma}^{i,l,\mathrm{opt}})^{-1}$ 的第 j 列；$\boldsymbol{\mu}^{i,l,\mathrm{opt}}$ 和 $\boldsymbol{\Sigma}^{i,l,\mathrm{opt}}$ 分别为状态等级“优”下相应数据的均值向量和协方差矩阵。用 $\mathrm{Lim}_{j,\gamma}^{i,\mathrm{opt}}$ 表示历史状态等级“优”中，置信度 γ 下，第 j 个变量贡献的控制限。定义变量 j 的贡献率 Contr_j^i 如下所示。

当 $\mathrm{Contr}_j^i \leqslant \mathrm{Lim}_{j,\gamma}^{i,\mathrm{opt}}$ 时，有

$$\mathrm{Contr}_j^i=0 \tag{5.42}$$

当 $\mathrm{Contr}_j^i > \mathrm{Lim}_{j,\gamma}^{i,\mathrm{opt}}$ 时，有

$$\mathrm{Contr}_j^i=\frac{\mathrm{Contr}_j^{\mathrm{raw}}-\mathrm{Lim}_{j,\gamma}^{i,\mathrm{opt}}}{\mathrm{Lim}_{j,\gamma}^{i,\mathrm{opt}}} \tag{5.43}$$

式中，$j=1,2,\cdots,J_{QN}^i$，Contr_j^i 较大的变量为子块 i 内非优运行状态原因变量。

在历史优运行数据中，如果不存在与当前数据定性部分 $(\boldsymbol{x}_k^i)_{QL}$ 相同的定性组合，计算当前数据定量部分 $(\boldsymbol{x}_k^i)_{QN}$ 与优运行状态下定量数据均值 $\boldsymbol{\mu}^{i,l,\mathrm{opt}}$ 的相似度 $\mathrm{sim}\left[(\boldsymbol{x}_k^i)_{QN},\boldsymbol{\mu}^{i,l,\mathrm{opt}}\right]$ $(l=1,2,\cdots,L)$。令 $\Phi=\max\left\{\mathrm{sim}\left[(\boldsymbol{x}_k^i)_{QN},\boldsymbol{\mu}^{i,l,\mathrm{opt}}\right],l=1,2,\cdots,L\right\}$，如果 $\Phi \geqslant \phi\,(0<\phi\leqslant 1)$，那么非优原因变量只存在于定性变量中。令 $l_{\mathrm{ref}}=\underset{l}{\mathrm{argmax}}\left\{\mathrm{sim}\left[(\boldsymbol{x}_k^i)_{QN},\boldsymbol{\mu}^{i,l,\mathrm{opt}}\right],l=1,2,\cdots,L\right\}$，定义第 j 个定性变量对非优运行状态的贡献率 Contr_j^i 为

$$\mathrm{Contr}_j^i=\frac{d\left[(x_{k,j}^i)_{QL},(x_j^{i,l_{\mathrm{ref}}})_{QL}\right]}{\sum_{j'}^{J_{QL}} d\left[(x_{k,j'}^i)_{QL},(x_{j'}^{i,l_{\mathrm{ref}}})_{QL}\right]} \tag{5.44}$$

式中，$d(\cdot,\cdot)$ 的计算方法如式(5.3)所示，$j=1,2,\cdots,J_{QL}^i$，J_{QL}^i 是子块 i 内定性变量的个数；$(x_{k,j}^i)_{QL}$ 和 $(x_j^{i,l_{\mathrm{ref}}})_{QL}$ 分别是 $(\boldsymbol{x}_k^i)_{QL}$ 和 $\boldsymbol{x}_{QL}^{i,l_{\mathrm{ref}}}$ 中第 j 个变量；$\sum_{j'}^{J_{QL}} d\left[(x_{k,j'}^i)_{QL},(x_{j'}^{i,l_{\mathrm{ref}}})_{QL}\right]\neq 0$。贡献率大于 0 的变量为导致运行状态非优的原因变量。$\sum_{j'}^{J_{QL}} d\left[(x_{k,j'}^i)_{QL},(x_{j'}^{i,l_{\mathrm{ref}}})_{QL}\right]=0$ 的情况表示定性变量不是导致运行状态非优的原因。

在历史优运行数据中，如果不存在与当前数据定性部分$(\boldsymbol{x}_k^i)_{QL}$相同的定性组合，并且$\Phi<\phi$，那么，非优原因变量同时包含两种类型的变量。此时，利用式(5.41)～式(5.43)实现定量非优原因变量追溯，利用式(5.44)实现定性非优原因变量追溯。

若非优的子块i以定性信息为主，采用与5.4.4小节类似的追溯方法查找导致运行状态非优的原因属性。

类似式(5.32)，计算$\boldsymbol{x}_k^i$与子块i优规则库中每条规则的匹配度：

$$\mathrm{md}\left[\boldsymbol{x}_k^i,\boldsymbol{x}_n^{i,\mathrm{opt}}\right]=1-\sum_{j=1}^{J^i}d\left(x_{k,j}^i,x_{n,j}^{i,\mathrm{opt}}\right) \tag{5.45}$$

式中，$\boldsymbol{x}_n^{i,\mathrm{opt}}$表示子块$i$优运行状态下的第$n$条规则；$x_{k,j}^i$和$x_{n,j}^{i,\mathrm{opt}}$分别表示$\boldsymbol{x}_k^i$和$\boldsymbol{x}_n^{i,\mathrm{opt}}$的第$j$个变量。选取与$\boldsymbol{x}_k^i$匹配度最大的优规则作为非优运行状态原因追溯的参考，记为$(\boldsymbol{x}_n^{i,\mathrm{opt}})^{\mathrm{ref}}$。那么，子块$i$的第$j$个属性对非优运行状态的贡献率为

$$\mathrm{Contr}_j^i=\frac{d\left(x_{k,j}^i,(x_{n,j}^{i,\mathrm{opt}})^{\mathrm{ref}}\right)}{\sum_{j'}^{J_{QL}}d\left(x_{k,j'}^i,(x_{n,j'}^{i,\mathrm{opt}})^{\mathrm{ref}}\right)} \tag{5.46}$$

式中，$j=1,2,\cdots,J^i$，J^i是子块i内变量的个数。Contr_j^i大的属性为非优运行状态原因。

5.6 铜浮选全流程中的应用研究

5.6.1 铜浮选过程简介

世界铜资源十分丰富，铜在地壳的含量约为0.01%，自然界的铜多数以化合物的形式存在[23]，世界已经探明的铜约为4.5亿吨，主要分布于美国、澳大利亚、加拿大、智利、中国、刚果(金)、印度尼西亚、秘鲁等国家[24]。自然界中已知的含铜矿物有200多种，主要分为两大类：一类是原生的硫化铜矿物，如辉铜矿、黄铜矿等；另一类是次生的氧化铜矿物，如孔雀石、赤铜矿、蓝铜矿等[25]。铜工业是国民经济结构中非常重要的组成部分，直接影响国民经济的发展。我国是金属铜生产与消费大国，对金属铜的需求量逐年增加，已成为世界第一大铜消费国。我国的铜矿资源主要以硫化铜矿为主，主要分布于江西、云南、安徽、甘肃、内蒙古等省区，各类矿床工业类型齐全。硫化铜矿因具有良好的可浮性能，所以可通过浮选将低品位的铜矿富集成高品位的铜精矿进行冶炼。虽然我国矿产资源丰

富，但是，与发达国家相比，从有色金属工业的勘探、采矿、选矿、冶炼、加工技术等来看，我国仍处于明显的劣势和落后状态，主要表现在资源利用率低、回收率低、利润率低、劳动生产率低、环境污染严重等方面。因此，从资源开发利用和经济发展的角度考虑，我国必须提高有色金属的资源利用率和劳动生产率，加大、加快产业结构调整，发展技术含量高、附加值高的高科技有色金属深加工产品，提高矿业的经济效益[26]。

浮选法作为一种常用矿物分选技术，可以提高低品位矿产资源的利用率，获得高品位矿石，广泛应用于选矿领域。矿物浮选是利用矿物表面物理化学性质差异分离矿物的复杂物理化学过程，受众多因素的影响，很难实现对浮选过程的控制。到目前为止，针对浮选过程的控制问题，国内外许多学者做了大量的研究，但是，在工业实际应用中仍然没有得到满意的效果。

矿物浮选过程是在浮选槽中进行的，首先将粉碎的矿物与水混合，形成矿浆，通过不断向浮选槽中鼓入空气和叶轮的搅拌产生大量的气泡，在药剂的作用下，疏水有用的矿物颗粒黏附在气泡上，随气泡上升形成泡沫层，而亲水性矿物颗粒则大部分留在矿浆中，泡沫层泡沫携带有用矿物颗粒从溢流槽溢出，形成泡沫产品，而遗留在矿浆中的无用矿物将随底流排出[27]，浮选原理如图 5.7 所示[28]。

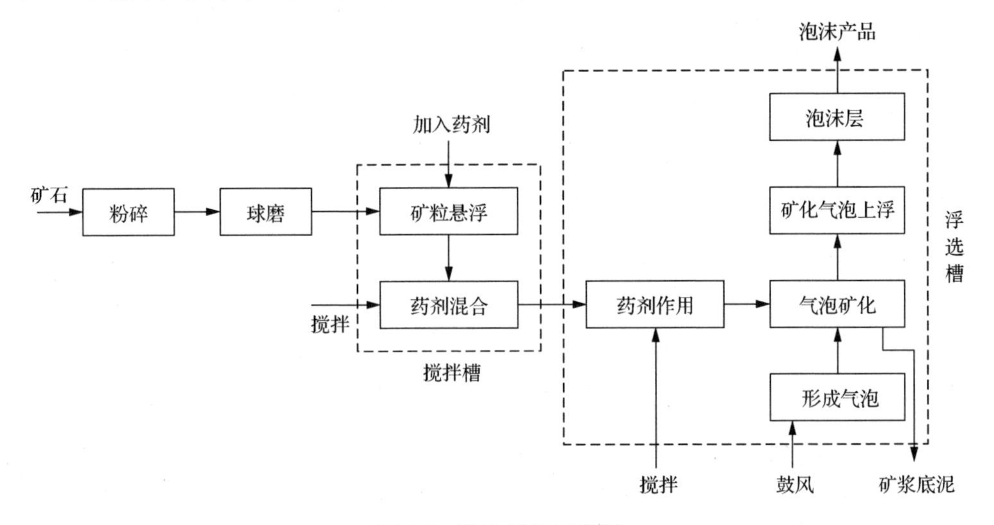

图 5.7　浮选原理示意图

5.6.2　实验设计

本章所介绍的铜浮选过程，工艺流程如图 5.8 所示。铜浮选是一个典型的流程工业过程，全流程可划分为粗选、分离粗选和精选三个生产单元，分别对应图 5.1

所示两层分块混合模型结构中底层的三个子块。以铜浮选过程综合经济效益为运行状态评价指标，将运行状态划分为“优”、“中”和“差”三个状态等级，对应运行状态等级 1、2、3。选取了 39 个与评价指标密切相关的过程变量，列于表 5.2 中。粗选和精选生产单元以定量变量为主，用 GMM 进行建模，分离粗选以定性变量为主，用 MFPRS 进行建模。选取 6000 组数据进行离线建模，其中，每个状态等级的数据各 2000 组。

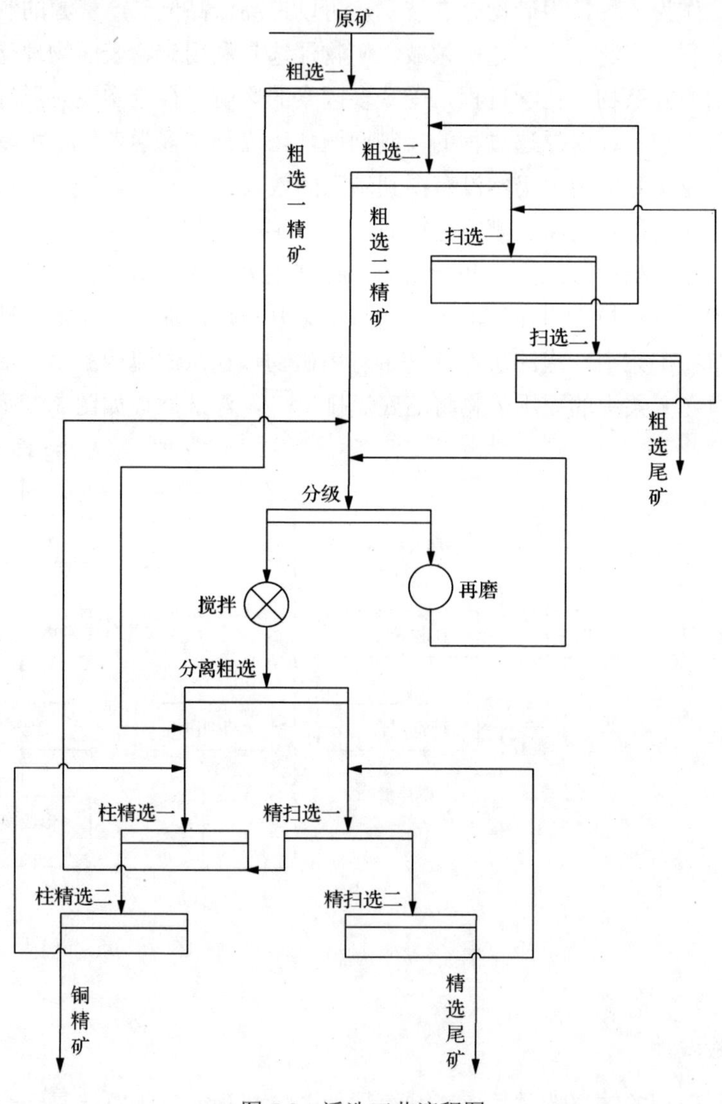

图 5.8　浮选工艺流程图

表 5.2　过程变量列表

位置	序号	变量名称	变量类型	建模方法
粗选	1	原矿粒度	定性变量	GMM
	2	原矿浓度	定量变量	
	3	石灰添加量	定性变量	
	4	原矿 pH 值	定量变量	
	5	粗选泡沫流速	定量变量	
	6	粗选泡沫稳定度	定量变量	
	7	粗选泡沫大泡面积	定量变量	
	8	粗选泡沫中泡面积	定量变量	
	9	粗选泡沫小泡面积	定量变量	
	10	粗选一加药量	定量变量	
	11	粗选二加药量	定量变量	
	12	粗选一充气量	定量变量	
	13	粗选二充气量	定量变量	
	14	扫选一加药量	定性变量	
	15	扫选二加药量	定性变量	
	16	扫选一充气量	定量变量	
	17	扫选二充气量	定量变量	
分离粗选	18	再磨溢流流量	定性变量	MFPRS
	19	半自磨机后给水流量	定性变量	
	20	分离原矿石灰添加量	定性变量	
	21	分离原矿 pH 值	定量变量	
	22	分离原矿粒度	定性变量	
	23	分离原矿浓度	定量变量	
精选	24	柱精选一泡沫流速	定量变量	GMM
	25	柱精选一泡沫稳定度	定量变量	
	26	柱精选一泡沫大泡面积	定量变量	
	27	柱精选一泡沫中泡面积	定量变量	
	28	柱精选一泡沫小泡面积	定量变量	
	29	柱精选一加药量	定量变量	
	30	柱精选一充气量	定量变量	
	31	柱精选一泡沫厚度	定量变量	
	32	柱精选二泡沫流速	定量变量	
	33	柱精选二泡沫稳定度	定量变量	

续表

位置	序号	变量名称	变量类型	建模方法
精选	34	柱精选二泡沫大泡面积	定量变量	GMM
	35	柱精选二泡沫中泡面积	定量变量	
	36	柱精选二泡沫小泡面积	定量变量	
	37	柱精选二加药量	定量变量	
	38	柱精选二充气量	定量变量	
	39	柱精选二泡沫厚度	定量变量	

为了验证所提方法的有效性，设计了如表 5.3 所示的实验：前 200 组数据运行状态为“优”(状态等级 1)，从第 201 个样本点开始，逐步减小柱精选二充气量(子块 3，定量)，使运行状态优性减弱，过程运行于状态等级“中”(状态等级 2)。直至 276 个样本点起，保持柱精选二充气量不变，过程稳定运行于状态等级“差”(状态等级 3)。

表 5.3　实验设计

数据	状态等级	描述
1～200	1	前 200 组数据运行状态为“优”(状态等级 1)
201～275	2	逐步减小柱精选二充气量(子块 3，定量)，使运行状态优性减弱，过程运行于状态等级“中”(状态等级 2)
276～500	3	保持柱精选二充气量不变，过程稳定运行于状态等级“差”(状态等级 3)

5.6.3　实验结果及分析

状态等级概率计算结果和过程运行状态优性在线评价结果，分别如图 5.9 和图 5.10 所示。在评价时间内：子块 1、子块 2 都处于状态等级 1；子块 3 和全流程的前 220 个样本点处于状态等级 1，221 至 262 个样本点处于状态等级 2，263 个样本点起，运行状态处于状态等级 3。实验设置中，前 275 个样本点都处于状态等级“优”，后 225 个样本点处于状态等级“差”。事实上，在从状态等级“优”到状态等级“差”的过渡中，有一段时间的运行特性与状态等级“中”类似。因此，才会在 221～262 个样本点评价出中状态等级。也就是说，所提方法能够得到正确的评价结果。

当全流程运行状态非优时，由评价结果可知导致全流程非优的是子块 3——精选子块。因此，在子块 3 中进行非优运行状态原因追溯。非优运行状态原因追溯结果如图 5.11 所示，显示非优运行状态原因变量有柱精选二泡沫流速、柱精选二充气量和柱精选二泡沫厚度。结合过程机理进行分析可知，柱精选二充气量的减少导致泡沫量减少，泡沫厚度降低，从而影响泡沫流速。因此，非优运行状态原因追溯结果与实际情况一致。

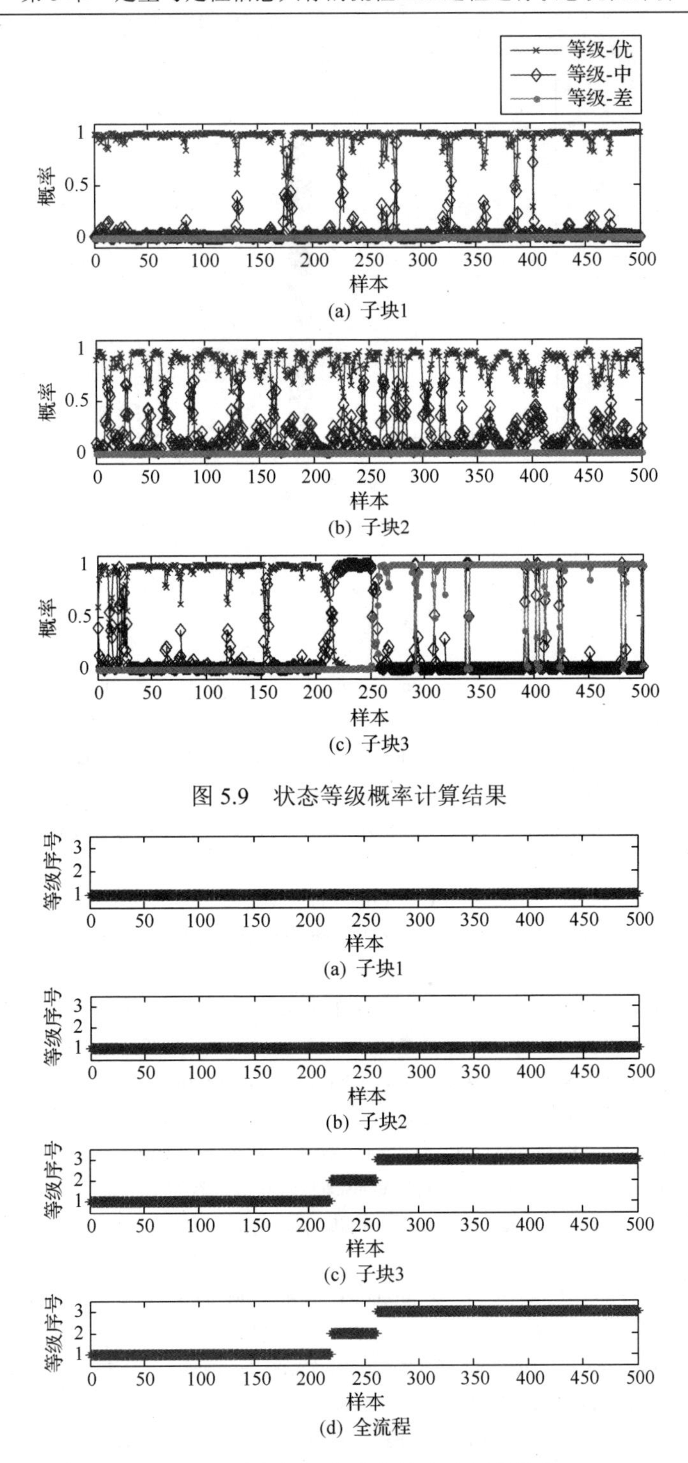

图 5.9　状态等级概率计算结果

图 5.10　过程运行状态优性在线评价结果

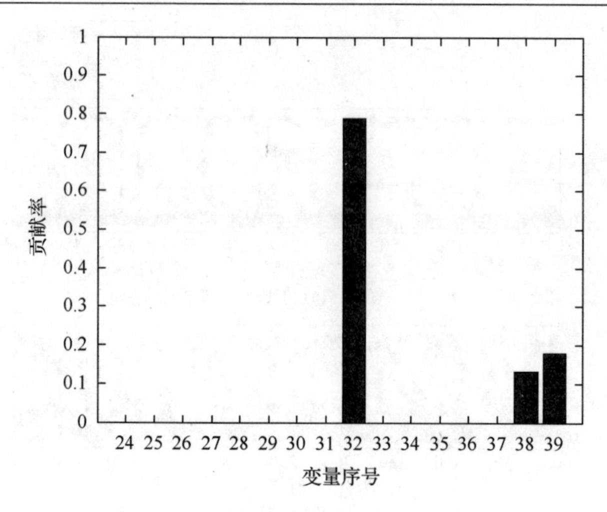

图 5.11　子块 3 中非优原因追溯结果

参 考 文 献

[1] Liu Y, Wang F L, Chang Y Q, et al. Operating optimality assessment and nonoptimal cause identification for non-Gaussian multimode processes with transitions. Chemical Engineering Science, 2015, 137(1):106-118.

[2] Yu J, Qin S J. Multimode process monitoring with Bayesian inference-based finite gaussian mixture models. AIChE Journal, 2008, 54(7): 1811-1829.

[3] Wolbrecht E, D'Ambrosio B, Paasch R, et al. Monitoring and diagnosis of a multistage manufacturing process using Bayesian networks. AI EDAM, 2000, 14(1): 53-67.

[4] Al-Alawi S M, Abdul-Wahab S A, Bakheit C S. Combining principal component regression and artificial neural networks for more accurate predictions of ground-level ozone. Environmental Modelling & Software, 2008, 23(4): 396-403.

[5] Gonzaga J C B, Meleiro L A C, Kiang C, et al. ANN-based soft-sensor for real-time process monitoring and control of an industrial polymerization process. Computers & Chemical Engineering, 2009, 33(1): 43-49.

[6] Ren J, Wang J, Jenkinson I, et al. A Bayesian network approach for offshore risk analysis through linguistic variables. China Ocean Engineering, 2007, 21(3): 371-388.

[7] Hosack G R, Hayes K R, Dambacher J M. Assessing model structure uncertainty through an analysis of system feedback and Bayesian networks. Ecological Applications, 2008, 18(4): 1070-1082.

[8] Xu K, Tang L C, Xie M, et al. Fuzzy assessment of FMEA for engine systems. Reliability Engineering & System Safety, 2002, 75(1): 17-29.

[9] Tsourveloudis N C, Phillis Y A. Fuzzy assessment of machine flexibility. IEEE Transactions on Engineering Management, 1998, 45(1): 78-87.

[10] Kusiak A. Rough set theory: A data mining tool for semiconductor manufacturing. IEEE Transactions on Electronics Packaging Manufacturing, 2001, 24(1): 44-50.

[11] Ziarko W. Probabilistic rough sets. International Workshop on Rough Sets, Fuzzy Sets, Data Mining, and Granular-Soft Computing, Berlin, 2005: 283-293.

[12] Yao Y Y. Probabilistic rough set approximations. International Journal of Approximate Reasoning, 2008, 49(2): 255-271.

[13] Yao Y Y. Probabilistic approaches to rough sets. Expert Systems, 2003, 20(5): 287-297.

[14] Yang H L, Liao X W, Wang S Y, et al. Fuzzy probabilistic rough set model on two universes and its applications. International Journal of Approximate Reasoning, 2013, 54(9): 1410-1420.

[15] Liu Q, Qin S J, Chai T Y. Multiblock concurrent PLS for decentralized monitoring of continuous annealing processes. IEEE Transactions on Industrial Electronics, 2014, 61(61): 6429-6437.

[16] Deng X G, Wang L. Multimode process fault detection method using local neighborhood standardization based multi-block principal component analysis. Control and Decision Conference, Chongqing, 2017: 5615-5621.

[17] MacGregor J F, Jaeckle C, Kiparissides C, et al. Monitoring and diagnosis by multi-block PLS methods. AIChE Journal, 1994, 40(5): 826-838.

[18] Jiang Q C, Yan X F. Monitoring multi-mode plant-wide processes by using mutual information-based multi-block PCA, joint probability, and Bayesian inference. Chemometrics & Intelligent Laboratory Systems, 2014, 136(9): 121-137.

[19] Rännar S, MacGregor J F, Wold S. Adaptive batch monitoring using hierarchical PCA. Chemometrics & Intelligent Laboratory Systems, 1998, 41(1): 73-81.

[20] Chen G, Mcavoy T J. Multi-block predictive monitoring of continuous processes. IFAC Proceedings Volumes, 1997, 30(9): 73-77.

[21] Katsaros G, Kousiouris G, Gogouvitis S V, et al. A self-adaptive hierarchical monitoring mechanism for Clouds. Journal of Systems & Software, 2012, 85(5): 1029-1041.

[22] Hong J J, Zhang J, Morris J. Progressive multi-block modelling for enhanced fault isolation in batch processes. Journal of Process Control, 2014, 24(1): 13-26.

[23] Northey S, Mohr S, Mudd G M, et al. Modelling future copper ore grade decline based on a detailed assessment of copper resources and mining. Resources, Conservation and Recycling, 2014, 83(1): 190-201.

[24] 徐月冰. 硫精矿中铅锌铜综合回收利用工艺[硕士学位论文]. 湘潭: 湘潭大学; 2015.

[25] Zheng Y Y, Sun X, Gao S B, et al. Multiple mineralization events at the Jiru porphyry copper deposit, southern Tibet: Implications for eocene and miocene magma sources and resource potential. Journal of Asian Earth Sciences, 2014, 79(B):842-857.

[26] 彭时忠. 低品位银铜矿银铜浮选回收试验研究[硕士学位论文]. 南昌: 江西理工大学, 2011.

[27] 胡熙庚. 浮选理论与工艺. 长沙: 中南工业大学出版社, 1991.

[28] 郭建平. 基于向量形态学重构的铜浮选泡沫图像分割方法研究及应用[硕士学位论文]. 长沙: 中南大学, 2012.

第6章　定量与定性信息共存的多模态流程工业过程运行状态优性评价

6.1　引　言

流程工业的复杂特性是过程运行状态评价中面临的一个巨大挑战，流程工业过程通常具有生产规模庞大、变量众多、机理复杂和生产流程长等问题。因此，建立高精度的全局评价模型非常困难。另一个挑战是多运行模态特性，由于产品设定值的变化、原料的波动、生产需求的调整等，过程通常需要运行于不同的工作点，即存在多运行模态的特性。运行模态分为两类，稳定模态和过渡模态。稳定模态指过程稳定运行工作点，过渡模态指连接两个稳定模态间的暂态过程，稳定模态特性相对稳定，而过渡模态包含较强动态特性。在不同运行模态下，评价指标所能达到的范围也不一样。因此，多模态过程运行状态优性评价是一个亟待解决的难点问题。还有一个挑战是定性与定量信息共存的问题，导致过程特性的提取，特别是过渡模态特性的提取变得艰难。

本章综合考虑了过程运行状态优性评价中面临的上述三个挑战，介绍了一种定性与定量信息共存的多模态流程工业过程运行状态优性评价方法。

6.2　基于两层分块 GMM-MFPRS 的多模态过程评价模型的建立

6.2.1　多模态过程的特性

多模态过程是指外界环境等条件的变化、生产方案变动、过程本身固有特性变化等因素，导致生产过程具有多个稳定工作点。多模态过程的特点见第1章。

流程工业过程的生产流程通常较长，过程从一个稳定模态过渡到另一个稳定模态时，过渡从前至后依次进行。如果对流程工业过程根据其物理特性划分子块，当全流程处于过渡模态时，可能有些子块处于比较平稳的状态，而有些子块处于波动较大的动态状态。也就是说，全流程的过渡模态并不一定意味着里面每一个子块都处于动态特性较强的过渡状态。此外，针对一个子块，其平稳状态和动态状态特性区别很大，若不进行区分、统一建模，模型准确性难以保证。因此，区分全流程层和子块层的过渡、稳定模态十分必要。本书对全流程和子块的过渡、稳定模态定义如下。

(1) 全流程稳定模态：生产过程长期平稳运行的工作状态。

(2) 全流程过渡模态：衔接全流程一个稳定模态与另外一个稳定模态的暂态过程。

(3) 子块稳定模态：子块所处的平稳运行状态。

(4) 子块过渡模态：衔接子块一个稳定模态与另外一个稳定模态的暂态过程。

进行在线模态识别时，值得注意的是，只有所有子块都处于子块层稳定模态，且这些稳定模态都对应同一种全流程层稳定模态，才认定全流程处于稳定模态；否则，全流程处于过渡模态。

6.2.2　基于两层分块 GMM-MFPRS 的多模态评价模型结构

针对一个定量信息和定性信息共存的多模态流程工业过程，建立如图 6.1 所示的两层分块评价模型。针对长流程、大规模的流程工业过程，难以建立高精度的全局模型。因此，横向上，首先根据物理特性划分为不同的子块，减少建模的复杂度、提高模型的精度。子块内的变量相关性强，子块间的变量相关性相对较弱。纵向上，子块层的特性在全流程层得到整合。

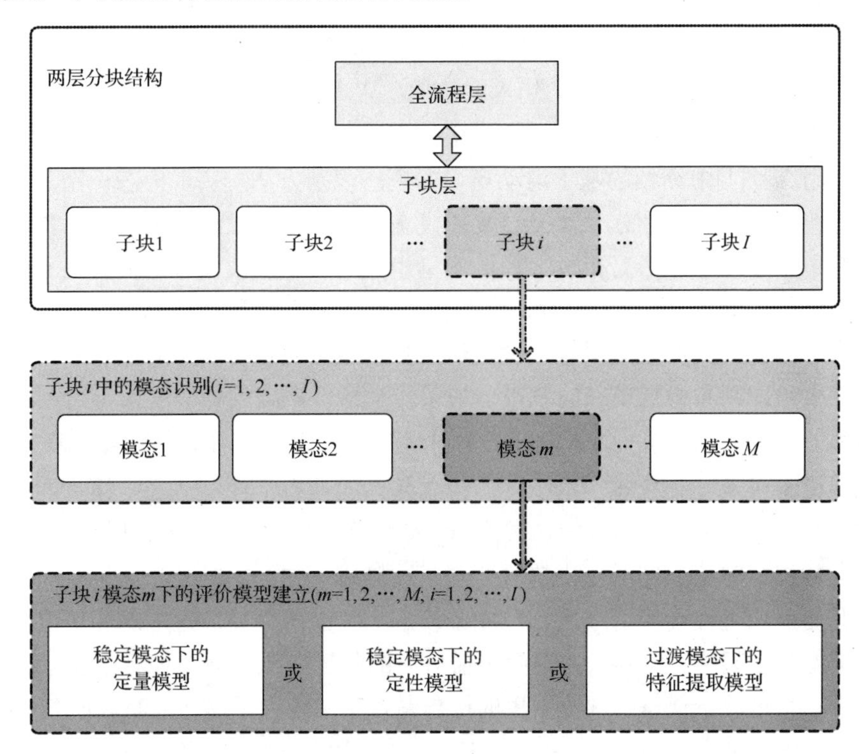

图 6.1　多运行模态下的两层分块评价模型

多模态过程，一个过程可能运行于稳定模态或者过渡模态。一般来说，过程绝大多数的时间都运行于稳定模态，并且产品主要在稳定模态中生产。针对全流程层的稳定模态，本章主要研究全流程层运行状态优性评价。针对全流程层的过渡模态，本章只关注每个子块的子块层运行状态优性评价，而不进行全流程层运行状态的评价。此外，考虑到定量与定性信息共存的问题，针对稳定模态下的子块，以定量信息为主的子块用定量技术进行建模，以定性信息为主的子块用定性技术进行建模。在本章中，用 5.3 节和 5.4 节介绍的方法分别对定量和定性信息为主的子块进行建模，但实际可选取的建模技术并不局限于这两种方法。针对过渡模态下的子块，不论子块信息为哪种类型，后文将介绍一种统一的基于过渡轨迹动态特征提取的方法进行建模和评价。

6.2.3　模态离线识别

模态离线识别是运行状态优性评价模型建立的基础，为了准确地区分全流程和子块的模态类型，先进行全流程的稳定模态和过渡模态识别，然后进行各个子块的稳定模态和过渡模态识别。

用 $\underset{\sim}{\boldsymbol{X}}$ 表示全流程的历史数据矩阵，每一行为一个历史数据样本。$\underset{\sim}{\boldsymbol{X}}$ 可以分解为两部分，即 $\boldsymbol{E}$ 和 $\boldsymbol{X}$，其中，$\boldsymbol{E}\in\Re^{N\times J_E}$ 包含与全流程模态识别相关的变量，$\boldsymbol{X}\in\Re^{N\times J}$ 包含与运行状态优性相关的变量，N 是样本个数，J_E 和 J 分别是 $\boldsymbol{E}$ 和 $\boldsymbol{X}$ 的变量个数。模态识别技术已经在多模态过程其他领域中进行了深入研究。本章将应用文献[1]中介绍的基于滑动窗口的模态识别方法，实现模态识别。该方法还把过渡模态进一步划分为若干过渡子模态，虽然整个过渡模态的动态特性强，但过渡子模态内运行情况相对平稳，变量相关性类似。假设可以根据经验选取最小稳定模态长度 W_1 和最小过渡子模态长度 W_2。将离线数据按时序切割为一系列长度为 W_1 的窗口，通过定量评估各窗口内数据矩阵与稳定模态的代表数据矩阵的相似度大小，判断稳定模态的范围。如果两个窗口矩阵的相似度大于给定的模态判断阈值 $\bar{\varGamma}\ (0<\bar{\varGamma}\leqslant 1)$，则认为这两个窗口内的数据属于同一个稳定模态；反之，由稳定模态进入过渡模态。由于过渡模态复杂的动态特性，从稳定模态的最后一个窗口开始，用更短的切割窗口长度 W_2 来进行数据划分。通过分析长度为 W_2 的窗口内数据矩阵相似度的变化趋势，判断过渡模态的开始时间和结束时间。过渡模态开始后，过程会经历一系列过渡子模态，如果两个窗口矩阵的相似度大于给定的模态判断阈值 $\bar{\varGamma}$，则认为这两个窗口内的数据属于同一个过渡子模态；反之，进入下一个过渡子模态。过渡结束的标志是，相似性大于模态判断阈值 $\bar{\varGamma}$ 的窗口所构成矩阵长度大于 W_1。其中，任意两个数据矩阵之间的相似度定义为

$$\gamma(\bar{\boldsymbol{X}}_1,\bar{\boldsymbol{X}}_2)=1-\frac{1}{N}\cdot\frac{1}{J}\sum_{n=1}^{N}\sum_{j=1}^{J}d\left[x_{1,n,j},x_{2,n,j}\right] \tag{6.1}$$

式中，$x_{1,n,j}$ 和 $x_{2,n,j}$ 分别表示数据矩阵 $\bar{\boldsymbol{X}}_1$ 和 $\bar{\boldsymbol{X}}_2$ 的第 n 行第 j 列的元素；N 为样本个数和滑动窗口的长度；J 为变量个数。如果第 j 个变量为定量变量，那么定义

$$d\left[x_{1,n,j},x_{2,n,j}\right]=\left|\frac{x_{1,n,j}-x_{2,n,j}}{x_j^{\max}-x_j^{\min}}\right| \tag{6.2}$$

式中，$x_j^{\max}$ 和 $x_j^{\min}$ 分别表示第 j 个变量的工艺最大值和最小值。如果第 j 个变量为定性变量，那么定义

$$d\left[x_{1,n,j},x_{2,n,j}\right]=\frac{\left|x_{1,n,j}-x_{2,n,j}\right|}{A_j-1} \tag{6.3}$$

式中，$\left|x_{1,n,j}-x_{2,n,j}\right|$ 表示该变量的状态等级差；A_j 是变量 j 所包含的状态等级个数。值得注意的是，变量的状态等级只与其幅值大小有关，与其优劣无关。因此，与模态识别相关的数据矩阵 $\boldsymbol{E}$ 在经参考文献[1]中所提供的方法进行离线模态识别后，$\boldsymbol{E}$ 可以划分为 $\boldsymbol{E}_1,\boldsymbol{E}_2,\cdots,\boldsymbol{E}_M$，其中，$\boldsymbol{E}_m$（$m=1,2,\cdots,M$）表示全流程层第 m 模态对应的数据矩阵，M 为总的稳定模态和过渡模态个数，假设其中包含 M_s 个稳定模态和 M_t 个过渡模态。

在全流程模态识别的基础上，进一步进行各子块模态识别。全流程处于稳定模态时，各子块都处于相应稳定模态，可以直接得到稳定模态下子块模态识别变量的数据，记为 $\boldsymbol{E}^i$，通过 $\boldsymbol{E}^i$ 和全流程层模态识别结果，可以得到 M_s 个稳定模态对应的子块数据矩阵 $\boldsymbol{E}_1^i,\boldsymbol{E}_2^i,\cdots,\boldsymbol{E}_{M_s}^i$，其中，$\boldsymbol{E}_m^i$ 表示子块 i 第 m 稳定模态对应的数据矩阵。针对全流程过渡模态下的子块 i 模态识别数据，可能属于子块层稳定模态或过渡模态。假设可以根据经验选取子块 i 最小过渡子模态长度 W_2^i，直接用长度为 W_2^i 的切割窗口来进行数据划分，然后用与全流程模态识别类似的方法，进行子块的模态识别。根据全流程模态识别的结果可知一个子块对应的起止稳定模态类型，假设分别是稳定模态 m_1 和 m_2。用 $\boldsymbol{E}_{m_1\sim m_2}^i$ 表示全流程从稳定模态 m_1 到 m_2 的过渡模态下子块 i 的数据，其中，$\underline{\boldsymbol{E}}_{m_1\sim m_2}^i$ 表示 $\boldsymbol{E}_{m_1\sim m_2}^i$ 中子块 i 过渡模态 m_1~m_2 的数据矩阵，$\underline{\boldsymbol{E}}_{m_1}^i$ 和 $\underline{\boldsymbol{E}}_{m_2}^i$ 分别表示 $\boldsymbol{E}_{m_1\sim m_2}^i$ 中子块 i 稳定模态 m_1 和 m_2 的数据矩阵。在用前述方法进行模态识别前，在 $\underline{\boldsymbol{E}}_{m_1}^i$ 中选取长度为 W_2^i 的数据矩阵，然后从前

往后计算 $\underline{\boldsymbol{E}}_{m_1\sim m_2}^i$ 中的切割矩阵与该数据矩阵的相似度，将相似度大于阈值的窗口数据划归为稳定模态 m_1，即 $\underline{\boldsymbol{E}}_{m_1}^i$。同理，在 $\underline{\boldsymbol{E}}_{m_2}^i$ 中选取长度为 W_2^i 的数据矩阵，然后从后往前计算 $\underline{\boldsymbol{E}}_{m_1\sim m_2}^i$ 中的切割矩阵与该数据矩阵的相似度，将相似度大于阈值的窗口数据划归为稳定模态 m_2，即 $\underline{\boldsymbol{E}}_{m_2}^i$，由此同时实现了子块过渡模态 $\underline{\boldsymbol{E}}_{m_1\sim m_2}^i$ 的识别。

图 6.2 展示了一个子块模态划分的例子。用模态识别矩阵的平均水平，来代表该稳定模态或过渡子模态的特性，分别用 $\boldsymbol{e}_m^i$ 和 $\boldsymbol{e}_{m_1\sim m_2}^i(h)$ 表示 $\underline{\boldsymbol{E}}_m^i$ 和 $\underline{\boldsymbol{E}}_{m_1\sim m_2}^i(h)$ 的平均水平，其中，$\underline{\boldsymbol{E}}_{m_1\sim m_2}^i(h)$ 表示稳态 m_1 到 m_2 的第 h 个过渡子模态。以 $\boldsymbol{e}_m^i$ 为例，介绍模态识别矩阵平均水平的求取方法。$\boldsymbol{e}_m^i$ 同时包含定量和定性变量，用 $e_{m,j}^i$ 表示 $\boldsymbol{e}_m^i$ 中的第 j 个变量，$\underline{E}_{m,n,j}^i$ 表示 $\underline{\boldsymbol{E}}_m^i$ 中的第 n 个样本第 j 个变量，即第 n 行第 j 列。如果变量 j 是定量变量，那么定义 $e_{m,j}^i$ 是变量 j 在所有采样时刻的均值，即

$$e_{m,j}^i=\frac{1}{N_m^i}\sum_{n=1}^{N_m^i}\underline{E}_{m,n,j}^i \tag{6.4}$$

式中，N_m^i 是 $\underline{\boldsymbol{E}}_m^i$ 中采样点的个数。如果变量 j 是定性变量，那么定义 $e_{m,j}^i$ 是变量 j 在历史数据 $\underline{E}_{m,1,j}^i,\underline{E}_{m,2,j}^i,\cdots,\underline{E}_{m,N_m^i,j}^i$ 中出现频率最大的定性状态，即

$$e_{m,j}^i=\arg\max_a\left\{F_a;a=1,2,\cdots,A_j\right\} \tag{6.5}$$

式中，F_a 是第 j 个变量的第 a 个定性状态在 $\underline{E}_{m,1,j}^i,\underline{E}_{m,2,j}^i,\cdots,\underline{E}_{m,N_m^i,j}^i$ 中出现的频率；A_j 是定性状态的个数。

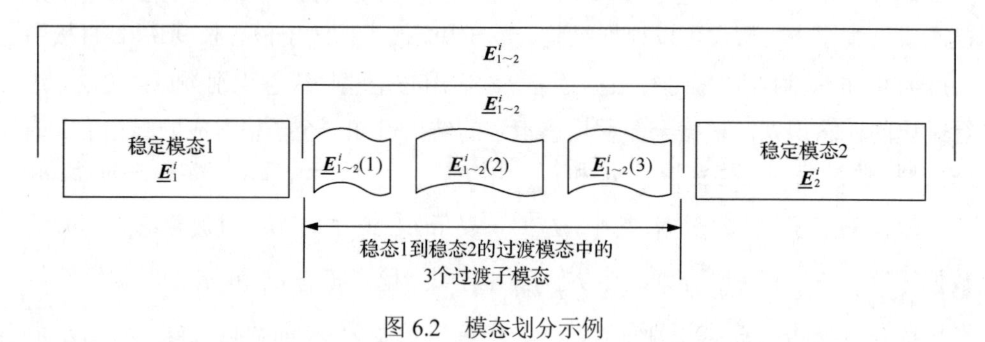

图 6.2　模态划分示例

6.2.4　稳定模态下子块评价模型离线建立

本小节针对稳定模态下的每个子块建立离线评价模型。用 $\boldsymbol{X}_m^i$ 表示稳定模态 m 下，第 i 个子块与运行状态优性相关的数据矩阵。首先将 $\boldsymbol{X}_m^i$ 根据模态 m 下的综合经济指标范围，初步划分为不同状态等级，得到 $\tilde{\boldsymbol{X}}_m^{i,1},\tilde{\boldsymbol{X}}_m^{i,2},\cdots,\tilde{\boldsymbol{X}}_m^{i,C}$，对应全流程的 C 个状态等级。每个模态下，状态等级划分的标准需要根据过程经验确定。再进一步根据 5.2.2 小节所提的方法进行建模数据重组，得到 $\boldsymbol{X}_m^{i,1},\boldsymbol{X}_m^{i,2},\cdots,\boldsymbol{X}_m^{i,C}$，$\boldsymbol{X}_m^{i,c}$ 同时包含定性和定量两类变量。

针对一个以定量信息为主的子块，在稳定模态下，可以根据 5.3 节所介绍的方法进行建模，得到稳定模态 m 下，给定定性变量组合 $(\boldsymbol{x}_{QL}^{i,l})_m$ 时第 c 个状态等级中定量变量的概率密度函数 $g\left\{\boldsymbol{x}_{QN}\middle|\boldsymbol{\theta}_m^{i,l,c},(\boldsymbol{x}_{QL}^{i,l})_m\right\}$、先验概率 $\Pr\left\{\boldsymbol{\theta}_m^{i,l,c}\middle|(\boldsymbol{x}_{QL}^{i,l})_m\right\}$，求取方法如式(5.34)和式(5.35)所示，其中，参数 $\boldsymbol{\theta}_m^{i,l,c}=\left\{\boldsymbol{\mu}_m^{i,l,c},\boldsymbol{\Sigma}_m^{i,l,c}\right\}$，$\boldsymbol{\mu}_m^{i,l,c}$ 和 $\boldsymbol{\Sigma}_m^{i,l,c}$ 分别是 $(\boldsymbol{X}_{QN}^{i,l,c})_m$ 的均值向量和协方差矩阵，$(\boldsymbol{X}_{QN}^{i,l,c})_m$ 表示稳定模态 m 下、第 i 个子块、第 l 种定性变量组合、第 c 个状态等级的定量数据。

针对一个以定性信息为主的子块，在稳定模态下，可以根据 5.4 节所提方法进行建模。利用数据矩阵 $\boldsymbol{X}_m^{i,c}$ 组织决策表，条件属性包含所有的过程变量，决策属性为状态等级，决策表的每一行都代表一种决策规则。以表 6.1 所示的决策表为例，$\boldsymbol{x}_m^{i,c}$ 是 $\boldsymbol{X}_m^{i,c}$ 中的一个样本，$x_{m,j}^{i,c}$ 是 $\boldsymbol{x}_m^{i,c}$ 中的第 j 个变量，$j=1,2,\cdots,J^i$，J^i 是子块 i 中与运行状态优性相关的变量个数。

表 6.1　决策表示例

论域	条件属性				决策属性
	变量 1	变量 2	…	变量 J^i	状态等级
$\boldsymbol{x}_m^{i,c}$	$x_{m,1}^{i,c}$	$x_{m,2}^{i,c}$	…	$x_{m,J^i}^{i,c}$	c
⋮	⋮	⋮	⋮	⋮	⋮

6.2.5　过渡模态下子块评价模型离线建立

1. 过渡模态特性简介

处于过渡模态的子块，针对每种过渡模态分别建立评价模型。过渡模态是一种稳定模态转换至另一种稳定模态时出现的暂时状态。值得注意的是，模态 1 到模态 2 的过渡模态和模态 2 到模态 1 的过渡模态，是两种完全不同的过渡模态。

一次过渡的优劣取决于过渡轨迹、过渡时间的长短、消耗的大小等。通常来说，只有一次过渡完全结束之后才能综合评判整个过渡的性能。本章以过渡模态运行状态优劣与过渡的轨迹和时间长短有关为例，阐述过渡过程的运行状态评价方法。

与稳定模态相比，过渡模态出现频率低、持续时间短。虽然可以将过渡模态划分为若干个等级并分别进行建模，但精确的过渡等级评价意义不大。因此，在本章中，把过渡模态划分为两种运行状态，即“优”和“非优”。那么，可以利用过渡过程“优”运行状态的数据，建立等级“优”的评价模型。

在离线获得优过渡轨迹的前提假设下，本节介绍一种基于优轨迹匹配度的过渡模态评价策略。

2. 优轨迹特征提取

针对一种特定的过渡模态，在优运行状态下，过渡轨迹应该类似。对于在过渡模态 $m_1 \sim m_2$ 下的子块 i，将优运行状态下 B 个批次的过渡数据写成三维数据矩阵 $\underset{\sim}{\boldsymbol{X}}_{m_1\sim m_2}^{i,\mathrm{opt}} \in \Re^{B\times J^i \times \underset{\sim}{N}}$，其中，$B$、$J^i$ 和 $\underset{\sim}{N}$ 分别表示批次、变量和样本的个数，如图 6.3 所示。而对于不等长的情况，以优运行状态下的最短过渡轨迹为标准，用动态时间扭曲的方法得到等长的数据矩阵[2]。也就是说，$\underset{\sim}{N}$ 也是优运行状态下最短过渡轨迹的长度。这里假设优运行状态下，最长和最短过渡轨迹的长度差为 ΔN。

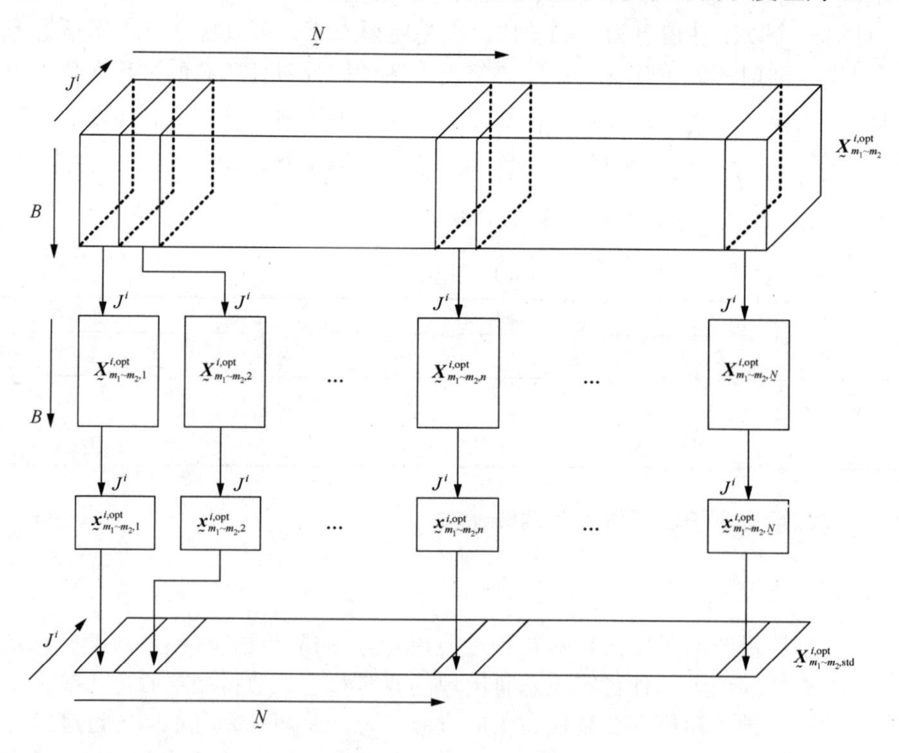

图 6.3　过渡轨迹数据构成示意图

如图 6.3 所示，三维的数据矩阵 $\underset{\sim}{\boldsymbol{X}}^{i,\text{opt}}_{m_1\sim m_2}$，沿样本方向进一步划分为 $\underset{\sim}{N}$ 个时间片。其中，$\underset{\sim}{\boldsymbol{X}}^{i,\text{opt}}_{m_1\sim m_2,n}\in\Re^{B\times J^i}$ 表示第 n 个时间片。$\underset{\sim}{\boldsymbol{X}}^{i,\text{opt}}_{m_1\sim m_2,n}$ 沿批次方向的平均水平表示为 $\underset{\sim}{\boldsymbol{x}}^{i,\text{opt}}_{m_1\sim m_2,n}\in\Re^{J^i\times 1}$，并且用 $\underset{\sim}{\boldsymbol{x}}^{i,\text{opt}}_{m_1\sim m_2,n}$ 来表征该过渡模态下在时刻 n 处的特征。$\underset{\sim}{\boldsymbol{x}}^{i,\text{opt}}_{m_1\sim m_2,n}$ 同时包含定量变量和定性变量，用 $\underset{\sim}{x}^{i,\text{opt}}_{m_1\sim m_2,n,j}$ 表示 $\underset{\sim}{\boldsymbol{x}}^{i,\text{opt}}_{m_1\sim m_2,n}$ 中第 j 个变量的取值，用 $(\underset{\sim}{X}^{i,\text{opt}}_{m_1\sim m_2,n})_{b,j}$ 表示 $\underset{\sim}{\boldsymbol{X}}^{i,\text{opt}}_{m_1\sim m_2,n}$ 的第 b 行第 j 列元素，也就是第 b 个批次、第 j 个变量的取值。如果第 j 个变量是定量变量，那么定义平均水平 $\underset{\sim}{x}^{i,\text{opt}}_{m_1\sim m_2,n,j}$ 是所有批次的均值，即

$$\underset{\sim}{x}^{i,\text{opt}}_{m_1\sim m_2,n,j}=\frac{1}{B}\sum_{b=1}^{B}(\underset{\sim}{X}^{i,\text{opt}}_{m_1\sim m_2,n})_{b,j} \tag{6.6}$$

如果第 j 个变量是定性变量，那么定义 $\underset{\sim}{x}^{i,\text{opt}}_{m_1\sim m_2,n,j}$ 是 $(\underset{\sim}{X}^{i,\text{opt}}_{m_1\sim m_2,n})_{1,j},(\underset{\sim}{X}^{i,\text{opt}}_{m_1\sim m_2,n})_{2,j},\cdots,(\underset{\sim}{X}^{i,\text{opt}}_{m_1\sim m_2,n})_{B,j}$ 中出现频率最大的定性状态，即

$$\underset{\sim}{x}^{i,\text{opt}}_{m_1\sim m_2,n,j}=\arg\max_{a}\left\{F_a;a=1,2,\cdots,A_j\right\} \tag{6.7}$$

式中，F_a 是第 j 个变量的第 a 个定性状态出现的频率；A_j 是定性状态的个数。进一步定义一个尺度因子作为衡量轨迹间差异程度的基准：

$$\sigma_{j,n}=\left|(\underset{\sim}{X}^{i,\text{opt}}_{m_1\sim m_2,n})^{\max}_{j}-(\underset{\sim}{X}^{i,\text{opt}}_{m_1\sim m_2,n})^{\min}_{j}\right| \tag{6.8}$$

式中，如果第 j 个变量是定量变量；$(\underset{\sim}{X}^{i,\text{opt}}_{m_1\sim m_2,n})^{\max}_{j}$ 和 $(\underset{\sim}{X}^{i,\text{opt}}_{m_1\sim m_2,n})^{\min}_{j}$ 分别是 $(\underset{\sim}{X}^{i,\text{opt}}_{m_1\sim m_2,n})_{1,j}$，$(\underset{\sim}{X}^{i,\text{opt}}_{m_1\sim m_2,n})_{2,j},\cdots,(\underset{\sim}{X}^{i,\text{opt}}_{m_1\sim m_2,n})_{B,j}$ 中的最大值和最小值；$\sigma_{j,n}$ 是变量 j 在过渡时刻 n 最大值与最小值的差；第 j 个变量是定性变量，$(\underset{\sim}{X}^{i,\text{opt}}_{m_1\sim m_2,n})^{\max}_{j}$ 和 $(\underset{\sim}{X}^{i,\text{opt}}_{m_1\sim m_2,n})^{\min}_{j}$ 分别表示优运行状态下，过渡时刻 n 中，变量 j 最大和最小的状态等级，也就是说，$\sigma_{j,n}$ 是时刻 n 出现的最大等极差。于是，$\underset{\sim}{\boldsymbol{x}}^{i,\text{opt}}_{m_1\sim m_2,1},\underset{\sim}{\boldsymbol{x}}^{i,\text{opt}}_{m_1\sim m_2,2},\cdots,\underset{\sim}{\boldsymbol{x}}^{i,\text{opt}}_{m_1\sim m_2,\underset{\sim}{N}}$ 组成了优过渡的参考轨迹，记作 $\underset{\sim}{\boldsymbol{X}}^{i,\text{opt}}_{m_1\sim m_2,\text{std}}\in\Re^{J^i\times\underset{\sim}{N}}$。以该参考轨迹为标准，在线判断过渡过程运行状态。

6.3 基于两层分块 GMM-MFPRS 的多模态过程运行状态优性在线评价

6.3.1 运行状态优性在线评价框架

针对多模态特性，运行模态包含稳定模态和过渡模态，我们需要区分子块层

和全流程层的运行模态。只有所有的子块都运行于同一稳定模态，全流程才运行于该稳定模态。否则，全流程处于过渡模态。一般来说，过程绝大多数的时间都运行于稳定模态，并且产品主要在稳定模态中生产。针对全流程层的稳定模态，主要研究全流程层运行状态的评价。针对全流程层的过渡模态，只关注每个子块的子块层运行状态评价，而不进行全局评价。

在线评价由子块模态识别、全流程模态识别、子块运行状态评价和全流程运行状态评价构成，如图 6.4 的流程图所示。

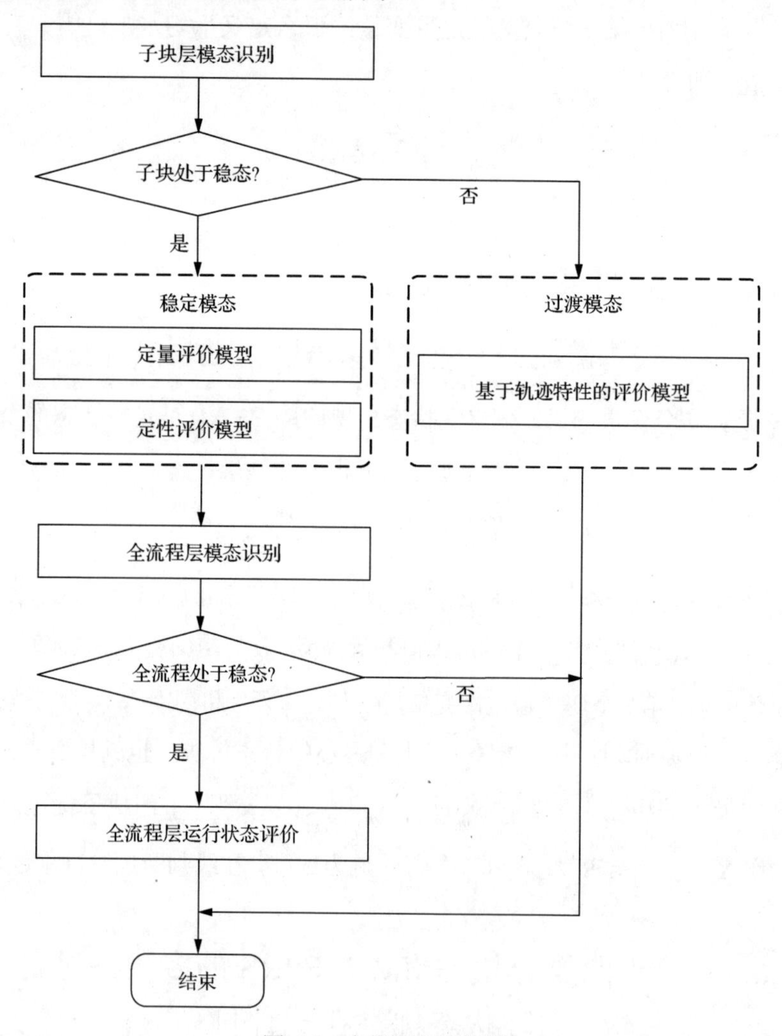

图 6.4　在线评价流程图

6.3.2　子块和全流程运行模态识别

用 $\boldsymbol{x}_k^i = [(\boldsymbol{e}_k^i)^{\mathrm{T}}, (\boldsymbol{x}_k^i)^{\mathrm{T}}]^{\mathrm{T}}$ 表示子块 i 在时间 t 的在线数据，其中，$\boldsymbol{e}_k^i$ 和 $\boldsymbol{x}_k^i$ 分别对应与模态识别和运行状态优性相关的变量。

模态在线识别的方法已在很多文献中进行了深入研究[1,3,4]，本章采用基于相似度的方法来进行在线模态识别。首先，进行子块的模态识别。$\boldsymbol{E}_m^i$ 和 $\boldsymbol{E}_{m_1\sim m_2}^i(h)$ 的平均水平分别表示为 $\boldsymbol{e}_m^i$ 和 $\boldsymbol{e}_{m_1\sim m_2}^i(h)$，利用 $\boldsymbol{e}_m^i$ 和 $\boldsymbol{e}_{m_1\sim m_2}^i(h)$ 代表相应稳定模态和过渡子模态的特性。假设初始模态已知，k 时刻的模态识别与 $k-1$ 时刻的模态有关。模态识别过程中，可能出现两种情况。情况 1：$k-1$ 时刻属于已知的稳定模态 m。情况 2：$k-1$ 时刻属于已知过渡模态 $m_1 \sim m_2$，那么，可以判定即将到来的稳定模态为 m_2。两种情况下的具体模态识别步骤分别如图 6.5 和图 6.6 所示。

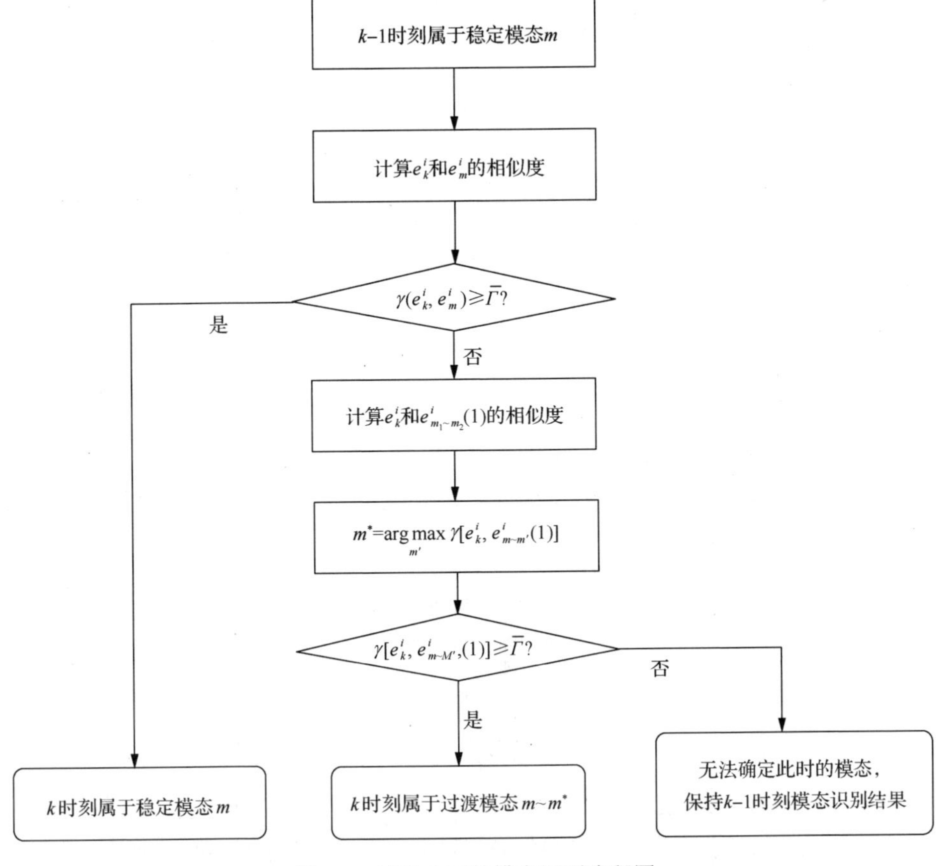

图 6.5　情况 1 下的模态识别流程图

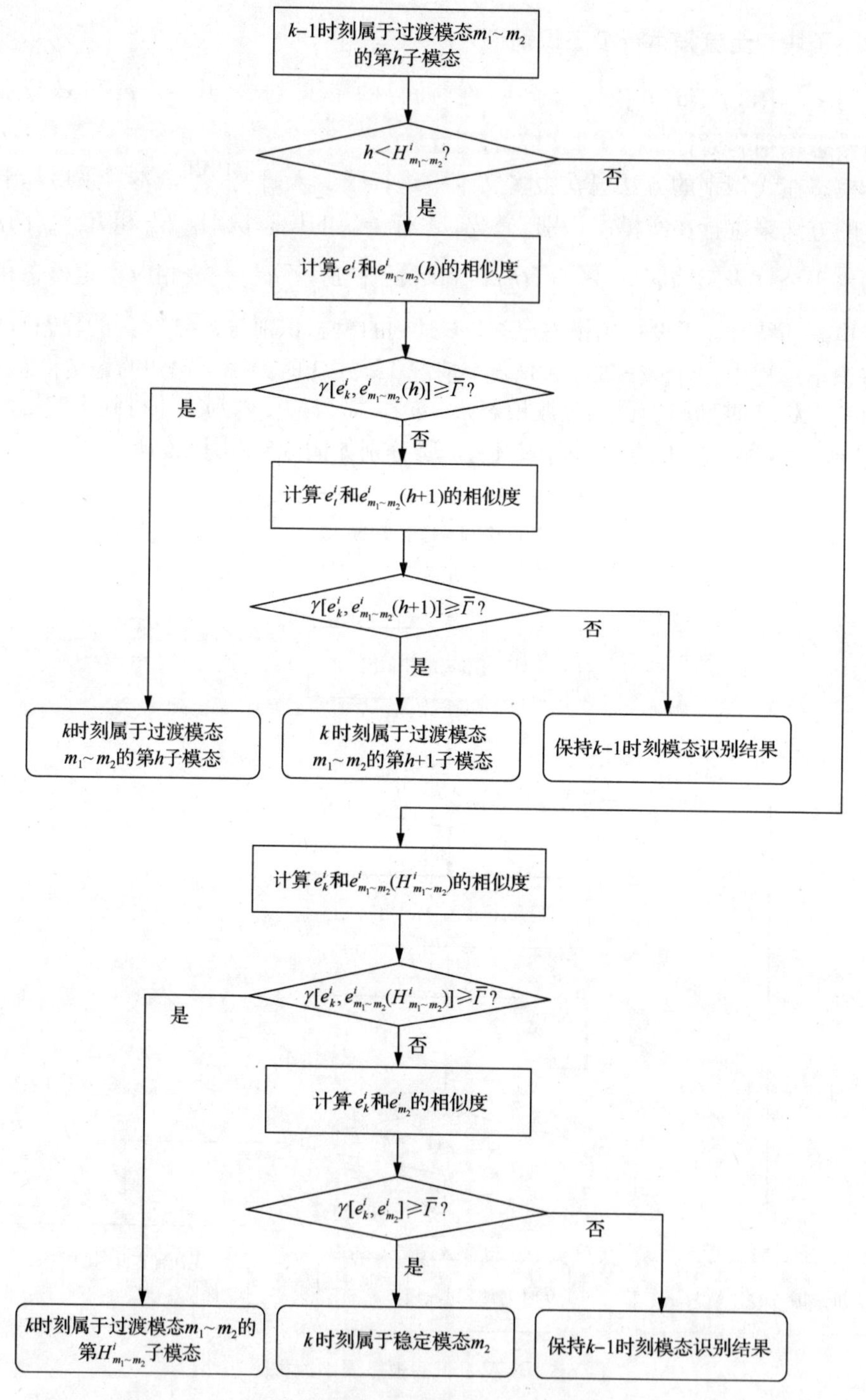

图 6.6　情况 2 下的模态识别流程图

在情况1下，若$k-1$时刻属于一个稳定模态m，则将t时刻的在线数据$\boldsymbol{e}_k^i$分别与该模态m的特征$\boldsymbol{e}_m^i$，以及以该模态为起点的第一个过渡子模态的特征(记为$\boldsymbol{e}_{m\sim m'}^i(1)$)进行对比，其中过渡模态$m\sim m'$表示以稳定模态$m$为起点的所有过渡模态。通过相似度的比较，可以判定运行模态是否发生变化，如图6.5所示。在情况2下，$k-1$时刻属于过渡模态$m_1\sim m_2$的第h子模态，那么需要判断过渡是否即将结束，进入稳定模态m_2。如果$k-1$时刻属于过渡模态的起始或者中间子模态，$\boldsymbol{e}_k^i$需要与$k-1$时刻对应的子模态$\boldsymbol{e}_{m_1\sim m_2}^i(h)$以及下一个子模态$\boldsymbol{e}_{m_1\sim m_2}^i(h+1)$进行对比，来跟踪过渡模态的动态特性。如果$k-1$时刻属于过渡模态最后的子模态，$\boldsymbol{e}_k^i$需要与该子模态$\boldsymbol{e}_{m_1\sim m_2}^i(H_{m_1\sim m_2}^i)$和即将到来的稳定模态$\boldsymbol{e}_{m_2}^i$进行特征对比，来判断过渡是否结束，如图6.6所示，其中，$H_{m_1\sim m_2}^i$是相应过渡模态包含的子模态个数。

在所有子块的模态识别结束后，再进行全流程的模态识别。如果所有子块都指向同一稳定模态，那么全流程处于相应的稳定模态。否则，全流程处于过渡模态。在全流程处于稳定模态时，先进行子块运行状态评价，再进行全流程运行状态评价。在全流程处于过渡模态时，只进行子块运行状态评价。

6.3.3　子块运行状态优性在线评价

1. 稳定模态下的运行状态优性评价

针对稳定模态m下的子块i，与运行状态相关的在线数据记为$\boldsymbol{x}_k^i$。接下来，分别讨论以定量信息和定性信息为主的子块运行状态判定方法。

(1) 以定量信息为主的子块。

如果子块i是一个以定量信息为主的子块，那么$\boldsymbol{x}_k^i$可以划分为定性和定量两个部分，即$(\boldsymbol{x}_k^i)_{QL}$和$(\boldsymbol{x}_k^i)_{QN}$。那么，可以根据式(5.37)计算$\boldsymbol{x}_k^i$属于各个状态等级的概率$\Pr\left\{G_m^{i,c}\middle|\boldsymbol{x}_k^i\right\}$，其中，$G_m^{i,c}$表示子块$i$处于稳定模态$m$下的等级$c$，$c=1,2,\cdots,C$。

(2) 以定性信息为主的子块。

如果子块i是一个以定性信息为主的子块，获得在线数据$\boldsymbol{x}_k^i$之后，先根据式(5.17)～式(5.19)计算$\boldsymbol{x}_k^i$与$\boldsymbol{X}_m^{i,1},\boldsymbol{X}_m^{i,2},\cdots,\boldsymbol{X}_m^{i,C}$中所有元素的等价程度。再根据式(5.20)得到$\boldsymbol{x}_k^i$在模糊关系$\tilde{R}$上的模糊等价类$[\boldsymbol{x}_k^i]_{\tilde{R}}$。给定$\lambda$的条件下，由式(5.21)得$[\boldsymbol{x}_k^i]_{\tilde{R}}$的$\lambda$割集$[\boldsymbol{x}_k^i]_{\tilde{R}_\lambda}$。那么，根据式(5.22)，计算$\boldsymbol{x}_k^i$属于各个状态等级的概率$\Pr\left\{G_m^{i,c}\middle|\boldsymbol{x}_k^i\right\}$，其中，$c=1,2,\cdots,C$。

通过(1)或(2)中的方法，计算出 $\Pr\left\{G_m^{i,1}\left|\boldsymbol{x}_k^i\right.\right\},\Pr\left\{G_m^{i,2}\left|\boldsymbol{x}_k^i\right.\right\},\cdots,\Pr\left\{G_m^{i,C}\left|\boldsymbol{x}_k^i\right.\right\}$ 之后，对于子块 i，采用第5章中的方法实现等级判断。

2. 过渡模态下的运行状态优性评价

子块 i 中，与运行状态相关的在线数据记为 $\boldsymbol{x}_k^i$。针对过渡模态 $m_1 \sim m_2$ 下的运行状态优性评价，采取将在线运行轨迹与该模态下优过渡参考轨迹进行对比的方法，判断当前过程所处运行状态。如果实时轨迹与优参考轨迹匹配度较高，那么判定当前过渡处于优状态；否则，处于非优状态。

在进行过渡轨迹匹配时，通常会面临下面两个难题：①要将过渡轨迹与优参考轨迹 $\underset{\sim}{\boldsymbol{X}}_{m_1\sim m_2,\mathrm{std}}^{i,\mathrm{opt}}$ 进行对比，需要等到过渡完全结束之后才能比较，这样会影响运行状态评价的实时性；②为了处理过渡时间不等长的情况，获取 $\underset{\sim}{\boldsymbol{X}}_{m_1\sim m_2,\mathrm{std}}^{i,\mathrm{opt}}$ 之前，采用了动态时间扭曲的操作，使在线过渡轨迹的第 n 时刻与 $\underset{\sim}{\boldsymbol{X}}_{m_1\sim m_2,\mathrm{std}}^{i,\mathrm{opt}}$ 中的第 n 个时间片不一定一一对应。为了解决上述两个问题，本节将建立一种有效的过渡模态运行状态优性评价策略。

假设当前过渡模态始于时刻 k_0，当前时刻为 k。令 $n_k = k - k_0 + 1$，也就是说，当前过渡已经进行到了第 n_k 个时刻。如前所述，用 $\underset{\sim}{N}$ 表示优运行状态下，最短过渡轨迹的长度，即 $\underset{\sim}{\boldsymbol{X}}_{m_1\sim m_2,\mathrm{std}}^{i,\mathrm{opt}}$ 包含的时间片个数；用 ΔN 表示优运行状态下最长和最短过渡轨迹的长度差，那么，$\underset{\sim}{N} + \Delta N$ 即为优运行状态下，最长过渡轨迹的长度。

先只考虑时刻 k 与优参考轨迹的匹配情况。当 $n_k > \underset{\sim}{N} + \Delta N$ 时，当前过渡时长已经超过历史优运行状态下最长过渡轨迹的长度，那么，认为该过渡处于非优运行状态。否则，由于动态时间扭曲技术的使用，时刻 k 的在线样本首先和 $\underset{\sim}{\boldsymbol{X}}_{m_1\sim m_2,\mathrm{std}}^{i,\mathrm{opt}}$ 中的 ΔN 个时间片比较，即 $\underset{\sim}{\boldsymbol{x}}_{m_1\sim m_2,n_k-\Delta N+1}^{i,\mathrm{opt}},\underset{\sim}{\boldsymbol{x}}_{m_1\sim m_2,n_k-\Delta N+2}^{i,\mathrm{opt}},\cdots,\underset{\sim}{\boldsymbol{x}}_{m_1\sim m_2,n_k}^{i,\mathrm{opt}}$，因为最长和最短过渡轨迹的长度差为 ΔN，一般情况下，若 $\boldsymbol{x}_k^i$ 处于优运行状态，$\boldsymbol{x}_k^i$ 与状态等级“优”参考轨迹中与之对应的时间片的长度差也不会超过 ΔN。然后，再将 k_0 到 k 的比较结果综合到一起。$\boldsymbol{x}_k^i$ 和 $\underset{\sim}{\boldsymbol{x}}_{m_1\sim m_2,n'}^{i,\mathrm{opt}}$ 的相对距离定义为

$$\mathrm{rd}_{k,n'}^i = \frac{1}{J}\sum_{j=1}^{J}\frac{\left|x_{k,j}^i - \underset{\sim}{x}_{m_1\sim m_2,n',j}^{i,\mathrm{opt}}\right|}{\sigma_{j,n'}}, \qquad n' = n_k - \Delta N + 1, n_k - \Delta N + 2, \cdots, n_k \tag{6.9}$$

式中，$x_{k,j}^i$ 和 $\underset{\sim}{x}_{m_1\sim m_2,n',j}^{i,\mathrm{opt}}$ 分别是 $\boldsymbol{x}_k^i$ 和 $\underset{\sim}{\boldsymbol{x}}_{m_1\sim m_2,n'}^{i,\mathrm{opt}}$ 中的第 j 个变量；$\sigma_{j,n'}$ 的计算方法如式(6.8)所示。如果第 j 个变量是定量变量，$\left|x_{k,j}^i - \underset{\sim}{x}_{m_1\sim m_2,n',j}^{i,\mathrm{opt}}\right|$ 表示两个变量取值之

差的绝对值。如果第 j 个变量是定性变量，$\left|x_{k,j}^{i}-x_{\sim m_1\sim m_2,n',j}^{i,\text{opt}}\right|$ 表示两个变量的等级差。用 n_k^* 表示上述 ΔN 个时间片中，与 $\boldsymbol{x}_k^i$ 相对距离最小的时间片，即

$$n_k^* = \arg\min_{n'}\left\{\text{rd}_{k,n'}^{i}, n' = n_k - \Delta N + 1, n_k - \Delta N + 2, \cdots, n_k\right\} \tag{6.10}$$

并用 $\boldsymbol{X}_{\sim m_1\sim m_2,\text{std}}^{i,\text{opt}}$ 中的第 n_k^* 个时间片与当前时刻数据的对比结果进行过渡模态运行状态的在线评价。定义当前样本 $\boldsymbol{x}_k^i$ 和优参考轨迹的单点契合度为

$$\text{qd}_k^i = 1 - \text{rd}_{k,n_k^*}^{i} \tag{6.11}$$

将过渡至今的情况一起进行考虑，即时刻 k_0 到 k 的整体运行轨迹。在线过渡轨迹与优参考轨迹的轨迹契合度定义如下：

$$\text{QD}_k^i = \omega\cdot\left(\frac{1}{n_k}\sum_{n'=k_0}^{k}\text{qd}_k^i\right) + (1-\omega)\cdot\left(1-\frac{n_k - n_k^*}{\Delta N}\right) \tag{6.12}$$

式中，ω 是权重系数，满足 $0<\omega\leqslant 1$。ω 和 $1-\omega$ 分别代表了过渡轨迹形态和过渡时间的重要程度。给定一个阈值 $\Upsilon\ (0.5<\Upsilon<1)$，如果 QD_k^i 超过该阈值，认为当前过渡模态处于优运行状态；否则，处于非优运行状态。为了避免系统波动带来的误评价，采取与稳态的子块相同的等级判断原则，即只有连续 W 个样本点的契合度与 $k-W$ 时刻的评价结果对应的契合度都不同时，才认为该子块运行状态已经转换为非优。

6.3.4　全流程运行状态优性在线评价

多模态过程包含稳定模态和过渡模态，只有所有的子块都运行于同一稳定模态，全流程才运行于该稳定模态，否则，全流程处于过渡模态。

当全流程处于稳定模态时，全流程状态等级等同于子块中最劣状态等级，即 $G_{m,k}^{1,*}, G_{m,k}^{2,*}, \cdots, G_{m,k}^{I,*}$ 中最差的等级，原因已于 5.5.2 小节中进行了阐述。当全流程处于过渡模态时，此时不进行全流程等级评价，只进行子块等级评价。

6.4　基于两层分块 GMM-MFPRS 的多模态过程非优原因追溯

非优原因追溯的目的是查找导致非优运行状态的原因变量，追溯结果有利于分析生产情况，提供操作指导，使运行状态恢复优等级。非优原因追溯只在处于非优运行状态的子块中进行。

针对稳定模态 m 下的原因追溯方法与 5.5.3 小节所述单模态下的非优原因追溯方法完全一致，不再赘述。针对过渡模态 $m_1 \sim m_2$ 下的变量追溯，将 $\boldsymbol{x}_k^i$ 和 $\underset{\sim}{\boldsymbol{x}}_{m_1 \sim m_2, n_k^*}^{i,\mathrm{opt}}$ 进行对比，其中，n_k^* 由式(6.9)和式(6.10)获得，$\underset{\sim}{\boldsymbol{x}}_{m_1 \sim m_2, n_k^*}^{i,\mathrm{opt}}$ 是 $\underset{\sim}{\boldsymbol{X}}_{m_1 \sim m_2, n_k^*}^{i,\mathrm{opt}}$ 沿批次方向的平均水平。定义 $\boldsymbol{x}_k^i$ 中第 j 个变量对非优运行状态的贡献率为

$$\mathrm{Contr}_{k,j}^i = \frac{\left| x_{k,j}^i - \underset{\sim}{x}_{m_1 \sim m_2, n_k^*, j}^{i,\mathrm{opt}} \right|}{\sigma_{j,n_k^*} \sum_{j'=1}^{J^i} \frac{\left| x_{k,j}^i - \underset{\sim}{x}_{m_1 \sim m_2, n_k^*, j'}^{i,\mathrm{opt}} \right|}{\sigma_{j',n_k^*}}} \tag{6.13}$$

过渡模态的非优可能是多个时刻累积作用的结果，所以进一步定义平均累积贡献率：

$$\mathrm{Contr}_j^i = \frac{1}{k} \sum_{k'=1}^{k} \mathrm{Contr}_{k',j}^i \tag{6.14}$$

根据上述方法，求取当前过渡模态下每个变量的平均累积贡献率，平均累积贡献率较大的变量是导致运行状态非优的原因变量。

6.5 多模态下铜浮选全流程中的应用研究

6.5.1 铜浮选过程多模态特性简介

浮选是根据矿物颗粒表面物理性质与化学性质的不同，根据矿物可浮性差异进行分选的方法。浮选实质就是通过添加化学试剂，在形成的气、液、固三相的体系中，使疏水有用矿物黏附于气泡的表面，从而上升形成富集矿物的泡沫层，而亲水的颗粒主要滞留于水中，最终随矿浆流出。由于浮选比其他选矿方法分选效率高，解决了很多微细矿粒有用成分难回收的问题，获得了高质量精矿，广泛应用在选矿领域。

由于中国矿产资源的质量参差不齐，入矿性质差别有时很大，工业现场的情况复杂。5.6 节是针对铜浮选过程运行于单模态下展开的相关研究，而本节将所提方法应用于多模态下的铜浮选全流程中。多模态特性的产生主要源于该矿厂原矿品位的变化。

6.5.2 实验设计

子块的划分与 5.6 节中完全一致，即将铜浮选全流程划分为粗选子块、分离

粗选子块和精选子块。其中，粗选子块和精选子块是以定量信息为主的子块，而分离粗选子块是以定性信息为主的子块。因此，根据前文所述规则，分别选定定量和定性的建模方法。

分别选取入矿铜品位、原矿铜品位、分离原矿铜品位作为三个子块的模态识别变量，与运行状态相关的过程变量，与 5.6.2 小节中一样，变量列于表 5.2。本节以两种稳定模态为例，验证所提方法的有效性。模态 1 和模态 2 分别对应入矿铜品位的两种范围。以全流程的综合经济指标为评价指标，将稳定模态下的过程运行状态划分为 3 个状态等级，等级 1、2、3 分别对应“优”、“中”、“差”。过渡模态下的过程运行状态划分为 2 个状态等级，等级 1、2 分别对应优和非优运行状态。

选取 12000 组稳态数据进行离线建模，其中，每种稳定模态下、每个状态等级的数据各 2000 组。再产生模态 1 到 2，以及模态 2 到 1 这两种过渡模态下，“优”运行状态的轨迹各 100 个批次，作为过渡模态建模数据。

在线测试阶段，稳定模态下的运行状态优性评价结果与 5.6 节中类似，所以在本节中，主要展示在模态发生转换时的运行状态优性评价结果。实验设计如表 6.2 所示，500 组测试数据中，前 100 个样本点中，过程运行于模态 1 下的优运行状态。从 81 个样本点开始，入矿铜品位突然增加，运行模态转化为模态 2。模态过渡从子块 1 至 3 依次进行，全流程在第 319 个样本点起，转化为模态 2。具体的样本点所对应的运行模态和状态等级已列于表 6.2 中。需要注意的是，在模态过渡的过程中，子块 2 由于没有及时调整石灰添加量，使子块处于非优的过渡中。

表 6.2　实验设计

样本	子块 1	子块 2	子块 3	全流程
1～80	稳态 1 等级“优”	稳态 1 等级“优”	稳态 1 等级“优”	稳态 1 等级“优”
81～211	过渡模态 1～2 等级“优”	稳态 1 等级“优”	稳态 1 等级“优”	过渡模态 1～2
212～268	稳态 2 等级“优”	过渡模态 1～2 等级“非优”	稳态 1 等级“优”	过渡模态 1～2
269～318	稳态 2 等级“优”	稳态 2 等级“优”	过渡模态 1～2 等级“优”	过渡模态 1～2
319～500	稳态 2 等级“优”	稳态 2 等级“优”	稳态 2 等级“优”	稳态 2 等级“优”

6.5.3　实验结果及分析

利用与模态识别相关的变量，对过程进行了准确的模态识别。在此基础上，用本章所提方法进行运行状态评价。图 6.7～图 6.9 分别展示了子块 1 至 3 中各个状态等级的概率计算结果。其中，在稳定模态下，过程运行状态包含“优”、“中”、“差”3 个等级；在过渡模态下，过程运行状态包含“优”和“非优”2 个等级。

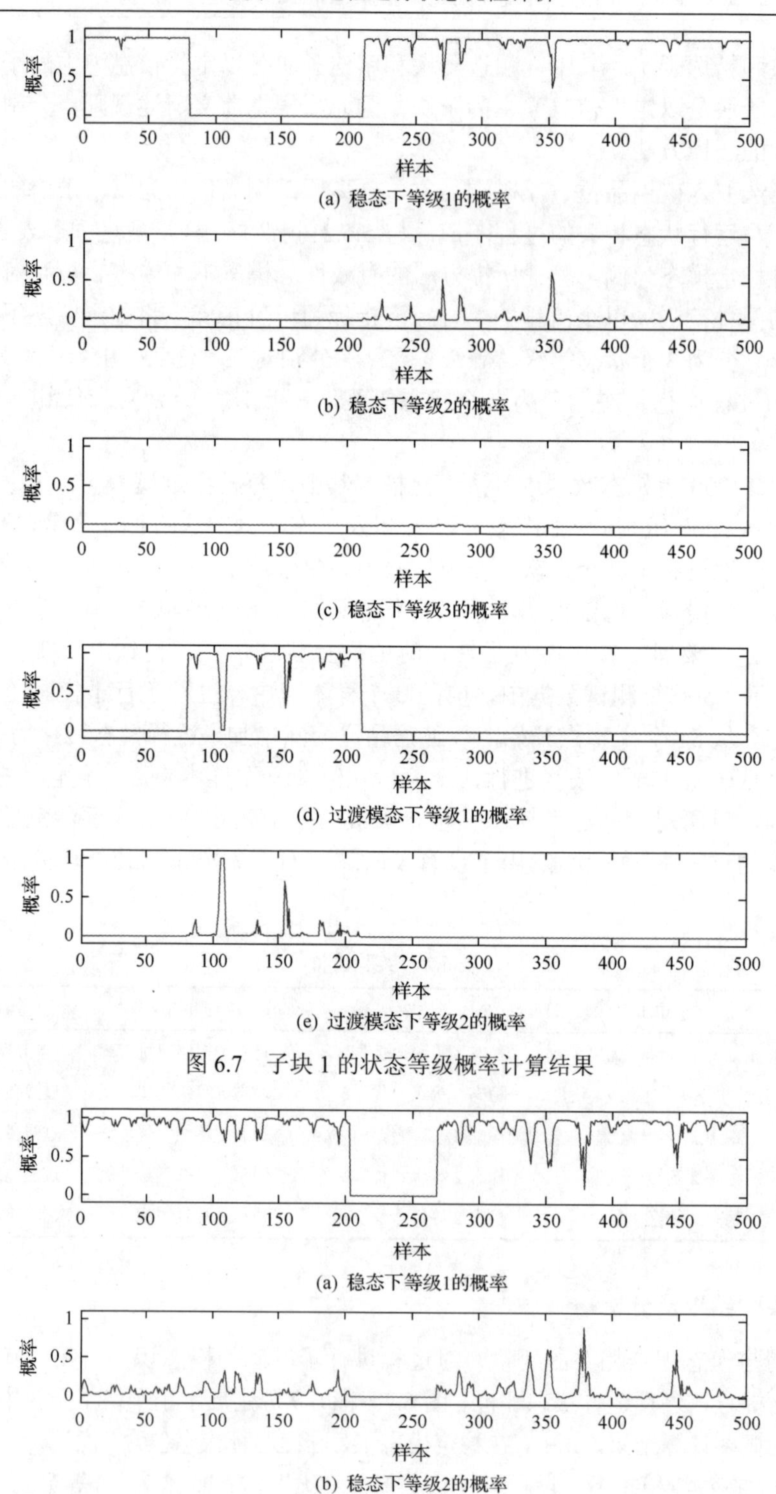

图 6.7　子块 1 的状态等级概率计算结果

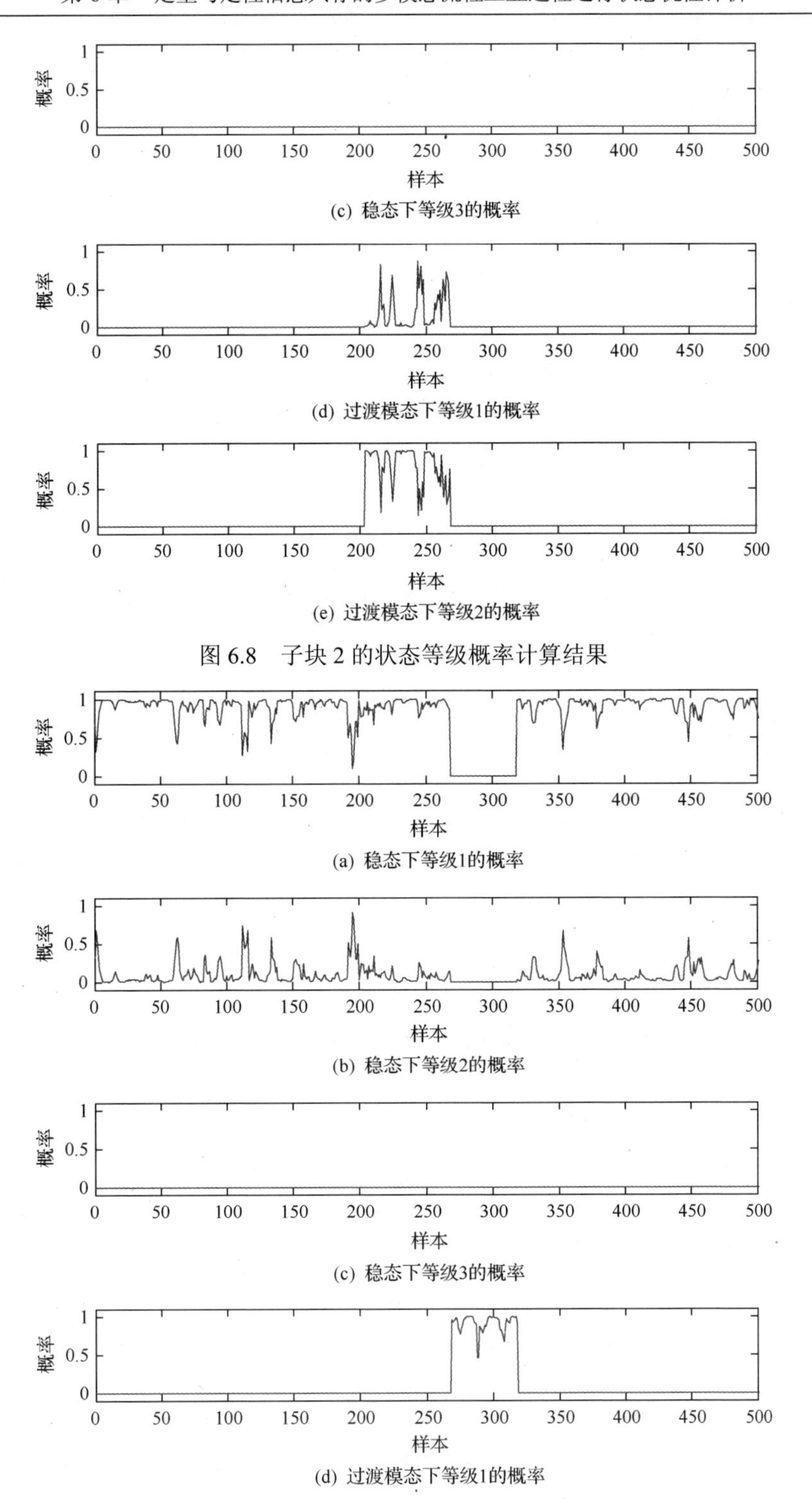

(c) 稳态下等级3的概率

(d) 过渡模态下等级1的概率

(e) 过渡模态下等级2的概率

图 6.8　子块 2 的状态等级概率计算结果

(a) 稳态下等级1的概率

(b) 稳态下等级2的概率

(c) 稳态下等级3的概率

(d) 过渡模态下等级1的概率

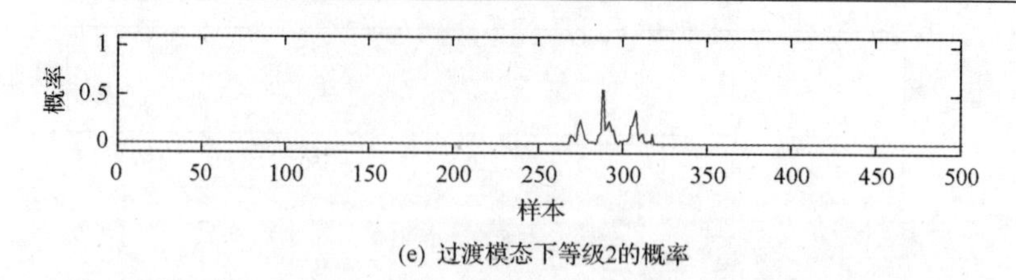

(e) 过渡模态下等级2的概率

图 6.9　子块 3 的状态等级概率计算结果

图 6.10 展示了每个子块和全流程的运行状态评价结果，在稳定模态下，既进行子块运行状态评价，又进行全流程运行状态评价；在过渡模态下，只进行子块运行状态评价。从评价结果可以看出，所提方法具有较高的准确性，子块 2 在模态过渡阶段，处于“非优”运行状态。

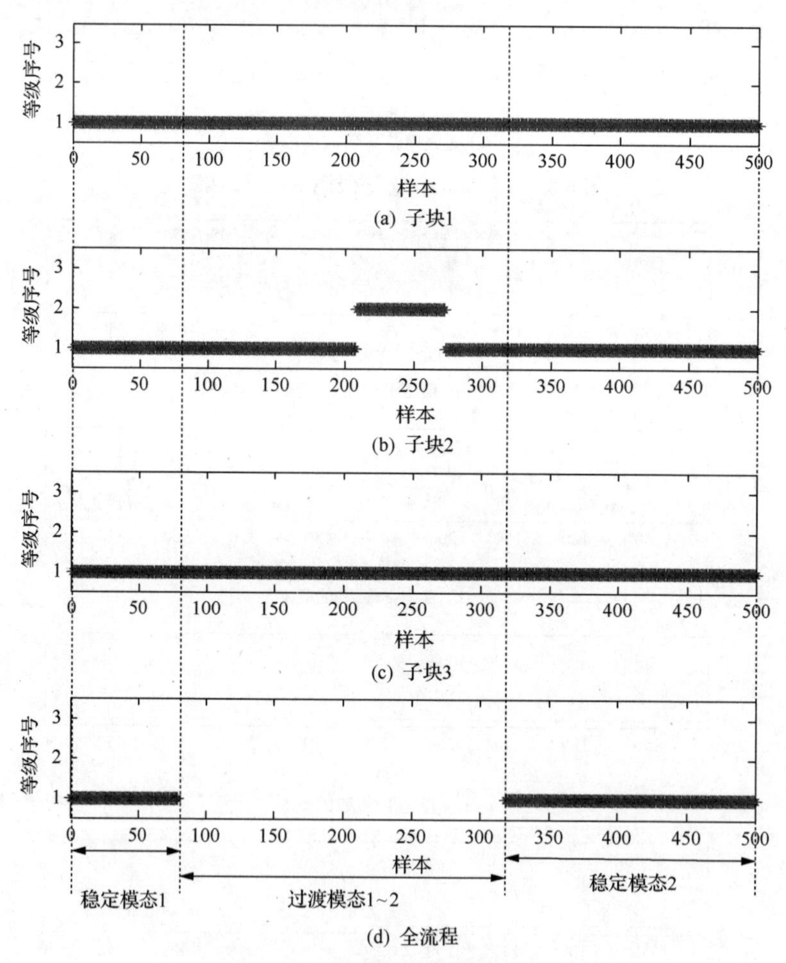

(d) 全流程

图 6.10　运行状态优性评价结果

针对非优的过渡模态，利用贡献率方法，在子块 2 内进行原因追溯。追溯结果如图 6.11 所示，导致非优运行状态的主导原因变量有粗选二加药量。事实上，由于模态的转换，没有及时调整石灰添加量，因此，分离原矿石灰添加量、分离原矿 pH 值与该过渡模态下的优运行状态有差距。可见，本章所述的非优原因追溯方法能够准确地识别导致运行状态非优的原因变量。

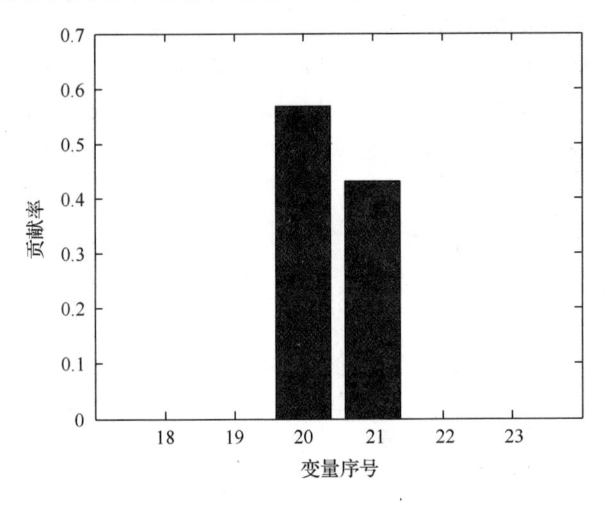

图 6.11　子块 2 的非优原因追溯结果

参考文献

[1] Tan S, Wang F, Peng J, et al. Multimode process monitoring based on mode identification. Industrial & Engineering Chemistry Research, 2012, 51(1): 374-388.

[2] Kassidas A, MacGregor J F, Taylor P A. Synchronization of batch trajectories using dynamic time warping. AIChE Journal, 1998, 44(4): 864-875.

[3] Wang F L, Tan S, Peng J, et al. Process monitoring based on mode identification for multi-mode process with transitions. Chemometrics & Intelligent Laboratory Systems, 2012, 110(1): 144-155.

[4] Zhao C H. Concurrent phase partition and between-mode statistical analysis for multimode and multiphase batch process monitoring. AIChE Journal, 2014, 60(2): 559-573.

附录 A　非线性优性相关变异信息提取

第一步：提取共同的变量相关关系。

在分析不同数据集合之间共同变量相关关系的过程中，首先通过衡量协方差相似性指标计算出共同基向量；然后对共同基向量进行进一步的压缩和精简，提高它们之间的相关性。两个步骤中虽然分别使用了不同的优化目标以及约束条件，但都可以获得解析解。

将共同基向量记为 $\bar{\boldsymbol{p}}_g$，求解共同基向量的问题可以描述为如下有约束的优化问题：

$$\begin{aligned}&\max R^2=\max\sum_{c=1}^{C}\left[\bar{\boldsymbol{p}}_g^{\mathrm{T}}\Phi(\boldsymbol{X}^c)^{\mathrm{T}}\bar{\boldsymbol{\alpha}}^c\right]^2\\&\text{s.t.}\ \begin{cases}\bar{\boldsymbol{p}}_g^{\mathrm{T}}\bar{\boldsymbol{p}}_g=1\\\bar{\boldsymbol{\alpha}}^{c\mathrm{T}}\bar{\boldsymbol{\alpha}}^c=1\end{cases}\end{aligned}\tag{A.1}$$

由于式(A.1)中将组合系数 $\bar{\boldsymbol{\alpha}}^c$ 约束为单位长度，因此子基向量 $\Phi(\boldsymbol{X}^c)^{\mathrm{T}}\bar{\boldsymbol{\alpha}}^c$ 的实际长度不等于 1。目标函数(A.1)实际上是在刻画子基向量 $\Phi(\boldsymbol{X}^c)^{\mathrm{T}}\bar{\boldsymbol{\alpha}}^c$ 与共同基向量 $\bar{\boldsymbol{p}}_g$ 之间的协方差关系。需要注意的是，协方差信息的最大化并不一定表示相关性最强，因为当子基向量自身的方差较大时，同样能够使得基向量之间的协方差增大。然而，如果直接基于原始数据 $\Phi(\boldsymbol{X}^c)$ 分析子基向量与共同基向量之间的相关关系，即将约束条件 $\bar{\boldsymbol{\alpha}}^{c\mathrm{T}}\bar{\boldsymbol{\alpha}}^c=1$ 改为 $\bar{\boldsymbol{\alpha}}^{c\mathrm{T}}\Phi(\boldsymbol{X}^c)\Phi(\boldsymbol{X}^c)^{\mathrm{T}}\bar{\boldsymbol{\alpha}}^c=1$，将会为后续求解优化问题带来困难，这个问题将在后续的基向量求取中做进一步解释。

通过构造拉格朗日函数，式(A.1)中的优化问题变为求解标准的代数问题：

$$L(\bar{\boldsymbol{p}}_g,\bar{\boldsymbol{\alpha}}^c,\lambda_g,\lambda^c)=\sum_{c=1}^{C}\left[\bar{\boldsymbol{p}}_g^{\mathrm{T}}\Phi(\boldsymbol{X}^c)^{\mathrm{T}}\bar{\boldsymbol{\alpha}}^c\right]^2-\lambda_g(\bar{\boldsymbol{p}}_g^{\mathrm{T}}\bar{\boldsymbol{p}}_g-1)-\sum_{c=1}^{C}\lambda^c(\bar{\boldsymbol{\alpha}}^{c\mathrm{T}}\bar{\boldsymbol{\alpha}}^c-1)\tag{A.2}$$

式中，λ_g 和 λ^c 是常数标量。分别计算 $L(\bar{\boldsymbol{p}}_g,\bar{\boldsymbol{\alpha}}^c,\lambda_g,\lambda^c)$ 对 $\bar{\boldsymbol{p}}_g$、$\bar{\boldsymbol{\alpha}}^c$、$\lambda_g$ 和 λ^c 的偏导数，并令其等于零，可得到如下表达式：

$$\partial L/\partial\bar{\boldsymbol{p}}_g=2\sum_{c=1}^{C}\left[\left|\bar{\boldsymbol{p}}_g^{\mathrm{T}}\Phi(\boldsymbol{X}^c)^{\mathrm{T}}\bar{\boldsymbol{\alpha}}^c\right|\Phi(\boldsymbol{X}^c)^{\mathrm{T}}\bar{\boldsymbol{\alpha}}^c\right]-2\lambda_g\bar{\boldsymbol{p}}_g=0\tag{A.3}$$

$$\partial L / \partial \bar{\boldsymbol{\alpha}}^c = 2\left|\bar{\boldsymbol{p}}_g^{\mathrm{T}} \boldsymbol{\Phi}(\boldsymbol{X}^c)^{\mathrm{T}} \bar{\boldsymbol{\alpha}}^c\right| \boldsymbol{\Phi}(\boldsymbol{X}^c) \bar{\boldsymbol{p}}_g - 2\lambda^c \bar{\boldsymbol{\alpha}}^c = 0 \tag{A.4}$$

$$\partial L / \partial \lambda_g = \bar{\boldsymbol{p}}_g^{\mathrm{T}} \bar{\boldsymbol{p}}_g - 1 = 0 \tag{A.5}$$

$$\partial L / \partial \lambda^c = \bar{\boldsymbol{\alpha}}^{c\mathrm{T}} \bar{\boldsymbol{\alpha}}^c - 1 = 0 \tag{A.6}$$

用 $\bar{\boldsymbol{p}}_g^{\mathrm{T}}$ 和 $\bar{\boldsymbol{\alpha}}^{c\mathrm{T}}$ 分别左乘式(A.3)和式(A.4)，并联合式(A.5)和式(A.6)，得

$$\sum_{c=1}^{C}\left[\bar{\boldsymbol{p}}_g^{\mathrm{T}} \boldsymbol{\Phi}(\boldsymbol{X}^c)^{\mathrm{T}} \bar{\boldsymbol{\alpha}}^c\right]^2 = \lambda_g \tag{A.7}$$

$$\left[\bar{\boldsymbol{p}}_g^{\mathrm{T}} \boldsymbol{\Phi}(\boldsymbol{X}^c)^{\mathrm{T}} \bar{\boldsymbol{\alpha}}^c\right]^2 = \lambda^c \tag{A.8}$$

相应地，式(A.3)和式(A.4)可以进一步表示为

$$\sum_{c=1}^{C} \sqrt{\lambda^c}\, \boldsymbol{\Phi}(\boldsymbol{X}^c)^{\mathrm{T}} \bar{\boldsymbol{\alpha}}^c = \lambda_g \bar{\boldsymbol{p}}_g \tag{A.9}$$

$$\boldsymbol{\Phi}(\boldsymbol{X}^c) \bar{\boldsymbol{p}}_g \Big/ \sqrt{\lambda^c} = \bar{\boldsymbol{\alpha}}^c \tag{A.10}$$

将式(A.10)代入式(A.9)，则式(A.1)中有约束的优化问题等价于求解如下矩阵的特征值问题，即

$$\sum_{c=1}^{C}\left[\boldsymbol{\Phi}(\boldsymbol{X}^c)^{\mathrm{T}} \boldsymbol{\Phi}(\boldsymbol{X}^c)\right] \bar{\boldsymbol{p}}_g = \lambda_g \bar{\boldsymbol{p}}_g \tag{A.11}$$

将所有状态等级建模数据构成的集合记为 $\boldsymbol{X} = [\boldsymbol{x}_1, \boldsymbol{x}_2, \cdots, \boldsymbol{x}_N]^{\mathrm{T}} \in \Re^{N\times J}$，则由式(A.11)求解的共同基向量 $\bar{\boldsymbol{p}}_g$ 可以表示成所有观测样本的线性组合，即 $\bar{\boldsymbol{p}}_g = \sum_{i=1}^{N} \beta_i \boldsymbol{\Phi}(\boldsymbol{x}_i) = \boldsymbol{\Phi}(\boldsymbol{X})^{\mathrm{T}} \boldsymbol{\beta}$，其中 $N = \sum_{c=1}^{C} N^c$，$\boldsymbol{\beta} \in \Re^{N\times 1}$。用 $\boldsymbol{\Phi}(\boldsymbol{X})$ 左乘式(A.11)，得

$$\left[\sum_{c=1}^{C} \boldsymbol{\Phi}(\boldsymbol{X}) \boldsymbol{\Phi}(\boldsymbol{X}^c)^{\mathrm{T}} \boldsymbol{\Phi}(\boldsymbol{X}^c) \boldsymbol{\Phi}(\boldsymbol{X})^{\mathrm{T}}\right] \boldsymbol{\beta} = \lambda_g \boldsymbol{\Phi}(\boldsymbol{X}) \boldsymbol{\Phi}(\boldsymbol{X})^{\mathrm{T}} \boldsymbol{\beta} \tag{A.12}$$

为了简化计算，构造核矩阵 $\boldsymbol{K}^c = \boldsymbol{\Phi}(\boldsymbol{X}) \boldsymbol{\Phi}(\boldsymbol{X}^c)^{\mathrm{T}} \in \Re^{N\times N^c}$ 和 $\boldsymbol{K} = \boldsymbol{\Phi}(\boldsymbol{X}) \boldsymbol{\Phi}(\boldsymbol{X})^{\mathrm{T}} \in \Re^{N\times N}$。进而，式(A.12)可表达成如下形式：

$$\boldsymbol{K}^{-1}\left(\sum_{c=1}^{C}\boldsymbol{K}^{c}\boldsymbol{K}^{c\mathrm{T}}\right)\boldsymbol{\beta}=\lambda_{g}\boldsymbol{\beta} \tag{A.13}$$

通过求解特征方程(A.13)，得到 $\bar{R}$ 个特征向量 $\boldsymbol{\beta}_1,\boldsymbol{\beta}_2,\cdots,\boldsymbol{\beta}_{\bar{R}}$，它们同时也是一组联合系数向量，从而构成初始的共同基矩阵 $\overline{\boldsymbol{P}}_g=[\overline{\boldsymbol{p}}_{g,1},\overline{\boldsymbol{p}}_{g,1},\cdots,\overline{\boldsymbol{p}}_{g,\bar{R}}]=\boldsymbol{\Phi}(\boldsymbol{X})^{\mathrm{T}}\boldsymbol{B}\in\Re^{h\times\bar{R}}$，其中 $\boldsymbol{B}=\left[\boldsymbol{\beta}_1,\boldsymbol{\beta}_2,\cdots,\boldsymbol{\beta}_{\bar{R}}\right]\in\Re^{N\times\bar{R}}$。

将式(A.10)代入式(A.8)，得到 λ^c 的计算方法如下：

$$\lambda^{c}=\overline{\boldsymbol{p}}_{g}^{\mathrm{T}}\boldsymbol{\Phi}(\boldsymbol{X}^{c})^{\mathrm{T}}\boldsymbol{\Phi}(\boldsymbol{X}^{c})\overline{\boldsymbol{p}}_{g}=\boldsymbol{\beta}^{\mathrm{T}}\boldsymbol{\Phi}(\boldsymbol{X})\boldsymbol{\Phi}(\boldsymbol{X}^{c})^{\mathrm{T}}\boldsymbol{\Phi}(\boldsymbol{X}^{c})\boldsymbol{\Phi}(\boldsymbol{X})^{\mathrm{T}}\boldsymbol{\beta}=\boldsymbol{\beta}^{\mathrm{T}}\boldsymbol{K}^{c}\boldsymbol{K}^{c\mathrm{T}}\boldsymbol{\beta} \tag{A.14}$$

根据式(A.10)，每个状态等级的子基向量 $\overline{\boldsymbol{p}}_j^c$ 可以通过如下计算方式得到：

$$\overline{\boldsymbol{p}}_{j}^{c}=\boldsymbol{\Phi}(\boldsymbol{X}^{c})^{\mathrm{T}}\overline{\boldsymbol{\alpha}}_{j}^{c}=\sqrt{1/\lambda^{c}}\,\boldsymbol{\Phi}(\boldsymbol{X}^{c})^{\mathrm{T}}\boldsymbol{K}^{c\mathrm{T}}\boldsymbol{\beta} \tag{A.15}$$

状态等级 c 的全部子基向量构成了子基矩阵 $\overline{\boldsymbol{P}}^c=\left[\overline{\boldsymbol{p}}_1^c,\overline{\boldsymbol{p}}_2^c,\cdots,\overline{\boldsymbol{p}}_{\bar{R}}^c\right]=\boldsymbol{\Phi}(\boldsymbol{X}^c)^{\mathrm{T}}\boldsymbol{K}^{c\mathrm{T}}\boldsymbol{B}(\boldsymbol{\Lambda}^c)^{-\frac{1}{2}}$，其中 $\boldsymbol{\Lambda}^c$ 是由子目标函数 λ^c 构成的对角矩阵，记为 $\boldsymbol{\Lambda}^c=\mathrm{diag}\{\lambda_1^c,\lambda_2^c,\cdots,\lambda_{\bar{R}}^c\}\in\Re^{\bar{R}\times\bar{R}}$。从采样的角度来看，提取子基向量的过程等价于从原 N^c 个样本中挑选出 $\bar{R}$ 代表，并保持原始数据维数不变。

用 $\overline{\boldsymbol{P}}^{c\mathrm{T}}\in\Re^{\bar{R}\times h}$ 代替式(A.1)中的 $\boldsymbol{\Phi}(\boldsymbol{X}^c)$，并构造如下优化问题：

$$\begin{aligned}&\max R^{2}=\max\sum_{c=1}^{C}(\boldsymbol{p}_{g}^{\mathrm{T}}\overline{\boldsymbol{P}}^{c}\boldsymbol{\alpha}^{c})^{2}\\&\text{s.t.}\begin{cases}\boldsymbol{p}_{g}^{\mathrm{T}}\boldsymbol{p}_{g}=1\\\boldsymbol{\alpha}^{c\mathrm{T}}\overline{\boldsymbol{P}}^{c\mathrm{T}}\overline{\boldsymbol{P}}^{c}\boldsymbol{\alpha}^{c}=1\end{cases}\end{aligned} \tag{A.16}$$

不同于式(A.1)中的目标函数，式(A.16)中的约束条件为 $\left\|\overline{\boldsymbol{P}}^c\boldsymbol{\alpha}^c\right\|=1$，这样就从根本上排除了子基向量自身长度的影响，相当于直接最大化所有子基向量与共同基向量之间的相关关系之和。

利用拉格朗日算子，式(A.16)所示的目标函数转化为如下无约束的极值问题：

$$\sum_{c=1}^{C}\left[\overline{\boldsymbol{P}}^{c}(\overline{\boldsymbol{P}}^{c\mathrm{T}}\overline{\boldsymbol{P}}^{c})^{-1}\overline{\boldsymbol{P}}^{c\mathrm{T}}\right]\boldsymbol{p}_{g}=\lambda_{g}\boldsymbol{p}_{g} \tag{A.17}$$

由式(A.17)得到的特征向量即为所有状态等级最终的共同基向量。另外，从中可以看出，如果直接基于原始测量 $\boldsymbol{\Phi}(\boldsymbol{X}^c)$ 而非 $\overline{\boldsymbol{P}}^{c\mathrm{T}}$，就会遇到求取 $N^c\times N^c$ 矩阵

$\Phi(\boldsymbol{X}^c)\Phi(\boldsymbol{X}^c)^{\mathrm{T}}$ 的逆的问题。在实际过程中，由于观测样本通常是高维数且高度相关的，经常存在 $\mathrm{rank}\left(\Phi(\boldsymbol{X}^c)\Phi(\boldsymbol{X}^c)^{\mathrm{T}}\right)<N^c$ 的情况，即矩阵的逆不存在。而从求取初始的子基向量 $\bar{\boldsymbol{P}}^{c\mathrm{T}}$ 的过程可知，矩阵 $\bar{\boldsymbol{P}}^{c\mathrm{T}}\bar{\boldsymbol{P}}^c$ 一定是可逆的，这也就是为什么不在优化问题(A.1)中直接将子基向量约束为单位长度的原因。

将 $\bar{\boldsymbol{P}}^c=\Phi(\boldsymbol{X}^c)^{\mathrm{T}}\boldsymbol{K}^{c\mathrm{T}}\boldsymbol{B}(\boldsymbol{\Lambda}^c)^{-\frac{1}{2}}$ 代入式(A.17)，求解共同基向量的问题就转化为求解如下特征值问题，即

$$\left[\sum_{c=1}^{C}\Phi(\boldsymbol{X}^c)^{\mathrm{T}}\boldsymbol{F}^c\Phi(\boldsymbol{X}^c)\right]\boldsymbol{p}_g=\lambda_g\boldsymbol{p}_g \tag{A.18}$$

式中，$\boldsymbol{F}^c=\boldsymbol{K}^{c\mathrm{T}}\boldsymbol{B}(\boldsymbol{B}^{\mathrm{T}}\boldsymbol{K}^c\boldsymbol{K}^{c,c}\boldsymbol{K}^{c\mathrm{T}}\boldsymbol{B})^{-1}\boldsymbol{B}^{\mathrm{T}}\boldsymbol{K}^c$，$\boldsymbol{K}^{c,c}=\Phi(\boldsymbol{X}^c)\Phi(\boldsymbol{X}^c)^{\mathrm{T}}$。

将共同基向量 $\boldsymbol{p}_g$ 表达成 $\bar{\boldsymbol{P}}^{\mathrm{T}}=[\bar{\boldsymbol{P}}^1,\bar{\boldsymbol{P}}^2,\cdots,\bar{\boldsymbol{P}}^C]^{\mathrm{T}}=[\bar{\boldsymbol{p}}_1,\bar{\boldsymbol{p}}_2,\cdots,\bar{\boldsymbol{p}}_R]^{\mathrm{T}}\in\Re^{R\times h}$，$R=C\bar{R}$ 中行向量的线性组合形式，即

$$\boldsymbol{p}_g=\sum_{r=1}^{R}d_r\bar{\boldsymbol{p}}_r=\bar{\boldsymbol{P}}\boldsymbol{d}=\Phi(\boldsymbol{X})^{\mathrm{T}}\tilde{\boldsymbol{K}}\tilde{\boldsymbol{B}}\boldsymbol{\Lambda}^{-\frac{1}{2}}\boldsymbol{d} \tag{A.19}$$

式中，$\boldsymbol{d}=[d_1,\cdots,d_R]^{\mathrm{T}}\in\Re^{R\times 1}$ 为线性组合系数向量；$\tilde{\boldsymbol{K}}=\mathrm{diag}\{\boldsymbol{K}^{1\mathrm{T}},\cdots,\boldsymbol{K}^{C\mathrm{T}}\}\in\Re^{N\times\tilde{N}}$；$\tilde{\boldsymbol{B}}=\mathrm{diag}\{\underbrace{\boldsymbol{B},\cdots,\boldsymbol{B}}_{C}\}\in\Re^{\tilde{N}\times R}$；$\boldsymbol{\Lambda}=\mathrm{diag}\{\boldsymbol{\Lambda}^1,\cdots,\boldsymbol{\Lambda}^C\}\in\Re^{R\times R}$；$\tilde{N}=CN$。

将式(A.19)代入式(A.18)，用 $\left(\tilde{\boldsymbol{K}}\tilde{\boldsymbol{B}}\boldsymbol{\Lambda}^{-\frac{1}{2}}\right)^{\mathrm{T}}\Phi(\boldsymbol{X})$ 同时乘以式(A.18)的两端，可得

$$\left[\left(\tilde{\boldsymbol{K}}\tilde{\boldsymbol{B}}\boldsymbol{\Lambda}^{-\frac{1}{2}}\right)^{\mathrm{T}}\boldsymbol{K}\tilde{\boldsymbol{K}}\tilde{\boldsymbol{B}}\boldsymbol{\Lambda}^{-\frac{1}{2}}\right]^{-1}\left(\tilde{\boldsymbol{K}}\tilde{\boldsymbol{B}}\boldsymbol{\Lambda}^{-\frac{1}{2}}\right)^{\mathrm{T}}\left(\sum_{c=1}^{C}\boldsymbol{K}^c\boldsymbol{F}^c\boldsymbol{K}^{c\mathrm{T}}\tilde{\boldsymbol{K}}\tilde{\boldsymbol{B}}\boldsymbol{\Lambda}^{-\frac{1}{2}}\right)\boldsymbol{d}=\lambda_g\boldsymbol{d} \tag{A.20}$$

由于 $\tilde{\boldsymbol{K}}$、$\tilde{\boldsymbol{B}}$ 和 $\boldsymbol{\Lambda}$ 都是列满秩的，所以 $\left[\left(\tilde{\boldsymbol{K}}\tilde{\boldsymbol{B}}\boldsymbol{\Lambda}^{-\frac{1}{2}}\right)^{\mathrm{T}}\boldsymbol{K}\tilde{\boldsymbol{K}}\tilde{\boldsymbol{B}}\boldsymbol{\Lambda}^{-\frac{1}{2}}\right]^{-1}$ 存在，从而求解式(A.20)可以得到精确的解析解。将所有共同基向量按照 λ_g 的大小降序排列，构成共同集矩阵 $\boldsymbol{P}_g=[\boldsymbol{p}_{g,1},\boldsymbol{p}_{g,2},\cdots,\boldsymbol{p}_{g,A}]=\Phi(\boldsymbol{X})^{\mathrm{T}}\tilde{\boldsymbol{K}}\tilde{\boldsymbol{B}}\boldsymbol{\Lambda}^{-\frac{1}{2}}\boldsymbol{D}\in\Re^{h\times A}$，$\boldsymbol{D}=[\boldsymbol{d}_1,\boldsymbol{d}_2,\cdots,\boldsymbol{d}_A]\in\Re^{R\times A}$。

至此，$\Phi(\boldsymbol{X}^c)$ 被划分为两部分，即

$$\begin{aligned}\boldsymbol{\Phi}(\boldsymbol{X}^c) &= \hat{\boldsymbol{\Phi}}(\boldsymbol{X}^c) + \tilde{\boldsymbol{\Phi}}(\boldsymbol{X}^c) \\ &= \boldsymbol{\Phi}(\boldsymbol{X}^c)\boldsymbol{P}_g\boldsymbol{P}_g^{\mathrm{T}} + \boldsymbol{\Phi}(\boldsymbol{X}^c)(\boldsymbol{I} - \boldsymbol{P}_g\boldsymbol{P}_g^{\mathrm{T}})\end{aligned} \tag{A.21}$$

式中，$\hat{\boldsymbol{\Phi}}(\boldsymbol{X}^c) = \boldsymbol{\Phi}(\boldsymbol{X}^c)\boldsymbol{P}_g\boldsymbol{P}_g^{\mathrm{T}}$ 为各个状态等级过程变异信息中具有共同变量相关关系的部分；$\tilde{\boldsymbol{\Phi}}(\boldsymbol{X}^c) = \boldsymbol{\Phi}(\boldsymbol{X}^c)(\boldsymbol{I} - \boldsymbol{P}_g\boldsymbol{P}_g^{\mathrm{T}})$ 为状态等级 c 的过程变异信息中包含特有变量相关关系的部分。

在执行上述基向量提取之前，需要对高维特征空间中的原始测量信息进行均值中心化处理，即用式(A.22)和(A.23)中的 $\bar{\boldsymbol{K}}^c$ 和 $\bar{\boldsymbol{K}}$ 分别替代核矩阵 $\boldsymbol{K}^c$ 和 $\boldsymbol{K}$：

$$\bar{\boldsymbol{K}}^c = \boldsymbol{K}^c - \mathbf{1}_N\boldsymbol{K}^c - \boldsymbol{K}^c\mathbf{1}_{N^c} + \mathbf{1}_N\boldsymbol{K}^c\mathbf{1}_{N^c} \tag{A.22}$$

$$\bar{\boldsymbol{K}} = \boldsymbol{K} - \mathbf{1}_N\boldsymbol{K} - \boldsymbol{K}\mathbf{1}_N + \mathbf{1}_N\boldsymbol{K}\mathbf{1}_N \tag{A.23}$$

式中，$\mathbf{1}_N$ 是 $N \times N$ 矩阵，其每个元素均为 $1/N$；$\mathbf{1}_{N^c}$ 是 $N^c \times N^c$ 的矩阵，元素为 $1/N^c$。

第二步：提取共同的变异信息幅值。

由于 $\tilde{\boldsymbol{\Phi}}(\boldsymbol{X}_c)$ 随着状态等级的不同而不同，它实际上已经构成了每个状态等级 KORVI 的一部分。进一步需要分析的是在共同变量相关关系子空间 $\boldsymbol{P}_g$ 中，沿着哪些基向量方向可以使 $\boldsymbol{\Phi}(\boldsymbol{X}^c)$ 中的变异信息近似相等，进而确定出既包含共同变量相关关系又包含共同变异信息幅值的基向量，构成最终的共同子空间。

$\boldsymbol{\Phi}(\boldsymbol{X}^c)$ 沿共同基向量 $\boldsymbol{p}_{g,a}$ 的变异信息可表示为如下形式：

$$\boldsymbol{t}_a^c = \boldsymbol{\Phi}(\boldsymbol{X}^c)\boldsymbol{p}_{g,a} = \boldsymbol{\Phi}(\boldsymbol{X}^c)\boldsymbol{\Phi}(\boldsymbol{X})^{\mathrm{T}}\tilde{\boldsymbol{K}}\tilde{\boldsymbol{B}}\boldsymbol{\Lambda}^{-\frac{1}{2}}\boldsymbol{d}_a = \boldsymbol{K}^{c\mathrm{T}}\tilde{\boldsymbol{K}}\tilde{\boldsymbol{B}}\boldsymbol{\Lambda}^{-\frac{1}{2}}\boldsymbol{d}_a \tag{A.24}$$

确定共同子空间的基向量的过程可按照如下步骤进行。

(1)计算变异信息的幅值。不失一般性，将 $\boldsymbol{t}_a^c$ 的幅值记为 $f(\boldsymbol{t}_a^c), a = 1,2,\cdots,A$，$f(\boldsymbol{t}_a^c)$ 可以是 $\boldsymbol{t}_a^c$ 中元素的均值和中位数，或者是其他任何一种能够表征 $\boldsymbol{t}_a^c$ 携带信息量多少的算子。

(2)定义一个可以衡量幅值是否相等的指标。以状态等级 C 作为基准，定义一个比率 $\eta_a^c = f(\boldsymbol{t}_a^c)/f(\boldsymbol{t}_a^C)$，$c = 1,2,\cdots,C-1$，并引入松弛因子 $\varphi(0<\varphi<1)$。如果 $\eta_a^1,\eta_a^2,\cdots,\eta_a^{C-1}$ 都在 $[1-\varphi,1+\varphi]$ 范围内，说明 $f(\boldsymbol{t}_a^1),\cdots,f(\boldsymbol{t}_a^C)$ 是近似相等的；否则，表示它们不等。φ 的值可以利用交叉试验的方式来确定。

(3)分解共同变量相关关系子空间 $\boldsymbol{P}_g$。将 $\boldsymbol{P}_g$ 中满足条件 $1-\varphi \leqslant \eta_a^1,\eta_a^2,\cdots,\eta_a^{C-1} \leqslant 1+\varphi$ 的共同基向量记为 $\breve{\boldsymbol{p}}_{g,1},\breve{\boldsymbol{p}}_{g,2},\cdots,\breve{\boldsymbol{p}}_{g,\breve{A}}$，因此子空间 $\breve{\boldsymbol{P}}_{g'} = [\breve{\boldsymbol{p}}_{g,1},\breve{\boldsymbol{p}}_{g,2},\cdots,\breve{\boldsymbol{p}}_{g,\breve{A}}]$ 为

涵盖不同状态等级原始过程数据中的共同变量相关关系和共同变异信息幅值的共同子空间。$\boldsymbol{P}_g$ 中其余基向量构成了子空间 $\widehat{\boldsymbol{P}}_g=[\widehat{\boldsymbol{p}}_{g,1},\widehat{\boldsymbol{p}}_{g,2},\cdots,\widehat{\boldsymbol{p}}_{g,\widehat{A}}],\widehat{A}=A-\breve{A}$，该子空间虽然涵盖了不同状态等级原始过程数据中的共同变量相关关系，但变异信息的幅值随着状态等级的不同而不同。

基于上述过程，$\varPhi(\boldsymbol{X}^c)$ 被分解为如下形式：

$$\begin{aligned}\varPhi(\boldsymbol{X}^c)&=\varPhi(\boldsymbol{X}^c)\breve{\boldsymbol{P}}_g\breve{\boldsymbol{P}}_g^{\mathrm{T}}+\varPhi(\boldsymbol{X}^c)\widehat{\boldsymbol{P}}_g\widehat{\boldsymbol{P}}_g^{\mathrm{T}}+\varPhi(\boldsymbol{X}^c)(\boldsymbol{I}-\boldsymbol{P}_g\boldsymbol{P}_g^{\mathrm{T}})\\&=\breve{\varPhi}(\boldsymbol{X}^c)+\dot{\varPhi}(\boldsymbol{X}^c)\end{aligned}\tag{A.25}$$

式中，$\breve{\varPhi}(\boldsymbol{X}^c)=\varPhi(\boldsymbol{X}^c)\breve{\boldsymbol{P}}_g\breve{\boldsymbol{P}}_g^{\mathrm{T}}$ 是 KOUVI，也是所有状态等级的共有的变异信息；而 $\dot{\varPhi}(\boldsymbol{X}^c)=\varPhi(\boldsymbol{X}^c)(\widehat{\boldsymbol{P}}_g\widehat{\boldsymbol{P}}_g^{\mathrm{T}}+\boldsymbol{I}-\boldsymbol{P}_g\boldsymbol{P}_g^{\mathrm{T}})=\varPhi(\boldsymbol{X}^c)(\boldsymbol{I}-\breve{\boldsymbol{P}}_g\breve{\boldsymbol{P}}_g^{\mathrm{T}})$ 是状态等级 c 中的 KORVI，也是每个状态等级自身特有的变异信息。

附录B　$\dot{\boldsymbol{\Phi}}(\boldsymbol{X}^c)$的 PCA 分解

首先，将 $\dot{\boldsymbol{\Phi}}(\boldsymbol{X}^c)$ 的协方差矩阵记为如下形式：

$$\boldsymbol{\Sigma}^c = \dot{\boldsymbol{\Phi}}(\boldsymbol{X}^c)^{\mathrm{T}} \dot{\boldsymbol{\Phi}}(\boldsymbol{X}^c) / N^c \tag{B.1}$$

然后，在高维特征空间 $\boldsymbol{F}$ 中求解如下特征值问题：

$$\dot{\lambda}^c \dot{\boldsymbol{p}} = \boldsymbol{\Sigma}^c \dot{\boldsymbol{p}} \tag{B.2}$$

式中，$\dot{\lambda}^c$ 是非零特征值；$\dot{\boldsymbol{p}}$ 是与 $\dot{\lambda}^c$ 对应的特征向量。

由于存在系数 $\boldsymbol{q} = [q_1, q_2, \cdots, q_{N^c}]^{\mathrm{T}} \in \Re^{N^c \times 1}$ 使得 $\dot{\boldsymbol{p}} = \dot{\boldsymbol{\Phi}}(\boldsymbol{X}^c)^{\mathrm{T}} \boldsymbol{q}$，式(B.2)可以进一步写为

$$\dot{\lambda}^c \dot{\boldsymbol{\Phi}}(\boldsymbol{X}^c)^{\mathrm{T}} \boldsymbol{q} = \boldsymbol{\Sigma}^c \dot{\boldsymbol{\Phi}}(\boldsymbol{X}^c)^{\mathrm{T}} \boldsymbol{q} \tag{B.3}$$

用 $\dot{\boldsymbol{\Phi}}(\boldsymbol{X}^c)$ 左乘式(B.3)的两端，得到

$$\dot{\lambda}^c N^c \dot{\boldsymbol{K}}^{c,c} \boldsymbol{q} = \dot{\boldsymbol{K}}^{c,c2} \boldsymbol{q} \tag{B.4}$$

式中，$\dot{\boldsymbol{K}}^{c,c}$ 是 $\dot{\boldsymbol{\Phi}}(\boldsymbol{X}^c)$ 的核矩阵，计算方式如下：

$$\begin{aligned}
\dot{\boldsymbol{K}}^{c,c} &= \dot{\boldsymbol{\Phi}}(\boldsymbol{X}^c) \dot{\boldsymbol{\Phi}}(\boldsymbol{X}^c)^{\mathrm{T}} \\
&= \boldsymbol{\Phi}(\boldsymbol{X}^c)(\boldsymbol{I} - \breve{\boldsymbol{P}}_g \breve{\boldsymbol{P}}_g^{\mathrm{T}})(\boldsymbol{I} - \breve{\boldsymbol{P}}_g \breve{\boldsymbol{P}}_g^{\mathrm{T}})^{\mathrm{T}} \boldsymbol{\Phi}(\boldsymbol{X}^c)^{\mathrm{T}} \\
&= \boldsymbol{\Phi}(\boldsymbol{X}^c)(\boldsymbol{I} - \breve{\boldsymbol{P}}_g \breve{\boldsymbol{P}}_g^{\mathrm{T}}) \boldsymbol{\Phi}(\boldsymbol{X}^c)^{\mathrm{T}} \\
&= \boldsymbol{K}^{c,c} - \boldsymbol{\Phi}(\boldsymbol{X}^c) \boldsymbol{\Phi}(\boldsymbol{X})^{\mathrm{T}} \tilde{\boldsymbol{K}} \tilde{\boldsymbol{B}} \boldsymbol{\Lambda}^{-\frac{1}{2}} \breve{\boldsymbol{D}} \breve{\boldsymbol{D}}^{\mathrm{T}} \boldsymbol{\Lambda}^{-\frac{1}{2}} \tilde{\boldsymbol{B}}^{\mathrm{T}} \tilde{\boldsymbol{K}}^{\mathrm{T}} \boldsymbol{\Phi}(\boldsymbol{X}) \boldsymbol{\Phi}(\boldsymbol{X}^c)^{\mathrm{T}} \\
&= \boldsymbol{K}^{c,c} - \boldsymbol{K}^{c\mathrm{T}} \breve{\boldsymbol{W}} \boldsymbol{K}^c
\end{aligned} \tag{B.5}$$

式中，$\breve{\boldsymbol{W}} = \tilde{\boldsymbol{K}} \tilde{\boldsymbol{B}} \boldsymbol{\Lambda}^{-\frac{1}{2}} \breve{\boldsymbol{D}} \breve{\boldsymbol{D}}^{\mathrm{T}} \boldsymbol{\Lambda}^{-\frac{1}{2}} \tilde{\boldsymbol{B}}^{\mathrm{T}} \tilde{\boldsymbol{K}}^{\mathrm{T}}$，$\breve{\boldsymbol{D}}$ 是由 $\boldsymbol{D}$ 中与 $\breve{\boldsymbol{P}}_g$ 对应的向量构成的矩阵。至此，对式(B.2)进行特征值分解就等价于求解如下特征值问题：

$$\dot{\lambda}^c N^c \boldsymbol{q} = \dot{\boldsymbol{K}}^{c,c} \boldsymbol{q} \tag{B.6}$$

由式(B.6)可以得到 M^c 个最大非零特征值对应的特征向量 $\boldsymbol{q}_1, \boldsymbol{q}_2, \cdots, \boldsymbol{q}_{M^c}$，并

构成特征向量矩阵$\boldsymbol{Q}^c=[\boldsymbol{q}_1,\boldsymbol{q}_2,\cdots,\boldsymbol{q}_{M^c}]\in\Re^{N^c\times M^c}$。

PCA分解后的负载矩阵$\dot{\boldsymbol{P}}^c$、得分矩阵$\dot{\boldsymbol{T}}^c$，以及残差矩阵$\dot{\boldsymbol{E}}^c$可以写为如下形式：

$$\dot{\boldsymbol{P}}^c=\dot{\Phi}(\boldsymbol{X}^c)^{\mathrm{T}}\boldsymbol{Q}^c=(\boldsymbol{I}-\breve{\boldsymbol{P}}_g\breve{\boldsymbol{P}}_g^{\mathrm{T}})^{\mathrm{T}}\Phi(\boldsymbol{X}^c)^{\mathrm{T}}\boldsymbol{Q}^c \tag{B.7}$$

$$\begin{aligned}\dot{\boldsymbol{T}}^c&=\dot{\Phi}(\boldsymbol{X}^c)\dot{\boldsymbol{P}}^c\\&=\Phi(\boldsymbol{X}^c)(\boldsymbol{I}-\breve{\boldsymbol{P}}_g\breve{\boldsymbol{P}}_g^{\mathrm{T}})(\boldsymbol{I}-\breve{\boldsymbol{P}}_g\breve{\boldsymbol{P}}_g^{\mathrm{T}})^{\mathrm{T}}\Phi(\boldsymbol{X}^c)^{\mathrm{T}}\boldsymbol{Q}^c\\&=(\boldsymbol{K}^{c,c}-\boldsymbol{K}^{c\mathrm{T}}\boldsymbol{W}\boldsymbol{K}^c)\boldsymbol{Q}^c\end{aligned} \tag{B.8}$$

$$\begin{aligned}\dot{\boldsymbol{E}}^c&=\dot{\Phi}(\boldsymbol{X}^c)-\dot{\boldsymbol{T}}^c\dot{\boldsymbol{P}}^{c\mathrm{T}}\\&=\Phi(\boldsymbol{X}^c)-(\boldsymbol{K}^{c,c}-2\boldsymbol{K}^{c\mathrm{T}}\boldsymbol{W}\boldsymbol{K}^c+\boldsymbol{K}^{c\mathrm{T}}\boldsymbol{W}\boldsymbol{K}\boldsymbol{W}\boldsymbol{K}^c)\boldsymbol{Q}^c\boldsymbol{Q}^{c\mathrm{T}}\Phi(\boldsymbol{X}^c)\\&\quad+(\boldsymbol{K}^{c,c}\boldsymbol{Q}^c\boldsymbol{Q}^{c\mathrm{T}}-2\boldsymbol{K}^{c\mathrm{T}}\boldsymbol{W}\boldsymbol{K}^c\boldsymbol{Q}^c\boldsymbol{Q}^{c\mathrm{T}}-\boldsymbol{I}+\boldsymbol{K}^{c\mathrm{T}}\boldsymbol{W}\boldsymbol{K}\boldsymbol{W}\boldsymbol{K}^c\boldsymbol{Q}^c\boldsymbol{Q}^{c\mathrm{T}})\boldsymbol{K}^{c\mathrm{T}}\boldsymbol{W}\Phi(\boldsymbol{X})\end{aligned} \tag{B.9}$$